Bernd Kuhlmann

Russische Züge

auf deutschen Schienen 1945 bis 1994

Juli 1945: Die Ost-West-Magistrale von Moskau nach Berlin ist auf Breitspur umgenagelt worden. In Fürstenwalde treten mehrere Hundertschaften demobilisierter Sowjettruppen ihre Heimreise an. Die Zylinder der geschmückten „Э" mit der Ordnungsnummer 679 aus der Baureihe 19 werden vorgewärmt: „Unsere Sache ist gerecht. Wir haben gesiegt!" Repro aus [33]

Verlag GVE

Gesellschaft für Verkehrspolitik und Eisenbahnwesen Berlin (GVE) e.V.

Jubelnde Rotarmisten. Der Krieg ist zu Ende.

Die ersten Militärzüge mit demobilisierten sowjetischen Einheiten kehren im Juli 1945 in ihre Heimat zurück. „Wir sind aus Berlin!" lautet die stolze Botschaft, mit der ihr Breitspurzug im Bahnhof Fürstenwalde verabschiedet wird.

Repro aus [33]

Impressum

Bernd Kuhlmann: Russische Züge auf deutschen Schienen 1945 bis 1994

Verlag: Gesellschaft für Verkehrspolitik und Eisenbahnwesen (GVE) e.V., Berlin 2002

Titelbild:
Eine Kolonnen-01 der SMAD mit ihrer Mannschaft und ihrem Begleitwagen. Bei näherem Betrachten fallen an der gepflegten, aber sowjetisierten Schnellzuglok auf: der imposante abgeschrägte Frontscheinwerfer, der rote Stern an der Stelle des Rauchkammer-Zentralverschlusses, weiße Radreifen und Umlaufkante, mit feinem Pinselstrich umrahmte Zylinderblöcke, Windleitbleche und Pufferbohle, verchromte Waschluken, 2'2'T26-Tender mit Kohlenaufsatz ... Vermutlich 1947 im Bahnbetriebswerk Berlin-Karlshorst aufgenommen.
Foto: Sammlung R. Garn, Hamburg

Gestaltung: Karl-Heinz Gräßer

Bildnachweis: Die Angaben finden sich bei den Dokumenten

Druck: Oktoberdruck, 10245 Berlin

Herstellung, Verlag und Vertrieb: GVE e.V., S-Bahnhof Jannowitzbrücke, 10179 Berlin

ISBN 3-89218-076-8

● www.gve-verlag.de ● info@gve-verlag.de ● Fax (030) 78 70 55 10

Russische Züge

auf deutschen Schienen 1945 bis 1994

Vorwort

Während des Zweiten Weltkrieges brachte überwiegend die Eisenbahn den erforderlichen Nachschub für die deutsche Wehrmacht an der Front. Auch für die damalige Sowjetarmee war die Eisenbahn das Rückgrat für die Versorgung der kämpfenden Truppe. Die vorhandenen unterschiedlichen Spurweiten – 1524 mm (heute 1520 mm) im Osten und 1435 mm in Europa – waren leicht anzupassen. In Deutschland erprobte man bereits die ersten Spurwechselradsätze, die noch keine Serienreife erzielten und in den Wirren des Krieges untergingen.

Mit dem Vorrücken der Fronten folgten die umgespurten Eisenbahnen, sowohl bei der deutschen Wehrmacht als auch bei der Sowjetarmee. Es war für Stalin nicht nur ein Triumph des Sieges, auf russischer Breitspur nach Berlin und Potsdam zu fahren, sondern eine strategische Notwendigkeit, um den Krieg recht schnell beenden zu können, da die militärischen Kräfte im Fernen Osten benötigt wurden. Mit der Einnahme Berlins durch die Sowjetarmee erreichte die Breitspur die deutsche Hauptstadt. Nach Kriegsende gab es hier zwei Bahn-Netze mit unterschiedlichen Spurweiten, die trotz einiger Berührungspunkte relativ unabhängig voneinander betrieben werden konnten, und zwar von der Sowjetarmee selbst. Bei der Übergabe des Eisenbahnbetriebes in deutsche Hände ab 1. September 1945 klammerte man die noch bestehende Breitspurstrecke von Berlin-Rummelsburg über Fürstenwalde (Spree) bis Frankfurt (Oder) bewußt aus, die weiterhin bis November/Dezember 1945 unter sowjetischer Regie mit eigenen Fahrzeugen betrieben wurde.

Wurden die ersten deutschen Reparationen noch von der Sowjetarmee auf breiter Spur aus Berlin abgefahren, folgten solche ab Sommer 1945 in bisher ungeahnten Dimensionen. Nun mußten die Deutschen selbst die Beutegüter durch Polen in das Siegerland bzw. in polnische Häfen transportieren. Dafür entstanden auf Befehl der Sowjets schon ab 15. August 1945 spezielle Lokkolonnen, die mit Lokführern, Heizern, Wagenmeistern, Zugführern und Schaffnern zu besetzen waren und aus 520 der besten Lokomotiven und Wohnwagen für je 12 Mann bestanden, zum Transport der Reparationen. Bis Juni 1954 dauerte dieses „Spektakel". Seit 1. Januar 1954 zahlte die DDR zwar offiziell keine Reparationen mehr, doch tarnte man diese mit langfristigen Warenaustauschen zwischen beiden Staaten.

Aus den üblichen Geheimhaltungsgründen ist über die sowjetischen Militärtransporte weniger bekannt. Zum Tarnen der Truppenbewegung forderte die Sowjetarmee Züge an, die dann nicht oder auf einem anderen Bahnhof gebraucht wurden, änderte während der Fahrt den Zielbahnhof, verlegte die Anforderungen auf andere Tage usw. Das entsprach nicht nur der jeweiligen politischen Situation in der Welt, sondern war zugleich gewolltes Mißtrauen gegenüber den Ostdeutschen. Von der später viel gepriesenen deutsch-sowjetischen Freundschaft war stets wenig zu spüren; die Sowjets zeigten bis zum Ende der DDR, wer Herr im Haus war.

In „Sandkastenspielen" – den sogenannten Stabsübungen – der Transportstäbe der Nationalen Volksarmee (NVA) sowie der Deutschen Reichsbahn mit von der Sowjetarmee vorgegebenen Aufgabenstellungen zeigte sich immer wieder, daß das Gebiet der DDR zum Puffer zwischen beiden Machtblöcken werden und aufgerieben würde. Erst nach der Einheit Deutschlands und dem Zusammenbruch der Sowjetunion öffneten sich die russischen Truppen den Deutschen. Denn nach knapp 50 Jahren Besatzungszeit mußten sie (endlich) Abschied nehmen, den das geeinte Deutschland finanziell förderte.

Bis 1994 beibehalten wurden die seit 1945 verkehrenden Militärreisezüge der Sowjetarmee, die Nachfolger des einst auf Breitspur verkehrenden Moskau-Berlin-Expresses bzw. des normalspurigen Blauen Expresses auf gleicher Strecke. Selbst zwischen den einzelnen Garnisonen in der DDR fuhren spezielle Züge für die russischen Truppen, die erst ab Oktober 1948 beschränkt für den allgemeinen öffentlichen Verkehr freigegeben wurden und bis 1. Juni 1991 eingesetzt waren.

Wie es gelungen ist, diesen Zeitraum von knapp 50 Jahren für die Jüngeren lebendig werden zu lassen und nachfühlbar zu gestalten, bleibt dem Urteil der Leser vorbehalten. Kompliziert war es, aus der schweren Kriegs- und Nachkriegszeit in deutschen Archiven überhaupt Akten und Informationen zum Thema zu finden sowie brauchbare Fotos zu besorgen. Aufnahmen vom Militär und deren Technik wurden stets als Sabotage geahndet, sofern es noch Kameras und Filme gab. Die Geheimhaltung ging so weit, nach Manövern und anderen Aktionen alle schriftlichen Unterlagen zu vernichten.

Unser Dank gilt deshalb all denen, die überhaupt bereit waren, ihre Erlebnisse zu schildern, sich einfühlsam an die damalige Zeit erinnerten sowie Fotos und Illustrationen bereit stellten: die Herren Prof. Laurenz Demps von der Humboldt-Universität Berlin, Reinhard Malcherek aus Königs Wusterhausen, Heinz Friedel aus Berlin, Gerhard Zeitz aus Berlin, Klaus Jünemann aus Berlin, Georg Kerber aus Doberlug-Kirchhain, Robin Garn aus Hamburg und Peter Bley aus Berlin. Mein ganz besonderer Dank gilt den Herren Lothar Meyer aus Frankfurt (Oder) und Michael Reimer aus Berlin für die Zuarbeit sowie Hilfe und Unterstützung beim Erarbeiten des Kapitels 5. Ebenso gilt unser Dank all denen, die ungenannt bleiben wollen. Für ergänzende Hinweise sowie für bisher unbekannte Dokumente und Fotos für eine spätere Auflage sind Autor und Verlag aufgeschlossen.

Berlin, im Sommer 2002
Autor und Verlag

Am 25. Juli 1993 wurden in Frankfurt (Oder) auf der Militärrampe die ersten Einheiten der Westgruppe mit Technik in die Heimat verabschiedet. Foto: L. Meyer, Frankfurt (Oder)

Eine Machorka vertreibt am 8. September 1994 in Wünsdorf die Zeit bis zur Abfahrt des letzten Zuges in die Heimat. Foto: Kuhlmann

1.
Normal- und Breitspur im Zweiten Weltkrieg

1.1
Technik des Umspurens

In der Sowjetunion gab es nur Holzschwellen, auf denen die Schienen mit Schwellennägeln und stählernen Unterlagsplatten befestigt waren. Beim Umspuren brauchte nur eine Schiene des Gleises von der Schwelle gelöst und entsprechend dem Spurunterschied seitlich versetzt und wieder befestigt werden. Damit konnten täglich durchschnittlich 15 Kilometer Strecke umgebaut werden, wobei aber Spitzenwerte von 30 Kilometern und mehr keine Seltenheit waren.

Ebenso verfuhr man mit auf den Schwellen aufgeschraubten Unterlagsplatten. Da das Lösen und Eindrehen der Schrauben länger als beim bloßen Umnageln dauerte und die Umspurleistung minderte, schlug man auch umgekehrte Hakenschrauben als Ersatz für fehlende Schwellennägel ein. Das machte man besonders westlich von Poznań, als unter starkem Zeitdruck gearbeitet werden mußte [1, Seite 232]. Auch im Berliner Raum bestätigen Zeitzeugen ein derartiges Vorgehen, deutsche Bahnunterhaltungsarbeiter mußten allerdings dann die Gleise nachträglich in einen ordentlichen Zustand versetzen.

Besonders in Polen und in Deutschland gab es viele Strecken mit Stahlschwellen und unterschiedlichen Schienenbefestigungsarten. Dafür wandten die Eisenbahntruppen der Sowjetarmee ganz spezielle Umbauverfahren an.

Wenn die (Rippen-)Unterlagsplatten auf die Stahlschwelle aufgeschweißt waren (Oberbauart K 49 Sw 7a), die Schienen aber darauf mit gewöhnlichen Hakenschrauben befestigt waren, wurde wiederum nur eine Schiene gelöst. Jede dritte bis vierte Stahlschwelle ersetzte man durch hölzerne oder legte zusätzlich Holzschwellen in das Stahlschwellengleis ein, um die Spurweite zu garantieren. Generell tauschte man die stählernen Stoßschwellen gegen Holzschwellen aus. Zum Teil wurden nach dem Lösen der Schiene die aufgeschweißten Unterlagsplatten mit Meißel und Vorschlaghammer abgeschlagen, neue Löcher in die Stahlschwellen gebrannt oder gebohrt und darin die Schienen mit Hakenschrauben befestigt, jeweils abwechselnd auf der rechten und linken Seite. Da das Brennen und Bohren der Löcher viel Zeit kostete und nur wenige Schweißgeräte vorhanden waren, entwickelte man eine spezielle Preßklaue, mit der die Löcher in die Stahlschwellen gedrückt werden konnten.

Waren die Schienen auf die Unterlagsplatten oder gar auf die Schwellen aufgeschweißt – auch diese starre Oberbauform war vertreten –, wurden die Schwellen in der Mitte getrennt, auf die notwendige Spurweite gebracht und hölzerne Halbschwellen untergeschoben, auf denen die beiden Stahlschwellenhälften mit Schrauben oder Nägeln befestigt wurden. Stoßschwellen ersetzte man wiederum grundsätzlich durch Holzschwellen.

Dieser Umbau wurde auch bei Stahlschwellen angewendet, bei denen die Unterlagsplatten (wahrscheinlich sind hier Haken- und Hakenzapfenplatten gemeint) selbständig mit Hakenschrauben auf den Schwellen befestigt und die Schienen mit Klemmplatten gehalten wurden (Oberbauarten F 8b Sw 51e/Sw 5 bzw. F 8d/15c Sw 71 bzw. F 6e Sw 51a [2]). Mit den zerschnittenen Stahlschwellen konnte aber nur vorübergehend eine stabile Gleislage erreicht werden. Solche Gleise ließen sich deshalb nur mit 15 km/h befahren und mußten ständig nachgearbeitet werden.

Trotz allen Erfindergeistes der Eisenbahntruppen der Sowjetarmee konnten Gleise mit Stahlschwellen nur langsam umgespurt werden; es wurden nie mehr als 10 Kilometer pro Tag erreicht (Aufwand pro Kilometer: 200 bis 250 Tagewerke, vergleichsweise bei Holzschwellen 20 bis 30 Tagewerke).

Besonders mühsam war das Umspuren von Weichen auf Stahlschwellen. Dabei wendete man die verschiedensten Kom-

Gebräuchliche deutsche Oberbauarten auf Stahlschwellen,

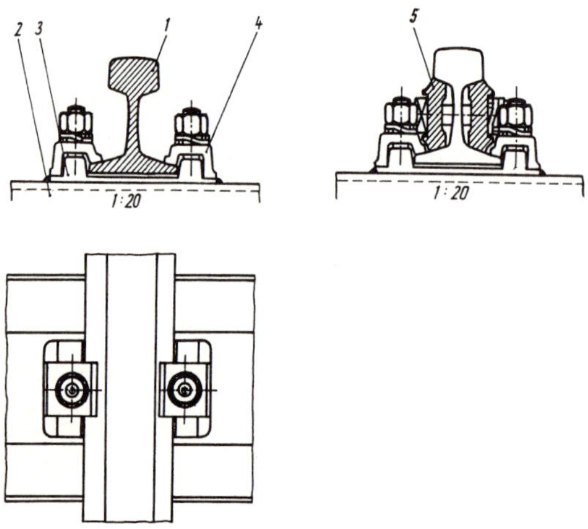

Oberbauart K 49 Sw 7a
1) Fahrschiene S 49, 2) Stahlschwelle Sw 7a, 3) Rippenunterlagsplatte für Stahlschwellen, 4) Klemmplatte, 5) Flachlasche

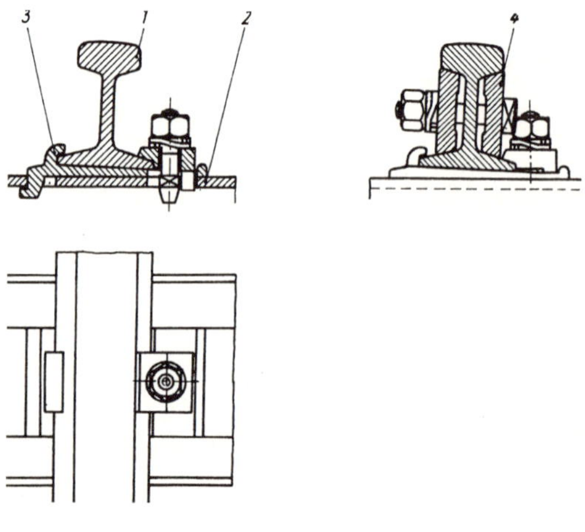

Oberbauart F 8b Sw 51e/Sw 5
1) Fahrschiene 8b, 2) Stahlschwelle F 51e oder Sw 5, 3) Hakenplatte, 4) Flachlasche

binationen aller oben beschriebenen Methoden an. Wenn es nur möglich war, wurden alle Stahlschwellen einer Weiche durch hölzerne ersetzt. Mußten die Stahlschwellen in der Mitte getrennt werden, schob man unter ihre Mittelteile hölzerne ein, die mit Schrauben oder Nägeln mit den Stahlschwellen verbunden wurden. Kreuzungsweichen gab es besonders in Polen sehr viel, und die waren am schwierigsten umzuspuren (Aufwand pro Kreuzungsweiche 280 bis 300 Tagewerke). Deshalb verzichtete man darauf, soweit das möglich war, oder spurte nur einen bestimmten Fahrweg um.

Doch nicht nur die Gleise waren der neuen Spur anzupassen, sondern auch das größere Lichtraumprofil der damaligen Sowjetischen Eisenbahnen (SŽD) war zu gewährleisten. Noch in Kriegszeiten war für die Fahrzeuge der SŽD eine größte Breite von 3250 Millimeter zugelassen. (Erst 1958 führte die SŽD für ihre Fahrzeuge die Umgrenzung 1-W mit 3450 Millimeter und die zugehörige Lichtraumbegrenzung 1-S mit 4900 Millimeter Breite ein, für ausgewählte Strecken gar die Umgrenzung 2-W mit 3600 Millimeter und die Lichtraumbegrenzung 2-S mit 4900 Millimeter Breite [3].)

Die sowjetischen Fahrzeuge waren somit zu Kriegszeiten nur 100 Millimeter breiter als nach der damaligen deutschen Eisenbahn-Bau- und Betriebsordnung (BO). Diese orientierte damals auf einen Gleisabstand von mindestens 3,50 Meter. Auf vielen deutschen Strecken hatte man jedoch einen größeren Gleisabstand realisiert, nämlich 3,60 bis 3,80 Meter. Probleme beim Begegnen von normal- und breitspurigen Fahrzeugen konnte es nur dann geben, wenn beide Spurweiten nebeneinander betrieben wurden, und das war mit Ausnahme der Strecke Warschau – Poznań – Berlin recht selten.

Schwieriger war es dagegen, die für SŽD-Fahrzeuge größere Höhe zu gewähren, weil Lokschornsteine, Dachlüfter usw. relativ hoch waren. Um Einengungen dieses größeren Lichtraumprofils festzustellen, bauten die Eisenbahnpioniere auf einer Draisine ein Holzgestell in den entsprechenden Abmaßen und befuhren vor Betriebsaufnahme die Strecke. Während Bahnsteigdächer oder Hallenschürzen gekürzt oder abgerissen werden konnten, mußten unter Brücken und tunnelartigen Bauwerken die Gleise abgesenkt werden. Um dafür den Aufwand in Grenzen zu halten, wählte man meistens nur kurze Rampen, die nur geringe Geschwindigkeiten zuließen. Ein solches Beispiel war die Breitspurstrecke zwischen Berlin-Rummelsburg und dem Schlesischen Bahnhof, die wegen der vielen Brücken in Ostkreuz und an der Warschauer Straße einer Berg- und Talbahn glich.

In der Literatur findet man Hinweise, daß beim Zusammentreffen von Normal- und Breitspur die Gleise aus drei Schienen bestanden hätten. Das betrifft nicht nur den Berliner Raum, sondern besonders die 1945 von der Sowjetarmee erbaute Behelfsbrücke über die Oder [4, Seite 4]. Von Fachleuten wird eine solche Konstruktion allerdings bezweifelt: Der Unterschied beider Spurweiten beträgt 89 Millimeter – zwischen den Schienen gemessen. Die üblichen Schienenfußbreiten der damals gebräuchlichen Schienenprofile betragen aber 105 bis 130 Millimeter. Um dieses Maß wäre die europäische Spurweite mindestens zu vergrößern, wenn unmittelbar nebeneinander zwei Fahrschienen für zwei Spurweiten anzuordnen sind. Berücksichtigt man eine damalige Schienenkopfbreite zwischen 58 und 72 Millimeter, ergibt sich eine Spurrille von 33 bis 82 Millimeter. Um ein Kippen eines solchen Schienenpaares beim Befahren zu vermeiden, müssen beide Schienen auf der Schwelle mit einer Klemmplatte mit Schwellen- oder Hakenschraube befestigt werden (ähnlich werden Schutzschienen neben der Fahrschiene angeordnet). Und das läßt das Spurmaß in den unzulässigen Bereich wachsen, darf also nicht realisiert werden. Auf Brücken war außerdem die Statik schwerer zu beherrschen, weil die Lasten außerhalb der Brückenachse angreifen.

Solche Probleme diskutierte man auch wieder 1982, als im Fährhafen Mukran Breit- und Normalspurgleise gemeinsam zu verlegen waren, konnte sich aber zu solchen Konstruktionen nicht entschließen.

Man kann jedoch auf einem breitspurigen Gleis auch normalspurige Fahrzeuge verkehren lassen. Dazu sind zwischen beiden Fahrschienen zwei weitere Führungsschienen eingebaut, an die die Innenseiten der normalspurigen Radscheiben beiderseits anlaufen. Damit werden die normalspurigen Radsätze in der Mitte des breitspurigen Gleises gehalten und können nicht von den Fahrschienen abrutschen (entgleisen). Diese Methode wendet man noch heute beim Drehgestellwechsel an, z. B. in Mukran und in Brest an der polnisch-belorussischen Grenze. Für das Vereinigen und Trennen von Breit- und Normalspur sind keine Weichen nötig. Jedoch erlauben solche Konstruktionen nur geringe Geschwindigkeiten.

die während des Zweiten Weltkrieges umgespurt wurden:

Repros aus: [2]

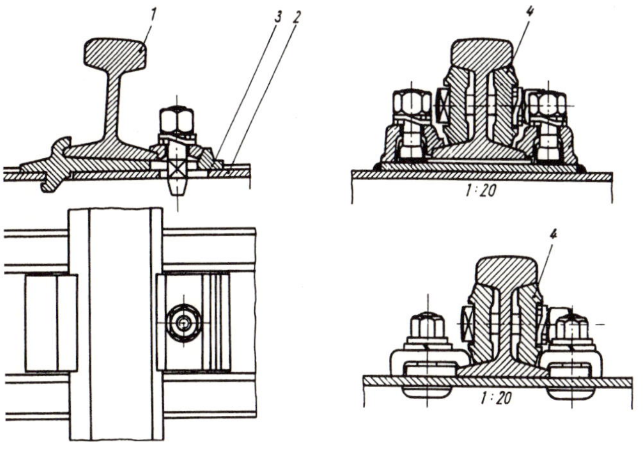

Oberbauart F 8d/15c/Sw 71
1) Fahrschiene 8d/15c, 2) Stahlschwelle Sw 71, 3) Hakenplatte, 4) Flachlasche

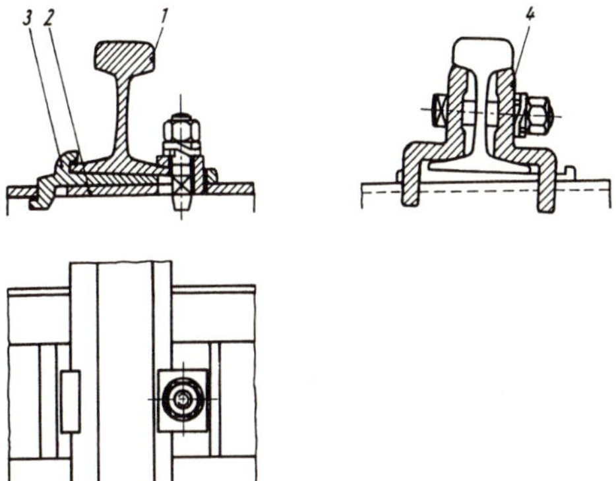

Oberbauart F 6e Sw 51a
1) Fahrschiene 6e, 2) Stahlschwelle Sw 51a) Hakenplatte, 4) Flachlasche für schwebende Stöße

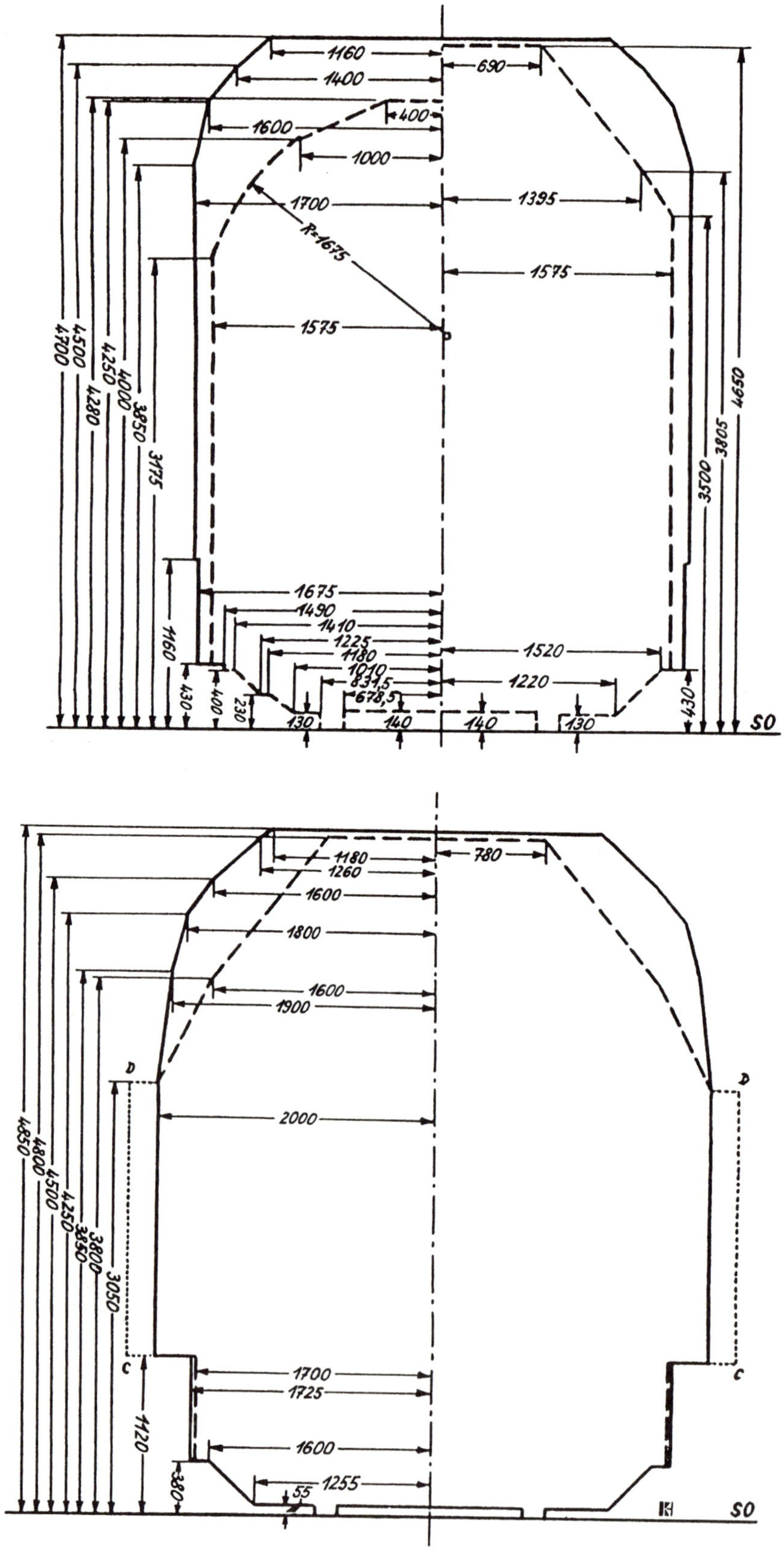

Vergleich der Wagenbegrenzungslinien (oben) und der Lichtraumumgrenzung (unten) zwischen der DR (gestrichelte Linien) und der SŽD. Im ***oberen Bild*** *(Wagenbegrenzung) ist links die Begrenzung I, rechts die Begrenzung II nach der deutschen Eisenbahn- Bau- und Betriebsordnung (BO) dargestellt (gestrichelt). Die ausgezogene Linie ist die Wagenbegrenzung 1-WM der SŽD. Im* ***unteren Bild*** *ist die Lichtraumumgrenzung nach der deutschen BO gestrichelt und die Lichtraumumgrenzung 1-SM der SŽD als ausgezogene Linie dargestellt. Zeichnung: Kuhlmann*

1.2
Umladungen zwischen den Spurweiten

Über Jahrzehnte war es in Deutschland ruhig um einen Spurwechselradsatz zum Übergang auf die russische Breitspur von 1524 Millimeter. Dann aber – hintergründig und aufschlußreich zugleich – sind innerhalb von nur zwei Jahren (von 1939 bis Anfang 1941) gleich vier Patente für Spurwechselradsätze für 1435/1524 mm angemeldet worden:

- am 5.November 1939 Patent-Nr. 718 132,
- am 20.Dezember 1939 Patent-Nr. 727 741,
- am 26.Juni 1940 Patent-Nr. 723 754,
- am 1.Januar 1941 Patent-Nr. 729 561 [5].

Im Jahre 1943 entstand ein ebenfalls patentierter Spurwechselradsatz der Deutschen Reichsbahn (DRB). Zwei solcher Versuchsradsätze sind noch während des Krieges erprobt worden, gingen aber verloren. Die Zahl der Vorschläge für Spurwechselradsätze (damals als Umstellradsätze bezeichnet) war natürlich größer als die Zahl der schließlich patentierten Konstruktionen. Keine ist über Versuche hinausgekommen, von Betriebseinsätzen ganz zu schweigen [5].

Während damit die Aggressivität des damaligen deutschen Staates deutlich zum Ausdruck kam, sind gleichzeitig ähnliche technische Entwicklungen aus der Sowjetunion unbekannt. Zwar hatten Stalin und Hitler am 23. August 1939 einen Nichtangriffspakt abgeschlossen, doch schmiedeten beide Diktatoren insgeheim Pläne für einen Überfall. Die Sowjetarmee, für einen „revolutionären Angriffskrieg" aufgerüstet, übte im großem Maß das Umspuren des Schienennetzes von der russischen Norm auf die europäische und umgekehrt. Doch dem für September 1941 vorgesehenen Überfall aus der Westukraine auf Schlesien soll Hitler am 22. Juni 1941 zuvorgekommen sein [6].

Die deutsche Wehrmacht demonstrierte zu Beginn des Zweiten Weltkrieges eindrucksvoll, wie schnell Eisenbahnstrecken umgespurt werden konnten. Bis an das Schwarze Meer reichten die normalspurigen Bahnlinien. Und dafür waren genügend Fahrzeuge vorhanden sowie aus anderen westeuropäischen Ländern abgezogen worden. Trotzdem spurte man auch Fahrzeuge um, was aber gerade bei Dampflokomotiven längere Zeit dauerte.

Doch ebenso schnell spurte die Sowjetarmee die Strecken wieder zurück, sofern nicht die Gleise mit dem sogenannten „Schienenwolf" von der Wehrmacht zerstört worden waren.

Im folgenden soll nur das Umladen von sowjetischen Militärtransporten während der Weichsel-Oder- und der Berliner Operation behandelt werden, weil jetzt statt des bisherigen Entladens ein Umladen auf die andere Spurweite nötig wurde.

Als Frontverteilerbahnhöfe fungierten neben anderen Versorgungs- und Entladebahnhöfen Brest und Kowel für die beiden Umladeräume Warszawa Praga und Dęblin für den Umschlag von Militärgut zwischen russischer und europäischer Spurweite. Für die vorzubereitende Berliner Operation hatte die 1. Belorussische Front rechtzeitig beim Staatlichen Verteidigungskomitee beantragt, die Gleise bis Poznań umspuren zu dürfen, doch erst am 29. Januar 1945 traf dafür die Genehmigung ein.

Stalin hatte von seinen Verbündeten – den westlichen Alliierten – während des Krieges umfangreiche Lieferungen erhalten. Das betraf nicht nur Bekleidung und Schuhwerk für die Truppe sowie Geländewagen, Panzer, Motorräder und Flugzeuge, sondern auch 1900 Lokomotiven und 11 000 Güterwagen [7, Seite 15]. Doch konnte die Sowjetunion ihre

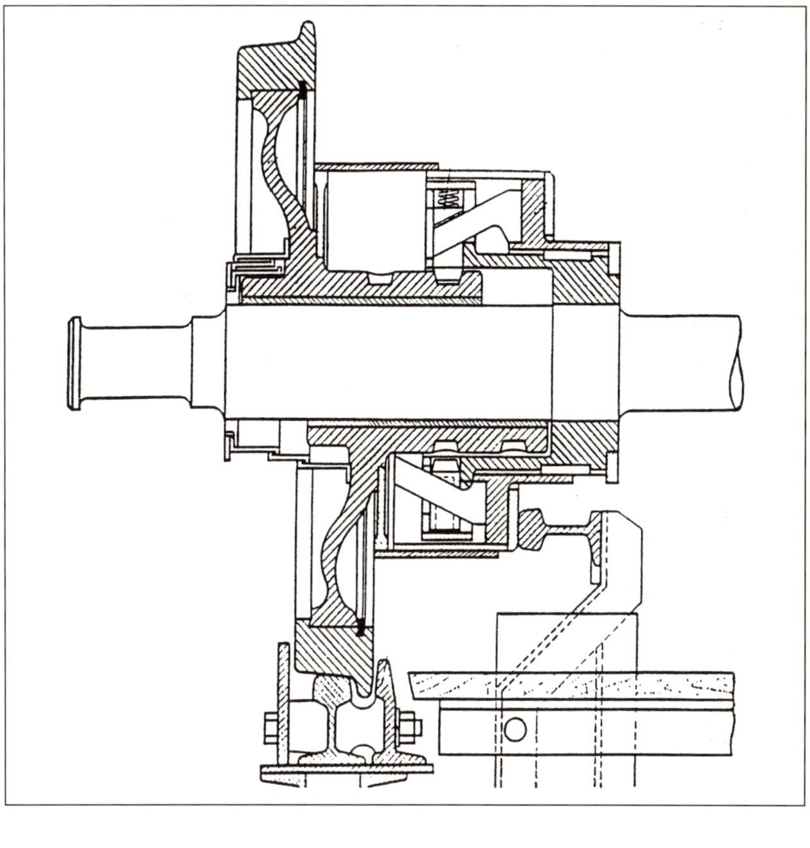

Spurwechselradsatz der Deutschen Reichsbahn von 1943. Repro aus [5]

Umladeraum Warszawa Praga zwischen Breit- und Normalspur. Vorortgleise sind nicht dargestellt. Grundlage: Kursbuch-Karte der PKP 1996/97. Ergänzende Zeichnung: Kuhlmann

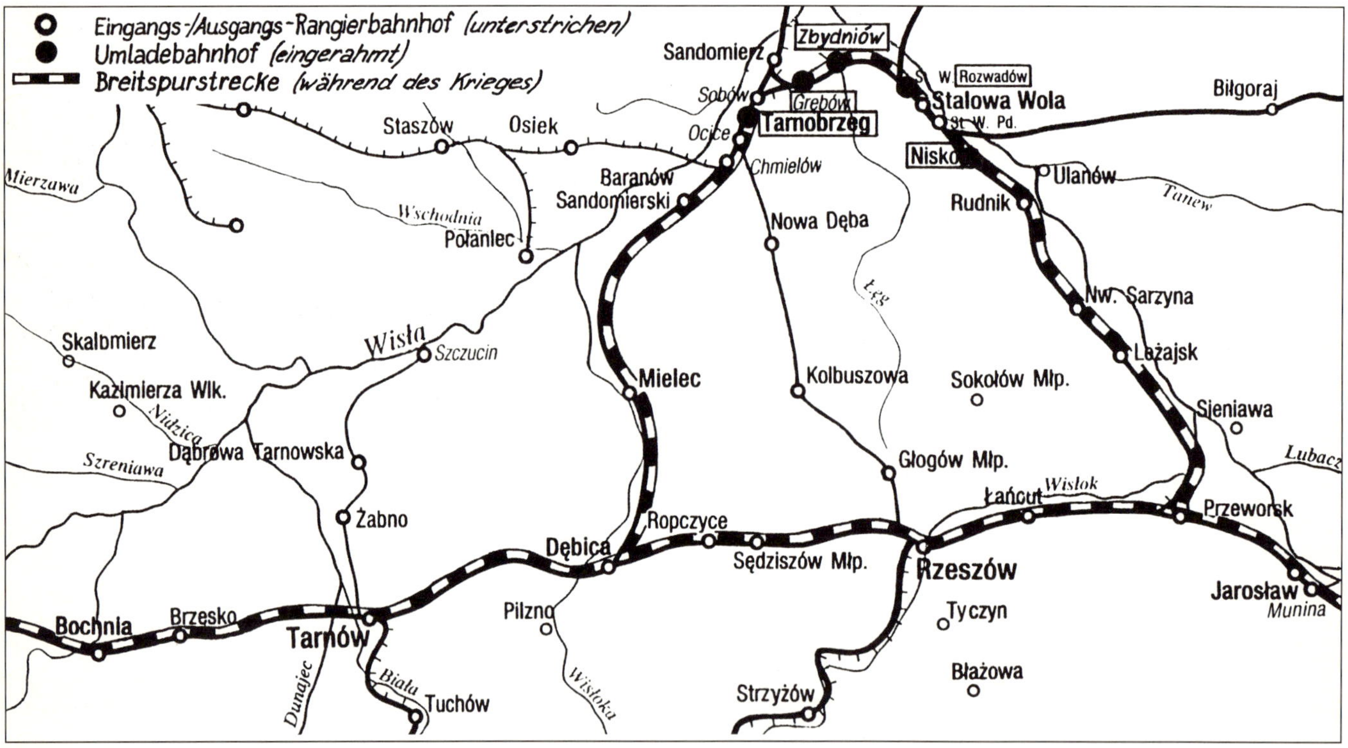

Umladeraum Rozwadów (heute Stalowa Wola Rozwadów) zwischen Breit- und Normalspur im Südosten Polens während des Krieges. Der Breitspurring war jedoch bei Tarnobrzeg nicht geschlossen. Die Namen der Umladebahnhöfe sind eingerahmt. Grundlage: Kursbuch-Karte der PKP 1996/97. Ergänzende Zeichnung: Kuhlmann

Verluste an Schienenfahrzeugen durch den deutschen Überraschungsangriff nicht ausgleichen.

Als Anfang März 1945 die Breitspur die Oder erreichte, entfiel der Umladeraum Warszawa Praga [8, Seite 42]. In Dęblin lud man auch während der Berliner Operation zwischen beiden Spuren um. Hier begannen die Militärtransporte, die über Skarżyska Kamienna – Łódź – Kutno – Wlocławek – Toruń – Bydgoszcz – Piła – Gorzów Wlkp nach Küstrin-Kietz führten. Im Raum Dęblin konnten täglich rund 20 Züge umgeladen werden. Für den Transport auf Normalspur hatte die Sowjetarmee rund 15 000 Beutewagen und 380 Lokomotiven requiriert [8, Seite 42]. Beim Vormarsch nach Westen wurden weitere 1222 Dampflokomotiven und 35 000 Güterwagen für Normalspur erbeutet [8, Seite 43/44].

Zum Vorbereiten und während der Berliner Operation waren folgende Militärtransporte umgeladen und in Richtung deutsche Hauptstadt auf die Reise geschickt worden (siehe Tabelle auf Seite 11) [8, Seite 43]:

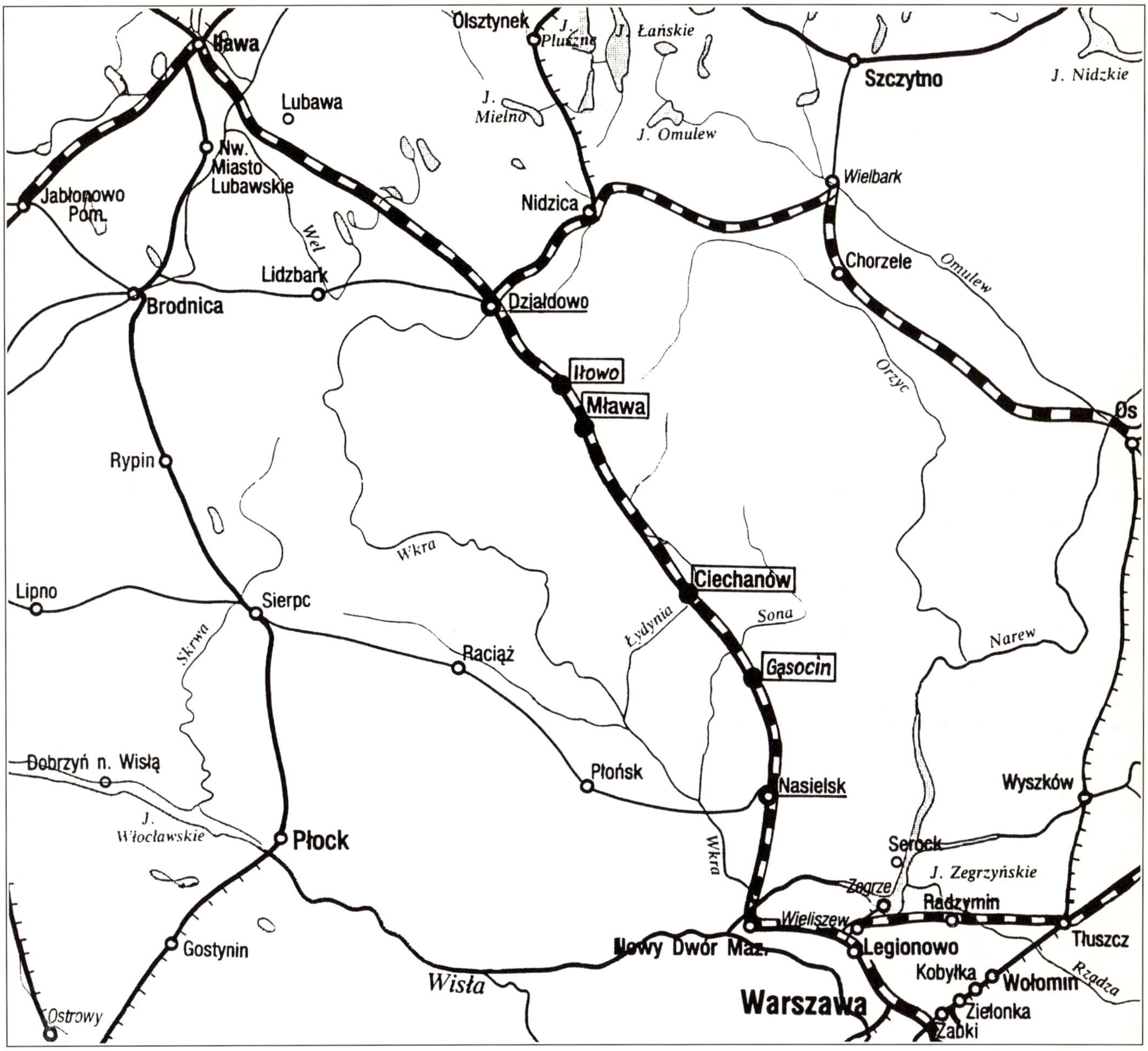

Umladeraum Działdowo – Nasielsk zwischen Breit- und Normalspur im Nordosten Polens während des Krieges. Die Namen der Umladebahnhöfe sind eingerahmt. Grundlage: Kursbuch-Karte der PKP 1996/97. Ergänzende Zeichnung: Kuhlmann

insgesamt	1. Beloruss. Front	2. Beloruss. Front	1. Ukrain. Front	
192 163	81 467	34 563	76 133	Wagen
3 919	1 630	806	1 483	Züge
78	35	18	25	Züge pro Tag (rund 50 Wagen pro Zug)
Umladeräume	Warszawa Praga zu 70 % Dęblin zu 30 %	Nasielsk – Działdowo, auch Iława – Jabłonowo Pom.	Katowice, Dęblin	

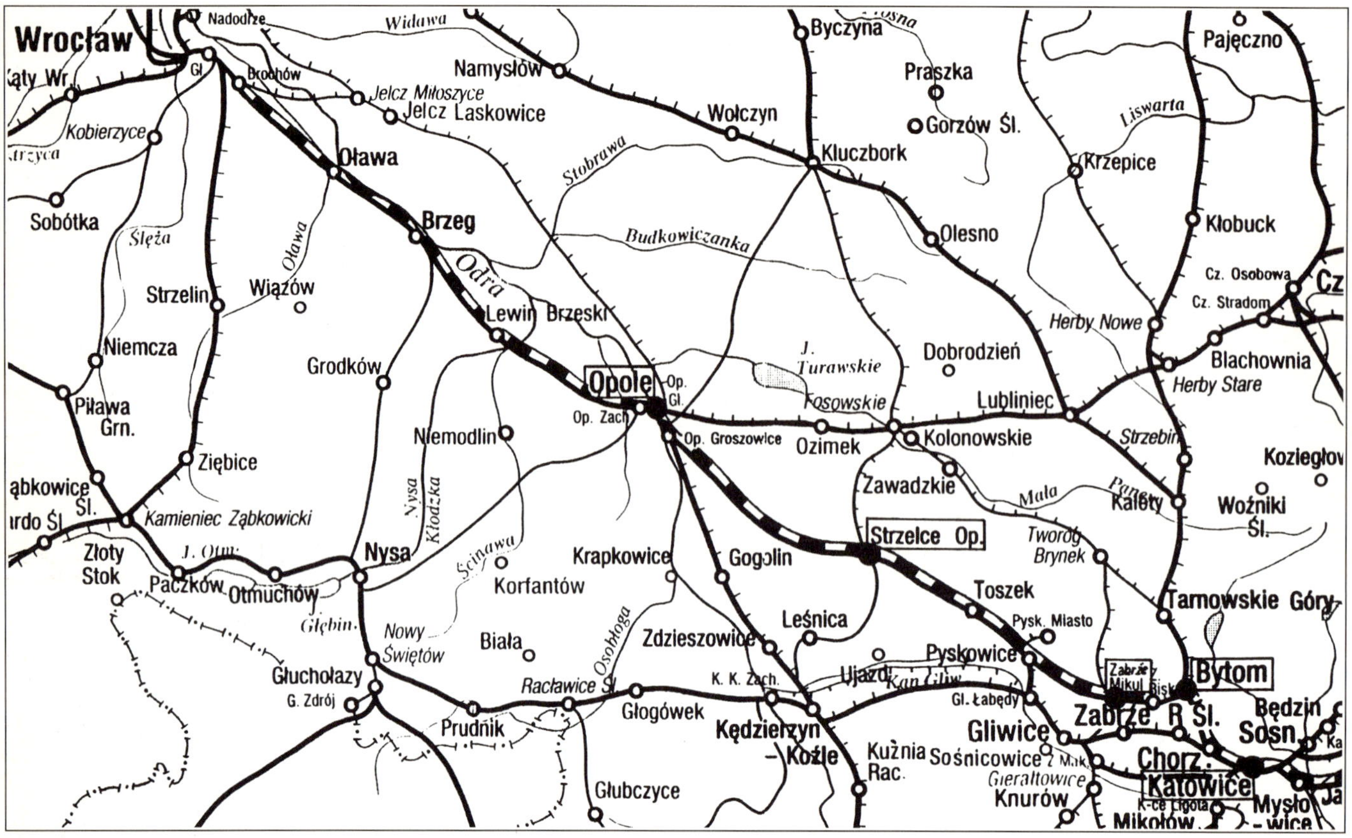

Umladeraum Katowice – Opole zwischen Breit-und Normalspur. Die Breitspur endete auf dem Rangierbahnhof Wrocław Brochow. Grundlage: Kursbuch-Karte der PKP 1996/97. Ergänzende Zeichnung: Kuhlmann

Gefährliche Güter, wie Munition und Treibstoffe, trafen aus dem Hinterland oft in Ganzzügen ein, meist mit 40 zweiachsigen bzw. mit 20 vierachsigen Kesselwagen. Aus Sicherheitsgründen halbierte man die Züge und stellte Wagen mit ungefährlichen Gütern oder leere Schutzwagen bei [8, Seite 48].

Während der Berliner Operation vom 16. April bis 8. Mai 1945 erhielten die drei Fronten 5924 Wagen mit Granaten und Minen, dazu in den letzten Kriegstagen weitere 11 635 Wagen Munition. Auf speziellen Umladebahnhöfen mit russischer und europäischer Spur mußte die Munition per Hand umgeladen werden, was die Standzeiten der Wagen erhöhte. Besonders schwierig war das Entladen bzw. Umpumpen von Treibstoffen, da weder normalspurige Kesselwagen, andere Lagermöglichkeiten, noch die entsprechenden Pumpen in ausreichender Anzahl vorhanden waren. Der Treibstoffverbrauch wuchs zu Kriegsende gegenüber 1942 auf das Zehnfache und gegenüber 1943 auf das Doppelte an [8, Seite 53].

Meistens waren die Umladebahnhöfe auf bestimmte Güter spezialisiert. Mußten zwei gefährliche Güter auf einem Bahnhof umgeladen werden, legte man diese Umladestellen auf den gegenüberliegenden Bahnhofsköpfen an, also 1,5 bis zwei Kilometer voneinander entfernt. [8, Seite 40]. Ein solcher Umladebahnhof umfaßte vier bis fünf Hauptgleise, zwei bis vier Umladegleise und notwendige Rangiergleise [8, Seite 49]. Erfahrungsgemäß konnten nicht mehr als vier bis fünf Züge am Tag behandelt werden. Grund dafür waren die ungenügende Gleisentwicklung der Bahnhöfe, das Fehlen von Pumpen und anderen Behelfseinrichtungen für das Umladen bzw. Ent- und Verladen, die geringe Leistungsfähigkeit der wiederhergestellten Strecken und die Notwendigkeit, solche Umladungen aus Geheimhaltungsgründen weitgehend in der Nacht vorzunehmen [8, Seite 40].

Ein Umladeraum zwischen Breit- und Normalspur bestand im wesentlichen aus einem Eingangs-Rangierbahnhof für Breitspur und einem Ausgangs-Rangierbahnhof für Normalspur. Dazwischen befanden sich fünf bis sechs auf jeweilige Gutarten spezialisierte Umladebahnhöfe. Darüber hinaus gab es Umladebahnhöfe für Truppen, Verwundete, Munition und Treibstoffe [8, Seite 127].

Während der Weichsel-Oder-Operation richtete die Sowjetunion im Januar 1945 für die 1. Ukrainische Front den Umladeraum Rozwadów ein, der bis Kriegsende in Betrieb war. In jeden Umladebahnhof führten Gleise beider Spurweiten. Der Eingangs-Rangierbahnhof war Przeworsk, als Ausgangs-Rangierbahnhof nutzte man die Gleisanlagen in Rozwadów [8, Seite 128].

Für die 2. Belorussische Front bestand der Umladeraum Nasielsk – Działdowo, der auf Breitspur aus zwei Richtungen erreichbar war. Die begrenzenden Rangierbahnhöfe waren Nasielsk und Działdowo, dazwischen befanden sich weitere Umladebahnhöfe, die sowohl Breit- als auch Normalspur besaßen. Da geeignete Umlademechanismen sowie normalspurige Güterwagen fehlten, betrug die Umschlagsleistung nur sechs bis acht Züge statt der erwarteten 16 Züge pro Tag. Deshalb spurte die Sowjetarmee die in Działdowo anschließende eingleisige Strecke nach Iława – Jabłonowo Pom. auf Breitspur um, damit die Front schneller die erforderliche Kampftechnik erhielt [8, Seite 129/130].

Darüber hinaus besaß die 1. Ukrainische Front einen zweiten, aber völlig anders gearteten Umladeraum in Katowice. Von hier bestand Breitspur in Richtung Wrocław. Von einer in großem Abstand parallel verlaufenden Normalspurstrecke nutzte man die vorhandenen Stichbahnen zu den einzelnen Umladebahnhöfen [8, Seite 130/131].

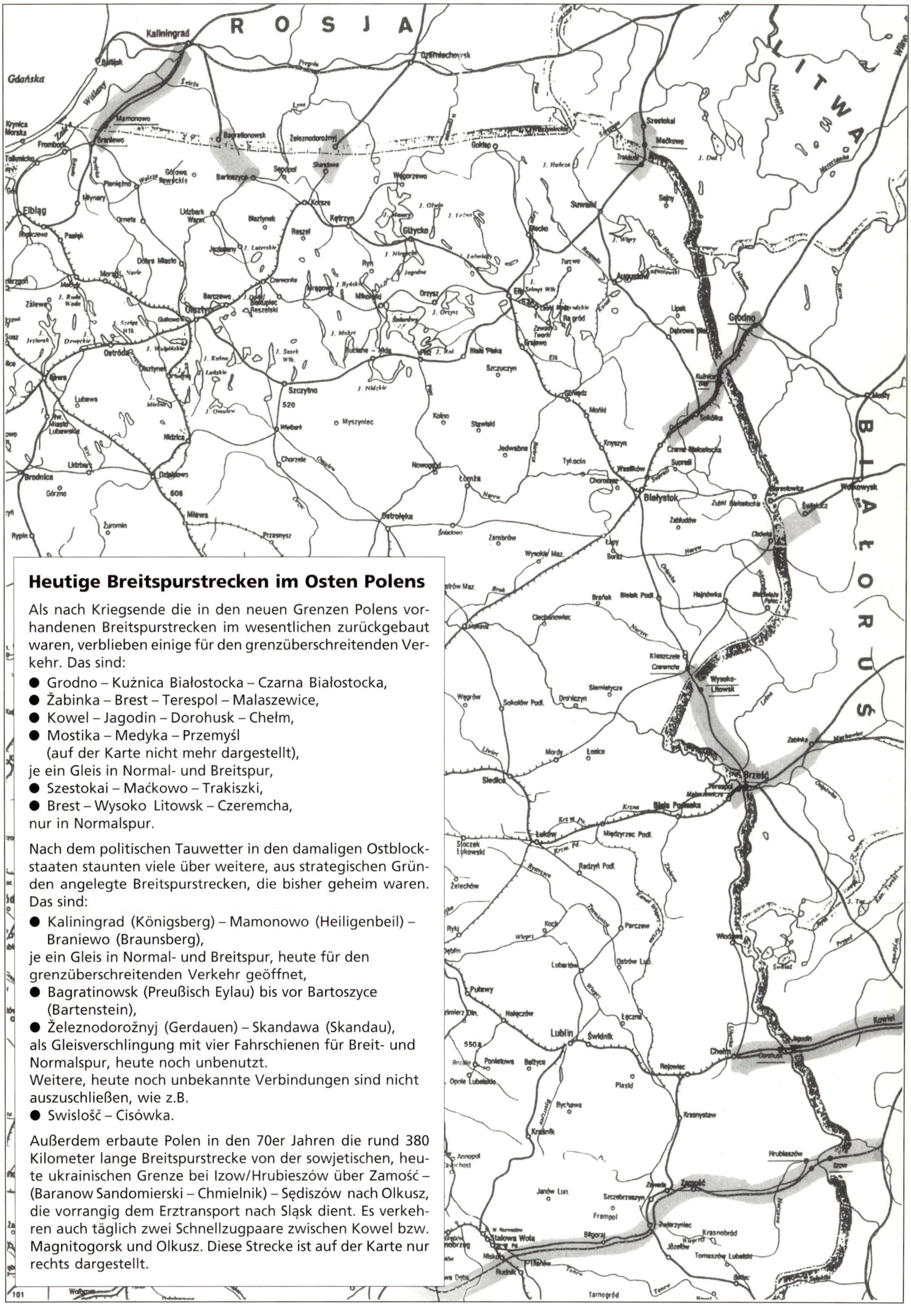

Heutige Breitspurstrecken im Osten Polens

Als nach Kriegsende die in den neuen Grenzen Polens vorhandenen Breitspurstrecken im wesentlichen zurückgebaut waren, verblieben einige für den grenzüberschreitenden Verkehr. Das sind:

- Grodno – Kuźnica Białostocka – Czarna Białostocka,
- Žabinka – Brest – Terespol – Malaszewice,
- Kowel – Jagodin – Dorohusk – Chełm,
- Mostika – Medyka – Przemyśl
  (auf der Karte nicht mehr dargestellt),

je ein Gleis in Normal- und Breitspur,

- Szestokai – Maćkowo – Trakiszki,
- Brest – Wysoko Litowsk – Czeremcha,

nur in Normalspur.

Nach dem politischen Tauwetter in den damaligen Ostblockstaaten staunten viele über weitere, aus strategischen Gründen angelegte Breitspurstrecken, die bisher geheim waren. Das sind:

- Kaliningrad (Königsberg) – Mamonowo (Heiligenbeil) – Braniewo (Braunsberg),

je ein Gleis in Normal- und Breitspur, heute für den grenzüberschreitenden Verkehr geöffnet,

- Bagratinowsk (Preußisch Eylau) bis vor Bartoszyce (Bartenstein),
- Železnodorožnyj (Gerdauen) – Skandawa (Skandau),

als Gleisverschlingung mit vier Fahrschienen für Breit- und Normalspur, heute noch unbenutzt.
Weitere, heute noch unbekannte Verbindungen sind nicht auszuschließen, wie z.B.

- Swislošč – Cisówka.

Außerdem erbaute Polen in den 70er Jahren die rund 380 Kilometer lange Breitspurstrecke von der sowjetischen, heute ukrainischen Grenze bei Izow/Hrubieszów über Zamość – (Baranow Sandomierski – Chmielnik) – Sędiszów nach Olkusz, die vorrangig dem Erztransport nach Sląsk dient. Es verkehren auch täglich zwei Schnellzugpaare zwischen Kowel bzw. Magnitogorsk und Olkusz. Diese Strecke ist auf der Karte nur rechts dargestellt.

2. Auf russischer Spur nach Berlin und Potsdam

2.1 Dem sowjetischen Vormarsch folgte das Umspuren

Trotz eines rechtzeitigen Antrages der 1. Belorussischen Front beim Staatlichen Verteidigungskomitee der UdSSR, zur bevorstehenden Weichsel-Oder-Operation die 300 Kilometer lange Bahnlinie Warschau – Poznań auf russische Spurweite umzustellen, traf die Genehmigung dafür erst am 29. Januar 1945 zum Ende dieser Operation ein. Doch wurde entgegen der ursprünglichen Absicht nur ein Gleis der zweigleisigen Strecke bis zum 8. Februar 1945 umgespurt [8, Seite 42/104], weil Stahlschwellen das Umbautempo minderten.

Zu Beginn der Berliner Operation faßte die Sowjetarmee den Entschluß, auch die Strecke Poznań – Frankfurt (Oder) auf russische Spurweite umzustellen. Der Betrieb konnte zwischen dem 20. und 27. Februar 1945 aufgenommen werden [9, Innenseite des Schutzumschlages], bis zur Oder im März 1945 [9, Seite 251].

Obwohl bereits am 25. April 1945 der erste russische Munitionszug auf Normalspur Berlin-Lichtenberg erreicht hatte, begann erst am gleichen Tag der Wiederaufbau der Strecke

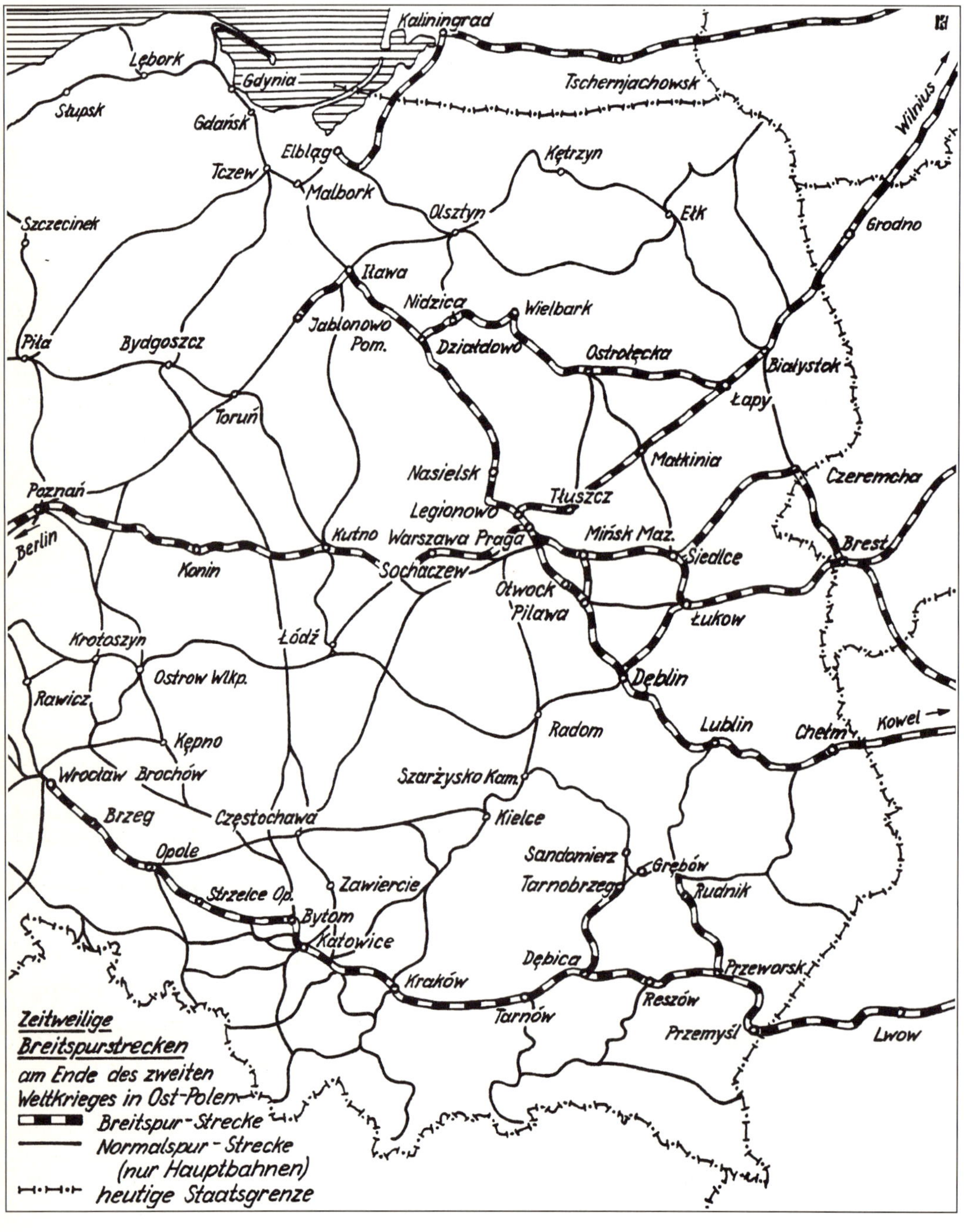

Zeitweilige Breitspurstrecken während des Zweiten Weltkrieges in Ostpolen. Dargestellt sind die heutigen Grenzen und die heutigen Bahnstrecken. Nicht eingetragen sind Schmalspur- und Nebenbahnen sowie die heutige Breitspurstrecke von der Grenze bei Hrubieszów nach Olkusz in Schlesien. Zeichnung: Kuhlmann

Umfahrung der gesprengten Oderbrücke bei Frankfurt mit einer provisorischen Brücke. Repro aus [8]

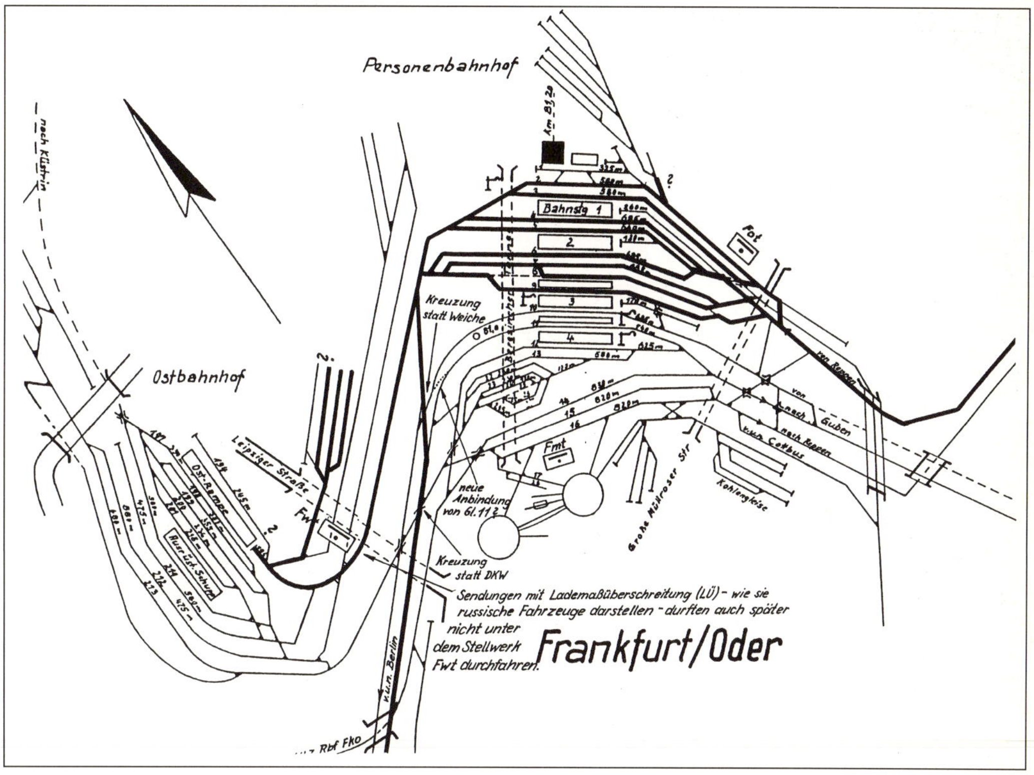

Lageplanskizze des Personenbahnhofs Frankfurt (Oder) vom Frühjahr 1947 mit den vermutlichen Breitspurgleisen nach einem vom 12. Juli 1945 von der Sowjetarmee berichtigten Gleisplan. Das Breitspurgleis nach Finkenheerd ist (nicht mehr?) eingetragen, zur sogenannten Ost-Rampe kann man es vermuten, weil hier später Militärtransporte be- und entladen wurden. Stalins Sonderzug soll über Gleis 9 bei abgesperrtem Bahnsteig 3 gefahren sein, dem Fahrweg mit den wenigsten Weichen.

Sammlung/Zeichnung: Kuhlmann nach Angaben von Lothar Meyer, Frankfurt (Oder)

Frankfurt (Oder) – Berlin mit dem Bau einer 519,6 Meter langen Behelfsbrücke über die Oder. Ursache war die zur Festung erklärte Stadt Frankfurt an der Oder, die von der 169. und 712. Infanterie-Division gehalten werden mußte. Damit deren Rückzug nicht bei Fürstenwalde (Spree) durch die Sowjetarmee abgeschnitten wurde, erhielten diese Truppen am 22. April 1945, 14.50 Uhr, die Erlaubnis, die „Festung" aufzugeben [10, Seite 85/93].

Im Morgengrauen des 23. April 1945 besetzten sowjetische Truppen Frankfurt an der Oder [12]. Die Breitspur erreichte nach der provisorisch wiederhergestellten Oderbrücke den Bahnhof Frankfurt (Oder) Pbf. Hier waren einige Gleise auf der Ostseite sowie der Anschluß zur sogenannten Osthalle (Bahnbetriebswagenwerk) umgespurt. Kurzzeitig soll Breitspur bis nach Finkenheerd zum Kraftwerk gelegen haben, weil von dort fast nagelneue Aggregate der Stromerzeugung in die Sowjetunion abzufahren waren; sicherlich war das nur bis Juli/August 1945 der Fall, bis die zerstörte Brücke über den Brieskowkanal repariert worden war [11]. Die Speicher der Güterbahn am Oderkai belegte bis zum Jahreswechsel 1945/46 die Besatzungsmacht. Den Lokschuppen der Hafenbahn an den Übergabegleisen zum Rangierbahnhof nutzte ab 1945 die Sowjetarmee zum Abstellen ihrer Lok. Das ehemalige Wehrmachts-Proviantamt westlich des Rangierbahnhofs avancierte zum Heeresverpflegungsamt der Sowjetarmee [12].

Am 23. April 1945 drohte die Sowjetarmee, die ersten Vororte Berlins einzunehmen. General Weidling wurde am Abend im Führerbunker die Befehlsgewalt über die östlichen und südöstlichen Verteidigungssektoren A bis E übertragen, also im Bogen von Lichtenberg–Karlshorst–Niederschöneweide–Tempelhof [10, Seite 107]. Allen Verbänden gemeinsam war der Mangel an Munition [10, Seite 110]. Schon vor der Befehlsausgabe an Weidling waren Kaulsdorf und Biesdorf von

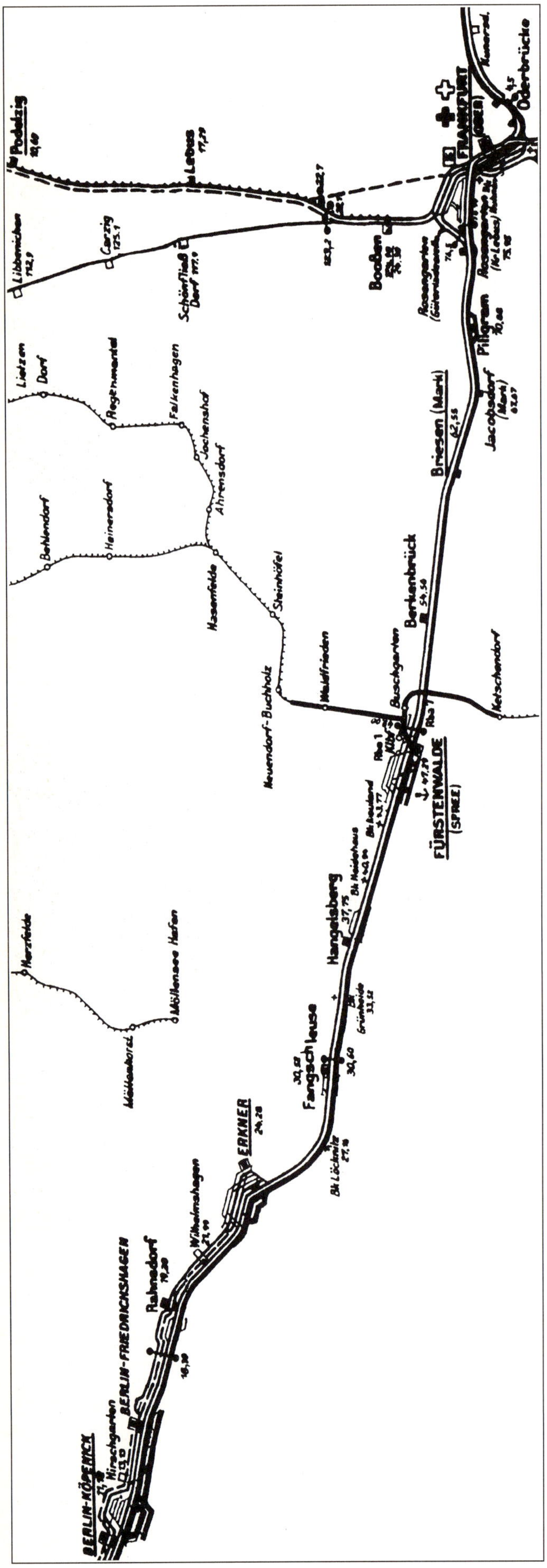

⇦ *Breitspurstrecken bzw. -gleise im Sommer 1945 zwischen Frankfurt (Oder) und Berlin-Köpenick, eingezeichnet in einen Betriebsstreckenplan von 1949. Die Breitspur ist mit dicken Linien hervorgehoben. Zeichnung: Kuhlmann*

Panzer verlegte die 1. Belorussische Front auf dem Schienenweg (hier auf Breitspur) an die Kampflinie.
Foto: Sammlung Kuhlmann

Auf Breitspur gelangten die Militärtransporte der 1. Belorussischen Front zu den Umladeräumen.
Foto: Sammlung Kuhlmann

Deutsche Soldaten werden auf den Gleisen des Schlesischen Bahnhofs in Berlin gefangengenommen.
Repro aus: von der Mühlen, Bengt: Der Todeskampf der Reichshauptstadt; Chronos, Berlin-Kleinmachnow 1994

Der Marschall der Sowjetunion, Georgi Konstantinowitsch Shukow auf dem sogenannten Reitweiner Sporn. Von hier aus leitete er den Kampf der Truppen um die Seelower Höhen. Nach Kriegsende war er bis 21. März 1946 Oberbefehlshaber der sowjetischen Besatzungstruppen in Deutschland. Foto: Sammlung Kuhlmann

Im Mai 1945 kurz nach Kriegsende aufgenommen: Der Tiergarten ist mit zerstörtem Kriegsmaterial und Flugzeugwracks übersät. Im Hintergrund die Ruine des Reichstagsgebäudes. Foto: Sammlung Kuhlmann

der 5. Stoßarmee eingenommen. Deren 9. Korps stieß nach Südwesten nach Karlshorst durch. Südlich davon überrannte das 4. Gardekorps der benachbarten 8. Gardearmee Oberschöneweide und bereitete den Übergang über die Spree nach Johannisthal vor. In den frühen Morgenstunden des 24. April 1945 nutzte das 29. Gardekorps der 8. Gardearmee „die unzerstörte Eisenbahnbrücke über die Spree nach Adlershof" (offenbar die Brücke des Güteraußenringes bei Eichgestell, die nach dieser Darstellung erst nach diesem Zeitpunkt zerstört wurde) [10, Seite 116].

Währenddessen setzten das 26. Gardekorps und das 32. Korps der 5. Stoßarmee ihren Vormarsch entlang der damaligen Frankfurter Allee fort, bis sie ohne nennenswerten Widerstand auf den inneren Verteidigungsring (entlang der Ringbahn) und in den Bereich des Flakbunkers Friedrichshain (heute Großer Bunkerberg im Volkspark Friedrichshain) gerieten [10, Seite 124].

Südlich von der Ost-West-Achse traf das 32. Korps auf die starke deutsche Verteidigung um den Schlesischen Bahnhof (heute Ostbahnhof). Von den hochliegenden Bahnanlagen hatte die deutsche Wehrmacht ein ausgezeichnetes Schußfeld, die zwischen der heutigen Modersohn- und der Warschauer Brücke zwei Eisenbahngeschütze aufgestellt hatte. Diese zog man später über die Stadtbahn ab [13, Seite 236]. Sowjetische Panzer und Infanterie wurden hier mehrere Tage aufgehalten. Marschall Shukow bezeichnete später den Kampf um den Schlesischen Bahnhof als eine der schwersten Aufgaben der 5. Stoßarmee während der Berliner Operation [10, Seite 135]. Nach seinen Memoiren sollen am dritten Tag der Kämpfe um Berlin auf russischer Spur schwere Belagerungsgeschütze herangeführt worden sein, die die Innenstadt beschossen [13, Seite 237]. Der Wunsch war sicherlich der Vater des Gedankens, denn die Breitspur erreichte erst am 5. Mai 1945 den Bahnhof Berlin-Köpenick [14, Seite 4]. Noch am 27. April 1945 hielten am Schlesischen Bahnhof sowie im Bereich zwischen Spree und Alexanderplatz die Straßenkämpfe unvermindert an [10, Seite 156], obwohl am Abend des 23. April 1945 der Bahnhof eingenommen worden war [13, Seite 237]. Während am 28. April 1945 das 32. Korps zur Fischerinsel jenseits der Spree übersetzte, wurde in ihrem Rücken um den Schlesischen Bahnhof herum weiterhin gekämpft [10, Seite 166/167].

Da die Munitionsversorgung für die wenigen verbliebenen deutschen Panzer und Geschütze im Berliner Kessel sehr kritisch war, richtete man bis zum 24. April 1945 die Ost-West-Achse westlich des Brandenburger Tores (heute Straße des 17. Juni) als Landebahn für Flugzeuge her. Am Morgen des 26. April 1945 warfen Me-109-Jäger über einhundert Munitionskisten über dem Tiergarten ab, von denen nur ein Fünftel geborgen werden konnten. 10.30 Uhr landeten hier zwei Transportmaschinen Ju 52 mit Panzermunition. Beim Rückstart stürzte ein Flugzeug mit Schwerverwundeten aus der Charité ab [10, Seite 141].

Schließlich stürmten am 29. April 1945 sowjetische Soldaten das Rote Rathaus [10, Seite 179]. In der Nacht vom 30. April zum 1. Mai 1945 zog General Bärenfinger viele seiner Truppen aus dem unübersichtlichen Kampfgebiet zwischen Alexanderplatz und Spree ab. Dies geschah durch den U-Bahn-Tunnel der Linie D (heute U 8) durch die russischen Linien zum Flakbunker im Humboldthain [10, Seite 198].

Die deutsche und die sowjetische Seite vereinbarten schließlich, alle Kampfhandlungen in der Stadt am Mittwoch, dem 2. Mai 1945, 13 Uhr, einzustellen, doch dauerte es noch bis 17 Uhr, ehe der letzte Schuß gefallen war [10, Seite 205]. (Der Zeitunterschied zwischen Osteuropäischer bzw. Moskauer und Mitteleuropäischer Zeit betrug in der Regel zwei Stunden. Doch hatte man in Deutschland noch am 2. April 1945 die Sommerzeit eingeführt und die Uhren eine Stunde vorgestellt, so daß der Zeitunterschied gar drei Stunden betrug [15].)

Noch bevor am 8. Mai nach deutscher bzw. am 9. Mai 1945 nach Moskauer Zeit in der früheren Karlshorster Pionierschule die bedingungslose Kapitulation der deutschen Wehrmacht unterzeichnet wurde, konnte auf der Schlesischen Bahn von russischen Eisenbahnpionieren der Breitspurbetrieb am 6. Mai 1945 bis zum Schlesischen Bahnhof ausgedehnt werden. Die Warschauer Brücke war zwar von Bomben zerstört, aber die hängenden Überbauten blockierten nur die Gleise der S-Bahn und der Ostbahn.

Über die Breitspurstrecke in Richtung Berlin – am 5. Mai 1945 konnte bis zum Bahnhof Berlin-Köpenick gefahren werden [14, Seite 4] – wurde die kämpfende Sowjetarmee mit Nachschub versorgt. Schwere Eisenbahngeschütze, wie auf Normalspur über Küstrin-Kietz, führte man hier nicht in die Stadt. Doch verfügte die 1. Belorussische Front über insgesamt 58 Flak-MG-Züge mit Bewaffnung und Flakscheinwerfern auf Normalspur, die zur Luftabwehr während der Berliner Operation eingesetzt waren [8, Seite 199]. Das Um-

Generalfeldmarschall Krebs, letzter Befehlshaber des Oberkommandos des Heeres, wartet auf ein Gespräch mit Armeegeneral Tschujkow. Foto: Sammlung Kuhlmann

Angehörige eines Fla-MG-Kanonenzuges der Sowjetarmee auf Gefechtsposten. Repro aus [8]

Die sowjetischen Soldaten wehren 1941 mit Fla-MG einen Luftanfriff ab – so der originale Text. Dieses Foto ist – wie so viele andere auch – den Fotografen zuliebe nachgestellt worden. Repro aus [8]

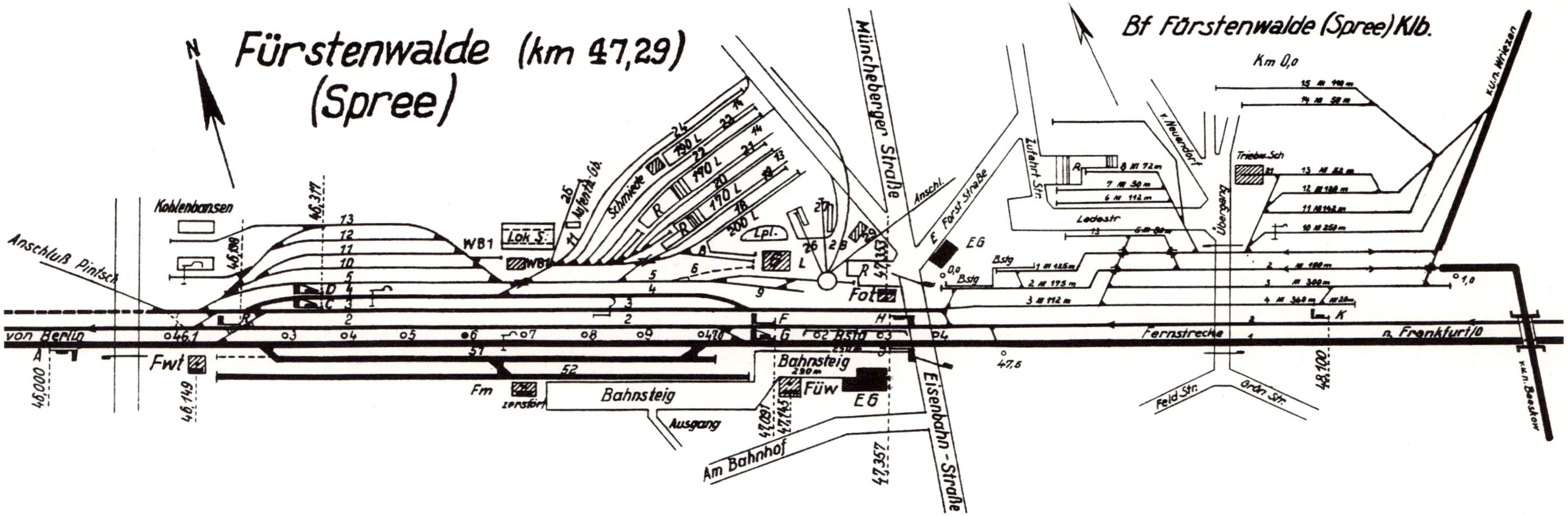

Lageplanskizze des Bahnhofs Fürstenwalde (Spree)

Links Zustand vom 1. Februar 1947, rechts vom 1. Januar 1951, mit eingetragenen Breitspurgleisen (dicke Linien). Nicht nur die Streckengleise Berlin – Frankfurt (Oder), zum Flugplatz (Waldfrieden) und nach Ketschendorf (heute Fürstenwalde Süd) und die beiden ehemaligen Vorortgleise 51 und 52 im Bahnhof Fürstenwalde (Spree) waren auf Breitspur umgenagelt, sondern sicherlich weitere Gleise im früheren Kleinbahnhof. Welche das waren – darüber können heute nur Vermutungen angestellt werden. Zeichnung: Sammlung Kuhlmann

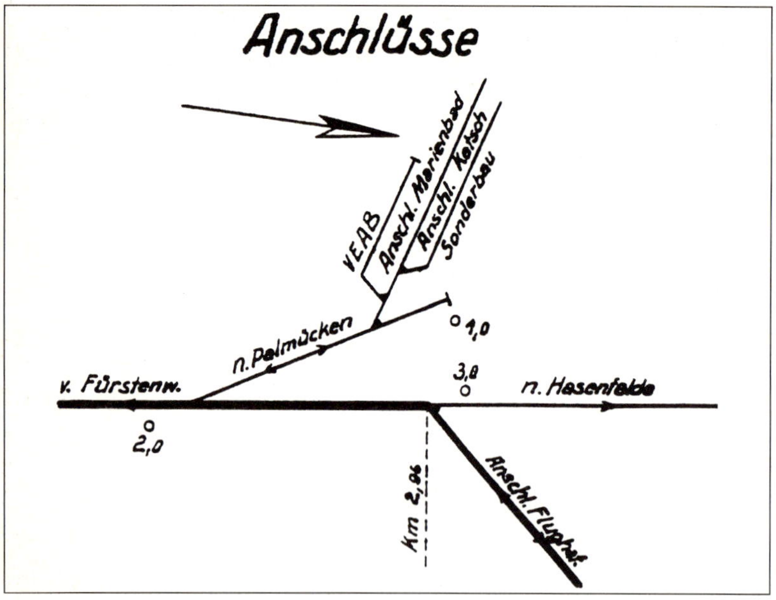

⇨ *Der erste Fernzug aus Moskau trifft am 28. Juni 1945 auf dem Schlesischen (heute Ost-) Bahnhof in Berlin ein. Foto: Sammlung M. Reimer*

Gleisanschlüsse bei Waldfrieden nördlich von Fürstenwalde (Spree) in einer Lageplanskizze vom 1. Januar 1951 mit eingezeichneter Breitspur von 1945 (dicke Linien). Die Anschlüsse zum Flugplatz und zum sowjetischen Materiallager „Ketsch" bestanden bis zum Abzug der Sowjetarmee im Jahre 1994. Zeichnung: Sammlung Kuhlmann

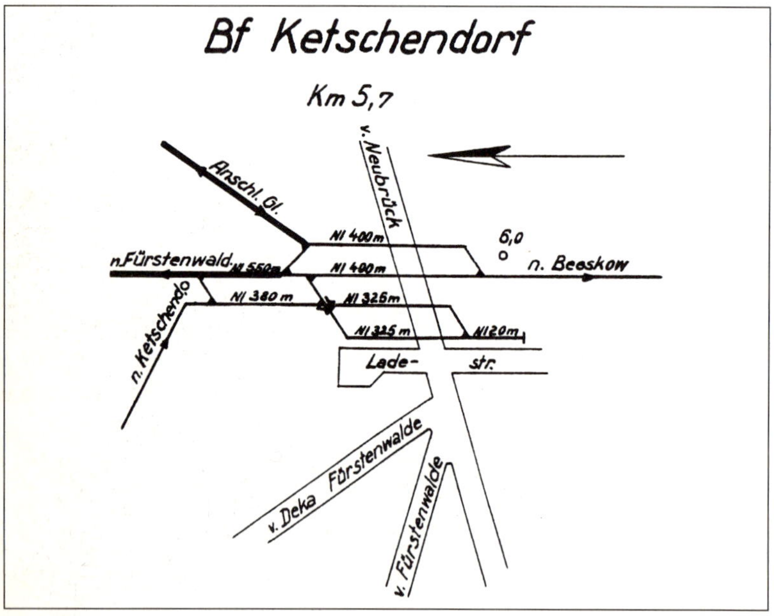

Lageplanskizze des früheren Bahnhofs Ketschendorf (heute Fürstenwalde Süd) vom 1. Januar 1951. Das Anschlußgleis links oben führt in den ehemaligen Wehrmachts-Pionierpark, aus dem sich die Sowjetarmee 1945 bediente und die Entnahmen auf Breitspur abfuhr. Welche Bahnhofsgleise auf Breitspur (dicke Linien) umgenagelt waren, ließ sich nicht mehr ermitteln. Zeichnung: Sammlung Kuhlmann

spuren eines Gleises auf Breitspur war folglich rein strategisch begründet.

Gerade nach dem Einstellen der Kampfhandlungen dehnte die Sowjetarmee den Breitspurbetrieb auf deutschen Boden aus: Von Fürstenwalde (Spree) aus baute sie die Streckenabschnitte bis zum Flugplatz (4,7 Kilometer) der Oderbruchbahn sowie bis nach Ketschendorf (heute Fürstenwalde Süd, 5,7 Kilometer) der Kreisbahn Beeskow-Fürstenwalde auf 1524-Millimeter-Spur um. Beide Streckenabschnitte sind vermutlich noch während der Berliner Operation umgespurt worden. Ende August 1945 betrieb beide „Anschlüsse" noch die Sowjetarmee, doch rechnete die Eisenbahnabteilung der damaligen Provinzialverwaltung der Mark Brandenburg nicht damit, daß die „Entnahmen" der Sowjetarmee aus dem ehemaligen Wehrmachts-Pionierpark in Ketschendorf in absehbarer Zeit beendet sein könnten [16].

Der Bahnhof Fürstenwalde (Spree) entwickelte sich deshalb zu einem Zentrum im sowjetischen Breitspurbetrieb (Lageplanskizze des Bahnhofs siehe Seite 19). Zeitzeugen bestätigen, daß neben dem Gleis Berlin – Frankfurt (Oder) auch die südlich davon gelegenen Gleise 51 und 52 – die Gleise an den ehemaligen Vorortbahnsteigen – umgespurt wurden. Da die Anschlüsse zum Flugplatz und nach Ketschendorf nordöstlich des Bahnhofs abzweigten, kreuzte die Breitspur auch das normalspurige Streckengleis Frankfurt (Oder) – Berlin. Darüber hinaus können – obwohl es dafür keine Belege gibt – auch Teile des sogenannten Kleinbahnhofs auf Breitspur umgenagelt worden sein, um Güterwagen zu sammeln. Denn die Gleise 51 und 52 dienten Zugkreuzungen der Breitspurzüge auf der eingleisigen Strecke sowie zum Ein- und Aussteigen am Bahnsteig der Sowjetarmee.

Die Breitspur auf der Schlesischen Bahn besaß doppelte strategische Bedeutung: Zuerst als Nachschublinie für die kämpfenden Truppen während der Berliner Operation und – als diese beendet war – dem schnellen Abtransport von Mannschaften und Technik aus Deutschland in den asiatischen Raum zum Kampf gegen Japan [13, Seite 240]. Man spricht sogar davon – ohne den Beweis führen zu können –, daß die S-Bahn-Strecke nach Erkner durch den Abmarsch sowjetischer Panzer und schwerem Kriegsgerät platt gewalzt wurde, und wegen der schweren Zerstörungen am Gleiskörper deshalb der Betrieb hier nicht wieder aufgenommen werden konnte [13, Seite 240]. Zweifellos war Erkner bis Ende 1947 Sammel- und Verteilerpunkt der Sowjetarmee (siehe Abschnitt 7.).

2.2 Breitspur auf der Stadtbahn und nach Potsdam

Der Schlesische Bahnhof (heute Ostbahnhof) war nach Aufnahme des Zugverkehrs auf Breitspur für den zivilen Verkehr der Deutschen gesperrt. Das Empfangsgebäude auf der Südseite war zerstört und nicht nutzbar. Deshalb richtete die Sowjetarmee auf der Nordseite in den gegenüberliegenden Häusern der Madaistraße (heute Erich-Steinfurth-Straße) ihre Verkehrsdienststellen ein. Auf der für den Durchgangsverkehr gesperrten Straße warteten besonders verpflichtete deutsche Spediteure mit ihren vier- oder dreirädrigen Lieferwagen auf Offiziere der Sowjetarmee für den Transport ihres Gepäcks [13, Seite 240, 246].

Für den Zugverkehr auf Breitspur nutzte man den Bahnsteig B mit den Gleisen 2 und 3, während Gleis 1 am zerstörten Bahnsteig A dem Umsetzen von Lokomotiven diente. Die elektrische S-Bahn fuhr noch nicht wieder. Der Betrieb auf Normalspur nutzte nur die Gleise am Fernbahnsteig C und am benachbarten S-Bahnsteig D, jedoch dürfte ein regelmäßiger ziviler Zugverkehr auf Normalspur erst im Spätsommer 1945 aufgenommen worden sein [17]. (Ab 30. August 1945

In der Madaistraße (heute Erich-Steinfurth-Straße) am Ostbahnhof warten im Oktober 1945 dienstverpflichtete Spediteure auf die Offiziere der Sowjetarmee. Foto: Sammlung Prof. L. Demps

Sowjetische Breitspurlok ***Э^{у} 713-25*** *beim Umsetzen auf Gleis 2 des Schlesischen Bahnhofs in Berlin. Im Hintergrund ist in der Hallenschürze wegen der größeren Höhe der Fahrzeuge ein Ausschnitt erkennbar. Foto: Repro aus [9]*

Deutsche Eisenbahner im Gespräch mit einem sowjetischen Offizier auf Bahnsteig B, etwa im Mai 1945.
Foto: Sammlung Prof. L. Demps

Deutsche Polizisten im Gespräch mit einem sowjetischen Offizier auf Bahnsteig B des Ostbahnhofs, etwa im Mai 1945.
Foto: Sammlung Prof. L. Demps

begann und endete das einzige Personenzugpaar nach und von Frankfurt/Oder zunächst bis November 1945 auf dem Schlesischen Güterbahnhof, dem heutigen Ostgüterbahnhof. Ab Oktober 1945 verkehrten zwischen Berlin-Köpenick und Fürstenwalde/Spree einige Dienstpersonenzüge, die ab März 1946 auch von zahlenden Reisenden genutzt werden durften. Ab 18. April 1946 war täglich ein Zugpaar zwischen Berlin-Köpenick und Erkner eingesetzt, ab 18. Mai 1946 waren es zwischen Ostkreuz und Fürstenwalde/Spree fünf Zugpaare sowie weitere zwischen Ostkreuz und Erkner. Ab 10. August 1946 begannen und endeten alle Züge im Schlesischen Bahnhof [18]. Die elektrische S-Bahn erreichte von Ostkreuz kommend den Schlesischen Bahnhof wieder am 5. November 1945, und am 15. November 1945 konnte die letzte Lücke der Stadtbahn bis Alexanderplatz geschlossen werden.)

Nach Meldung der von der sowjetischen Besatzungsmacht herausgegebenen „Täglichen Rundschau“ traf am 28. Juni 1945 der „Moskau-Berlin-Express“ auf Breitspur auf dem damaligen Schlesischen Bahnhof in Berlin ein. Dieser Zug verkehrte bis Ende September 1945 und war nur für höhere Armeeangehörige und für einen kleinen Kreis weiterer bevorzugter Personen zugelassen [19, 20].

Als die Konferenz der „Großen Drei“ in Potsdam der Anti-Hitler-Koalition vom 17. Juli bis 2. August 1945 bevorstand, die als „Potsdamer Konferenz“ in die Geschichte eingegangen ist, mußte der sowjetische Diktator Stalin nach Verlautbarungen aus der Sowjetunion angeblich aus gesundheitlichen Gründen den Zug benutzen. Doch scheute er sich zu fliegen, weil er damit nach Teheran schlechte Erfahrungen gemacht hatte. Sicherlich war es für ihn außerdem eine Demonstration des Führungsanspruchs und der gewonnenen Einflußsphäre, ohne Umsteigen durch erobertes Land nach Potsdam zu reisen. Eigens für diesen Zweck mußte ein Gleis der Stadtbahn und weiter bis Potsdam (Stadt) auf Breitspur umgebaut werden, das man nach Ende der Konferenz zwischen 11. und 23. August 1945 zurückspurte [13, Seite 241/242;17, 19, 20, 21, 22].

⇗ Sowjetische Offiziere mit ihren Familienangehörigen sind in Berlin eingetroffen und verlassen den Ostbahnhof.
Foto: Sammlung Prof. L. Demps

⇨ Auf dem Schlesischen Bahnhof (heute Ostbahnhof) wird vom Oberbürgermeister des Magistrats von Groß-Berlin, Prof. Dr. Arthur Werner (links), am 28. Juni 1945 der erste Zug auf Breitspur erwartet. Foto: Sammlung Kuhlmann

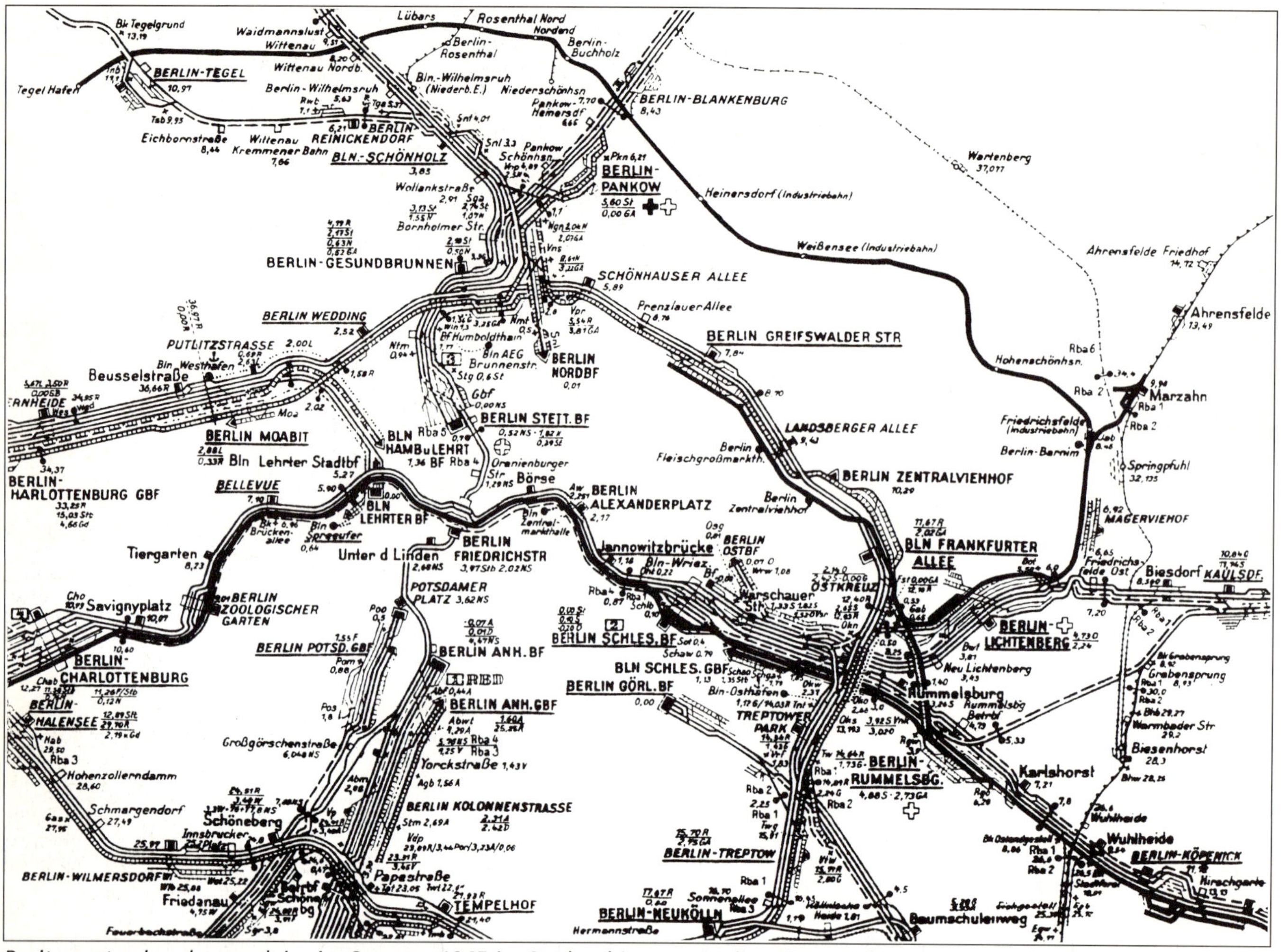

Breitspurstrecken bzw. -gleise im Sommer 1945 im Stadtgebiet von Berlin, eingezeichnet in einen Betriebsstreckenplan von 1949. Die Breitspur ist mit dicken Linien hervorgehoben. Zeichnung: Sammlung Kuhlmann

„Vorwärts, der Sieg ist nah!" verkündet das Propaganda-Plakat der Sowjetarmee. Foto: Sammlung Kuhlmann

Transporte mit Truppen und Versorgungsgütern beherrschten die Straßen. Foto: Sammlung Kuhlmann

Die wichtigsten Waffen der Sowjetarmee in der Gedenkstätte Seelower Höhen (von vorn nach hinten): mittlerer Panzer T 34/85, reaktiver Geschoßwerfer BM-13 (bekannt als „Stalinorgel"), 152-mm-Haubitze 1943, 76-mm-Divisionskanone ZIS-3 1942, 120-mm-Regimentsgranatwerfer (links mit Besuchern).

Armeegeneral Wassilij Iwanowitsch Tschujkow war Befehlshaber der 8. Gardearmee, die im Süden Berlins kämpfte. Vom 31. März 1949 bis 26. Mai 1953 war er Oberbefehlshaber der sowjetischen Besatzungstruppen in Deutschland. Fotos: Sammlung Kuhlmann

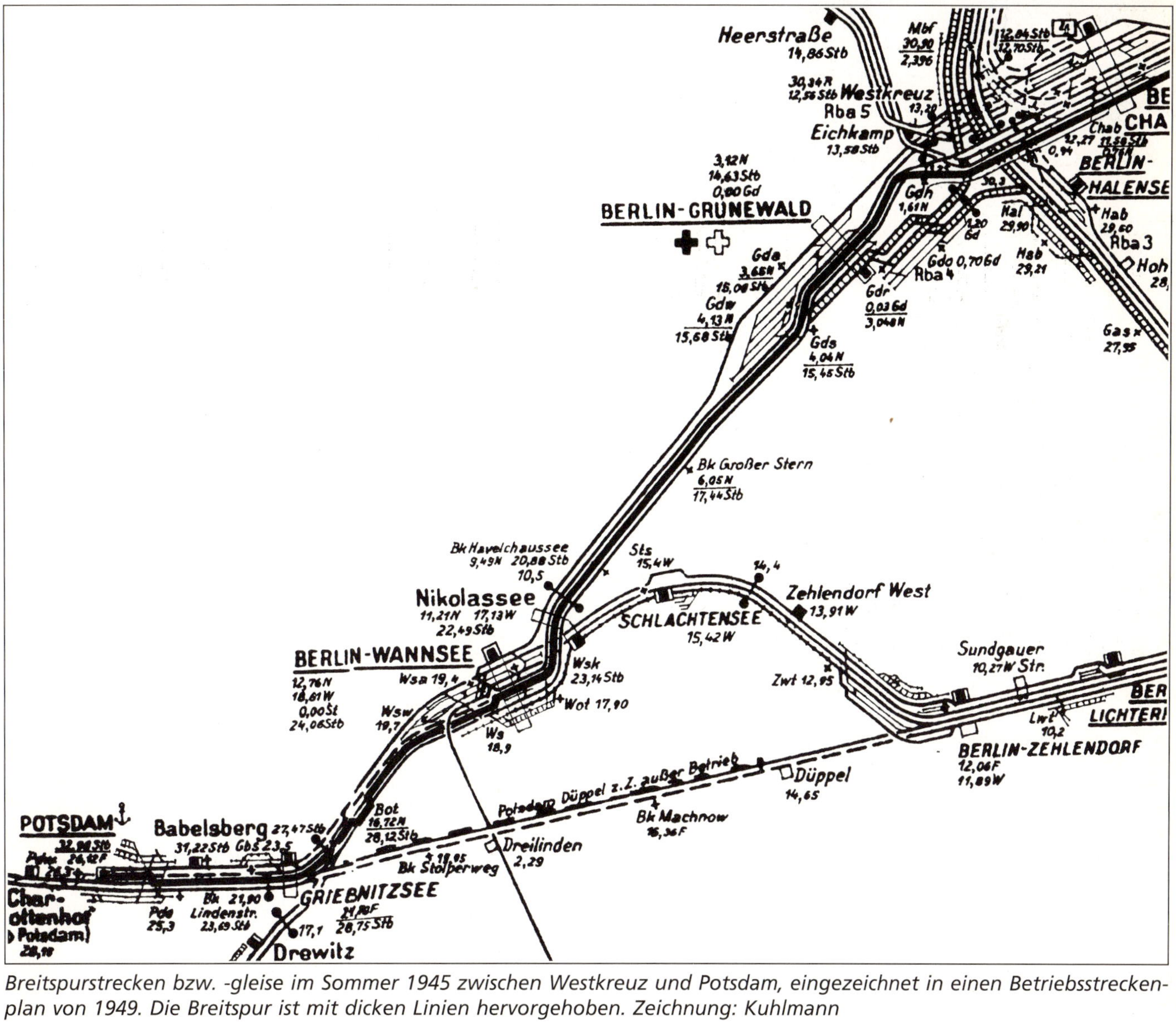

Breitspurstrecken bzw. -gleise im Sommer 1945 zwischen Westkreuz und Potsdam, eingezeichnet in einen Betriebsstreckenplan von 1949. Die Breitspur ist mit dicken Linien hervorgehoben. Zeichnung: Kuhlmann

Nicht Stalins Sonderzug, sondern ein von einer Dampflokomotive der Baureihe 52 geführter Personenzug auf der Stadtbahn in Höhe des zerstörten Hansaviertels (Mai 1949). Foto: Sammlung Kuhlmann

Auf der Stadtbahn war vom Schlesischen Bahnhof bis Berlin-Charlottenburg das Ferngleis West-Ost umgespurt, das man jedoch zwischen den S-Bahnhöfen Börse (später Marx-Engels-Platz, heute Hackescher Markt) bis zur Ostseite des Bahnhofs Berlin Friedrichstraße auf die Trasse des S-Bahn-Gleises West-Ost verschwenkt hatte.

Auf der Wetzlarer Bahn war nach einer Betriebsstreckenkarte vom 7. Juli 1945 von Berlin-Charlottenburg bis zur damaligen Abzweigstelle Bot (später Kohlhasenbrück, heute Griebnitzsee Ost) das Gleis Berlin – Wiesenburg (Mark) umgespurt [23]. Dabei bestand auf der Brücke des Teltowkanals zwischen Normal- und Breitspur eine Gleisverschlingung ohne Weichen als Vierschienengleis, weil nur ein Überbau befahrbar war. Nach der damals nur eingleisigen und umgespurten Verbindungskurve Abzweig Bot bis Babelsberg Ufastadt (seit 1. April 1949 Griebnitzsee) hatte man auf der Potsdamer Bahn das Gleis in Richtung Magdeburg auf Breitspur umgenagelt [17]. Östlich des Bahnhofs Potsdam (Stadt) schwenkte das umgespurte Gleis auf die Trasse der damals nicht betriebenen S-Bahn, um an dem unbenutzten S-Bahnsteig in Potsdam zu enden [21]. Außerdem sollen sowohl in Potsdam (Stadt) als auch in Babelsberg Ufastadt Ladegleise umgespurt gewesen sein, um Breitspur-Güterwagen mit Reparationen beladen zu können [21].

Hartnäckig halten sich Gerüchte, daß die Breitspur gar bis Wildpark, bis zum Kaiserbahnhof gelegen habe. Begründet wird dies mit dem frisch gestrichenen, völlig verglasten, mit den Fahnen der drei Alliierten geschmückten Bahnhof, der schwer bewacht gewesen sei [17]. Die gesprengte stählerne Havelbrücke westlich Potsdams lag seinerzeit im Wasser; südlich davon hatte man eine hölzerne Behelfskonstruktion für ein Gleis errichtet. Doch sind keine Gleisverschlingung und später keine weiteren Bohrlöcher in den Schwellen für das Versetzen einer Schiene beobachtet worden [24]. Sicherlich erwogen die Sowjets, die die Öffentlichkeit abschirmende Halle des Kaiserbahnhofs für den Empfang des Zuges mit ihrem Diktator zu nutzen. Doch Augenzeugen gibt es für Wildpark nicht, lediglich für Potsdam [25]. Die sowjetische Absicht wird wohl durch die ersten, seit August 1945 dann durch die 12 regelmäßig verkehrenden Versorgungszüge der westlichen Alliierten (im Ringverkehr Helmstedt – Berlin-Grunewald – Oebisfelde) nach den Westsektoren zunichte gemacht worden sein, weil die Behelfskonstruktion der eingleisigen Havelbrücke statisch für eine Gleisverschlingung von Normal- und Breitspur nicht ausgelegt war.

Neben Nachschubzügen der Amerikaner und Engländer verkehrten aus Richtung Magdeburg zahlreiche Flüchtlings- und auch Reparationszüge auf Normalspur. Seit 12. Juni 1945 gab es wieder Verkehr zwischen Berlin-Wannsee und Biederitz (sowie seit Ende Mai 1945 zwischen Berlin-Wannsee und Belzig). Dafür nutzte man weiterhin das Gleis von Potsdam bis Griebnitzsee. Bis zur folgenden Abzweigstelle Bot war die eingleisige Verbindungskurve entweder vierschienig in Form einer Gleisverschlingung, oder man hat nur jeweils für die Fahrt von Stalins Sonderzug das Gleis auf Breitspur gebracht; welche der beiden Varianten, die denkbar und technisch machbar waren, realisiert wurde, bestimmten sicherlich die in Griebnitzsee vorhandenen Weichen. Am Abzweig Bot mündete das Normalspurgleis in die von Drewitz kommende Strekke. Auch nach der Gleisverschlingung zwischen Normal- und Breitspur auf der Brücke des Teltowkanals verblieb bis Berlin-Wannsee das normalspurige Gleis auf der Ostseite [17, 23]. In der Nähe des Stellwerkes Wot hatte man zwischen Fern- und S-Bahn eine Weichenverbindung eingebaut, die man aus dem S-Bahnbetriebswerk ausgebaut und von zwei Dampflokomotiven der Baureihe 52 einzeln über die Gleise gezogen hatte [17]. Die Normalspur wechselte auf das S-Bahn-Gleis in Richtung Berlin-Grunewald bis zum südlich gelegenen Stellwerk Gds. Über eine dort bestehende Weichenverbindung fuhren die normalspurigen Fernzüge wieder auf die Ostseite in den Bahnhof Berlin-Grunewald [17, 23]. Doch die Breitspur verblieb von Berlin-Wannsee aus bis zum Stellwerk Gds auf der Fernbahntrasse und nutzte von hier das Ferngleis der Gegenrichtung bis Berlin-Charlottenburg. Zwischen Berlin-Charlottenburg und Berlin-Wannsee verkehrte zu dieser Zeit die elektrische S-Bahn eingleisig auf dem landwärtigen Gleis.

2.3 Stalins Sonderzug nach Potsdam

Stalins Sonderzug bestand aus hellblau und auch hellgrün gespritzten Fahrzeugen: aus drei Salonwagen und acht Schlafwagen mit Scheiben aus kugelsicherem Glas (darunter vier Wagen aus dem Hofzug des Zaren sowie einem zum Funkwagen umgebauten deutschen Personenwagen am Schluß, der ständig besetzt war) mit zwei Lokomotiven an der Spitze und einer am Schluß. Auf den Tendern dieser Lokomotiven war jeweils ein Unterstand aus Holzrosten errichtet, in denen Soldaten mit Maschinengewehren vermutet wurden [13, Seite 243, 22, 26, 27].

Zu den Fahrgästen gehörten außer Stalin auch Außenminister Molotow und ein Stab von etwa 50 Personen. Zugführer Kowaljow gab am 15. Juli 1945, kurz vor 8 Uhr, das Abfahrsignal für diesen Zug, der auf einem Anschlußgleis in der Nähe der Moshaisker Chaussee von Moskau bereitgestellt war. Dieser Zug soll am 16., wahrscheinlicher ist erst der 17. Juli 1945, 11 Uhr Moskauer Zeit (galt nach Kriegsende auch in der sowjetisch besetzten Zone/SBZ), im zerstörten Bahnhof Potsdam (Stadt) eingetroffen sein. Die Wagen blieben dort bis zum Abschluß der Potsdamer Konferenz am 2. August 1945 stehen [25, 26].

Über die für Stalins Sonderzug eingesetzten Lokomotiven gibt es unterschiedliche Darstellungen. Während es nach [26] bei der Abfahrt noch drei Dampflokomotiven gewesen sind, traf er in Berlin bzw. Potsdam mit einer sechsachsigen dieselelektrischen Lokomotive mit etwa 1200 PS Leistung amerikanischer Herkunft und einer Dampflokomotive als Vorspann ein [22]. Ebenso sollen die mit Stalins Bild, dem Sowjetbanner und der Losung „Wir siegten" (**Мы победили**) geschmückte **$Э^{М}$ 1387** [22] und die **СО 17-1613** an der Zugförderung beteiligt gewesen sein [28]; letztere Maschine – 1944 in Krasnojarsk gebaut – ist seit Oktober 1973 als Denkmal in Dnepropetrowsk (bis 1926 Jekatarinoslaw) aufgestellt. Die Fahrt von Stalins Sonderzug hielt die Sowjetarmee streng geheim. Der Chef des Sowjetischen Geheimdienstes NKWD, Lawrentija Berija, telegrafierte am 2. Juli 1945 an Stalin: „Vorbereitet wurden 62 Villen (10 000 Quadratmeter und eine zweistöckige große Villa für Genossen Stalin: [in der Kaiserstraße 27, heute Karl-Marx-Straße, einst Domizil des Kaufhausinhabers Herprich, dessen Witwe mit ihrem Personal das Haus noch bewohnte; d. A.] 15 Zimmer, offene Veranda, Mansarde, 400 Quadratmeter). Die Villa ist mit allem versorgt. Angelegt wurden Vorräte an Wild, Geflügel, Delikatessen und Getränken. Vorbereitet ist ein Sonderzug. Die Reiseroute beträgt 1923 Kilometer Länge (1095 durch die UdSSR, 594 durch Polen, 270 Kilometer durch Deutschland [sicherlich in den Grenzen Deutschlands von 1937 gemessen; d. A.]. Die Sicherheit der Strecke garantieren 17 000 Mann NKWD-Truppen und 1515 Mann des operativen Bestandes. Auf jeden Kilometer Eisenbahnstrecke entfallen 6 bis 15 Mann Sicherheit. Auf der Strekke werden acht Panzerzüge der NKWD-Truppen verkehren." [13, Seite 241/242, 29].

Empfangen wurde Stalin nicht in Berlin, sondern auf dem Bahnsteig in Potsdam von Marschall Shukow. Während es von der Ankunft Trumans und Churchills auf dem Flugplatz in Gatow Bilddokumente gibt, existieren solche nicht von Stalin und seiner Begleitung. Nach Trumans Erinnerungen [in 19 zitiert] hatte Stalin während der Fahrt einen leichten Schwächeanfall, der die Ankunft in Potsdam um einen Tag verzögert hatte. Deshalb sind in der Literatur unterschiedliche Daten der Ankunft zu finden.

Nach dem Ende der Potsdamer Konferenz am 2. August 1945 sind Stalin und Molotow nach Pressemitteilungen am 5. August 1945 wieder in Moskau eingetroffen, sicherlich nutzten beide den Sonderzug [19]. Das vom Schlesischen Bahnhof in Berlin nach Potsdam führende Breitspurgleis soll daraufhin auf Normalspur umgebaut worden sein [19, 20].

Mit Übergabe des Eisenbahnbetriebes in der SBZ in deutsche Hände ab 1. September 1945, angeordnet mit Befehl Nr. 8 der SMAD vom 11. August 1945, ist die Breitspurstrecke Frankfurt (Oder) – Berlin bewußt ausgespart worden. Das war zu einer Zeit, als die Konferenz der großen Drei bereits lange vorbei war. Sollte dieser ein weiteres Zusammentreffen von Truman, Churchill und Stalin in Potsdam folgen, wie Gerüchte vermuten lassen? Doch mit der protokollierten Übergabe am 23. August 1945 war die Breitspur zwischen Potsdam und Berlin-Rummelsburg bereits zurückgebaut (siehe Abschnitt 4.3) [13, Seite 244].

*Die geschmückte sowjetische Breitspur-Güterzuglok $Э^{М}$ **1387** brachte Stalins Sonderzug im Juli 1945 nach Potsdam. Foto: Repro aus [22]*

⇧ Stalins Sonderzug nach Potsdam wurde von dieser amerikanischen sechsachsigen 1200-PS-Diesellok auf Breitspur befördert, die Dampflokomotive diente als Vorspann. Die Aufnahme entstand vermutlich in Erkner, Stellwerksbereich Ew (km 24,1). Repro aus [22]

Der erste durchgehende Zug auf Breitspur von Moskau nach Berlin traf am 28. Juni 1945 auf dem Berliner Ostbahnhof ein. Foto: Sammlung Prof. L. Demps

Das Zugpersonal des ersten durchgehenden Zuges auf Breitspur stellt sich am Westende des Bahnsteigs B auf dem Berliner Ostbahnhof zum Erinnerungsfoto. Foto: Sammlung Prof. L. Demps

2.4 Breitspur auf der Ostbahn?

„Während der Abschnitt Warschau – Poznań umgespurt wurde, überschritten die [sowjetischen; d. A.] Truppen der Front die deutsche Grenze. Die Transportentfernung für den Kfz-Transport wuchs ständig, und es gab zu wenig Transportfahrzeuge ...“ [8, Seite 104].

„Aus dem Bericht ging ... hervor, daß eine andere Eisenbahnlinie, nämlich Łódź – Kutno – Schneidemühl (Piła) – Küstrin, zwar doppelt so lang war, aber einen befriedigenden Zustand aufwies. Der Gegner [die deutsche Wehrmacht; d. A.] hatte es hier nicht geschafft, die Brücken zu zerstören. Es bestand so die reale Möglichkeit, auf dieser Linie einen Zugbetrieb bedeutend früher als auf der Hauptlinie, der über Warschau, eröffnen zu können. Mit einer Anordnung des Chefs der Rückwärtigen Dienste wurde deshalb die 5. Eisenbahnpionierbrigade [Kommandeur Oberst T. K. Jazyno; d. A.] sofort auf diese Strecke befohlen, die

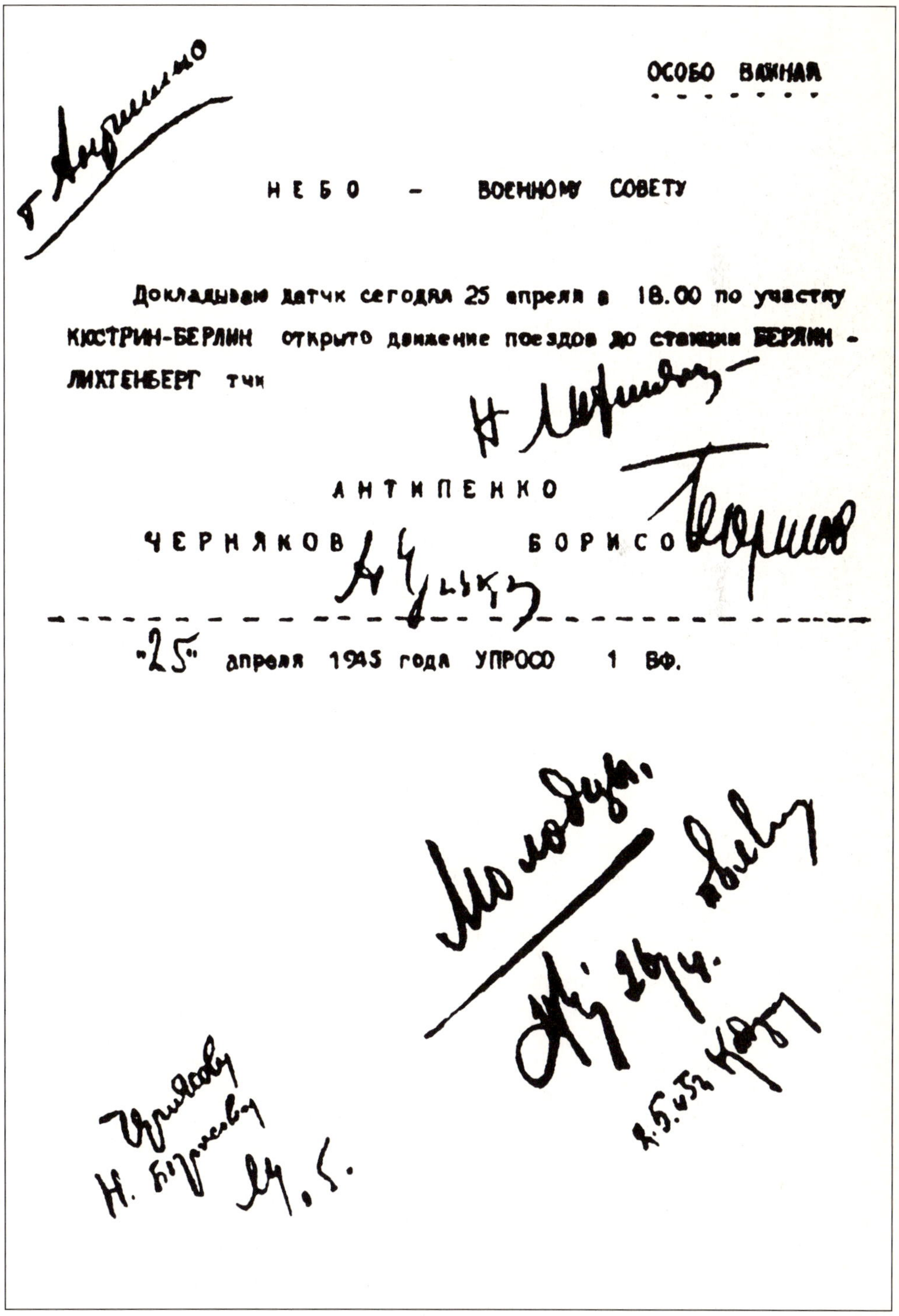
ОСОБО ВАЖНАЯ

НЕБО – ВОЕННОМУ СОВЕТУ

Докладываем датчк сегодня 25 апреля в 18.00 по участку КЮСТРИН-БЕРЛИН открыто движение поездов до станции БЕРЛИН - ЛИХТЕНБЕРГ тчк

АНТИПЕНКО

ЧЕРНЯКОВ БОРИСОВ

«25» апреля 1945 года УПРОСО 1 БФ.

Telegramm an den Militärrat über die Eröffnung des Zugbetriebes auf Normalspur zwischen Küstrin-Kietz und Berlin-Lichtenberg: „Himmel (Dringlich) – An den Militärrat! Wir melden: Heute, am 25. April, wurde um 18.00 Uhr auf dem Abschnitt Küstrin – Berlin der Zugbetrieb bis zum Bahnhof Berlin-Lichtenberg eröffnet. Antipenko, Tschernjakow, Borisow.“ Darunter befindet sich die handschriftliche Bemerkung „Prachtkerle, Shukow, Telegin, 26. 4.“ Repro aus [8]

sie bis zum 6. Februar 1945 instandsetzte. Auf der Hauptlinie [also über Warschau; d. A.], umgespurt auf sowjetische Spurweite, konnte der Betrieb erst ab 12. bis 15. Februar (1945) eröffnet werden." [8, Seite 105].

„Zu Beginn der Berliner Operation erhielt die 1. Belorussische Front den Nachschub über zwei Fronthaupteisenbahnlinien, die auf sowjetische Spur umgerüstete Linie Warschau – Poznań – Frankfurt (Oder) und Dęblin – Skarżysko Kamienna – Łódź – Kutno – Toruń – Küstrin, wiederholt in europäischer Spurweite." [8, Seite 105]. Da auf der Strecke Warschau – Frankfurt (Oder) bekanntermaßen nur ein Gleis auf Breitspur umgestellt werden konnte, muß man den in der Übersetzung genannten Begriff „wiederholt" als „parallel zur sowjetischen Spurweite auch in europäischer Spurweite" deuten. Bis zum 1. April, als die deutschen Truppen Küstrin-Kietz aufgeben mußten, wäre genügend Zeit gewesen, beide Gleise der genannten Strecken mit zwei Spurweiten herzurichten.

In [8, Seite 105] wird weiter geschildert: „... noch am gleichen Tag [1. April 1945; d. A.] begannen die Eisenbahntruppen mit der Errichtung des ersten 750 m langen Brückenzuges mit vier Brücken über Wartha, Oder und die dazugehörigen Kanäle. Die erste Brücke von Osten her war die über die Wartha, wo es dem Gegner gelungen war, von den drei Überbauten einen, den mit 88 m längsten, zu zerstören ... Die 300 m lange Oderbrücke war vollständig, die über die beiden Kanäle führenden nur unwesentlich zerstört ..."

„Ungeachtet der ständigen Bombardements der Brückenbaustelle durch die gegnerische Luftwaffe, besonders nachts, wurde die Wartha-Brücke in drei Tagen wiederhergestellt. Auf ihr wurde dann das Baumaterial für das Hauptobjekt, die Oderbrücke, antransportiert. Am 14. April konnte der gesamte Brückenzug in Betrieb genommen werden ... In der Nacht zum 18. April wurde der Brückenübergang bei einem Bombenangriff ... wiederum zerstört." [8, Seite 105]. Diese Wiederherstellungsarbeiten „wurden gleichzeitig mit der Instandsetzung des Streckenabschnitts Küstrin – Berlin abgeschlossen." [8, Seite 105].

„Am 25. April [18.00 Uhr; d. A.] erreichten als erste der Eisenbahntruppen Einheiten des 15. Streckenbataillons, die Kompanie des Hauptmann J. S. Tschaika, den Bahnhof Berlin-Lichtenberg. Am gleichen Tag kam auf europäischer Spurweite der erste Zug mit Munition an. In den Straßen der Stadt wurde noch gekämpft. Den Zug fuhr der Lokführer von der 14. Eisenbahnnutzungskompanie der 29. Eisenbahnpionierbrigade, Obersergeant A. S. Lesnikow" [8, Seite 105/106] mit seinem Gehilfen Klewazki und seinem Heizer Dimitrijew. Drei Rungenwagen schob die Lokomotive als Minenschutz vor sich her, danach folgte der Brigadewagen. Möglich war diese Fahrt auch, weil das von der Wehrmacht beabsichtigte Sprengen der über den Bahnhof Berlin-Lichtenberg führenden Brücke der Frankfurter Allee verhindert wurde.

„Der Chef der Rückwärtigen Dienste der Front, Generalleutnant N. A. Antipenko, der Chef Militärtransportwesen der Front, Generalleutnant der technischen Truppen A. G. Tschernjakow, und der Chef der Verwaltung Militärische Wiederherstellungsarbeiten, Generalleutnant der technischen Truppen N. W. Barisow, sandten dem Militärrat der 1. Belorussischen Front ein Telegramm ... Darauf findet man die kurze, aber aussagekräftige Bemerkung ‚Prachtkerle, Shukow, Telegin. 26. 4.'" [8, Seite 107].

Antipenko berichtet, daß die Strecke Dęblin – Küstrin-Kietz auf westeuropäischer Spurweite verblieb [9, Seite 256]. Kabanow deutet einen Breitspur-Anschluß von Insterburg (Tschernjachowsk) – Königsberg (Kaliningrad) – Gdingen (Gdynia, ab 1. April 1945 Breitspur) – Stettin (Szczecin) – Küstrin-Kietz nach Berlin-Lichtenberg an [30, Seite 295]. Doch war die tägliche Umbauleistung von durchschnittlich 16 bis 18 Kilometer, maximal 20 bis 30 Kilometer viel zu gering, um vom 1. April 1945 bis etwa zum 20. April 1945 die 457 Kilometer lange Strecke umspuren zu können. Am 6. Mai 1945 erreichte die Breitspur auf der Schlesischen Bahn den Berliner Ostbahnhof [8, Seite 107].

Zeitzeugen bestätigen, in Berlin-Lichtenberg zwischen dem 5. und 8. Mai 1945 betriebsfähige Dampflokomotiven ohne Puffer und mit Geländer auf dem Umlaufblech gesehen zu haben, wie das für sowjetische Maschinen typisch war [31]. Bereits am 30. April 1945 wurde in Berlin-Lichtenberg ein schweres Eisenbahngeschütz der Sowjetarmee beobachtet, ohne jedoch einen Normal- oder Breitspurbetrieb bestätigen zu können [31]. Zwei oder drei Breitspurgleise bestanden hier Anfang Mai 1945, die vom Westen, also von der Ringbahn her, diesen Bahnhof erreichten [31]. Zwei von drei alten befragten Lokführern bestätigten die sowjetische Spurweite in Richtung Küstrin-Kietz [31]. Die Kommission für Betriebsgeschichte der früheren Reichsbahndirektion Berlin fand heraus, daß von den Sowjets am 19. Mai 1945 der zweigleisige Betrieb zwischen Berlin-Lichtenberg und Strausberg aufgenommen worden sein soll. Ergänzend verweist ein handschriftlich berichtigter Betriebsstreckenplan mit Stand von Anfang Juni 1945 auf die Befahrbarkeit des zweiten Gleises von Friedrichsfelde Ost bis Küstrin-Kietz hin, das jedoch von den Russen nicht genutzt wird [32]. Ebenso wäre die noch zweigleisige Vnk-Strecke zwischen Berlin-Rummelsburg und Berlin-Kaulsdorf befahrbar gewesen, die in Berlin-Rummelsburg Anschluß an die Breitspur gehabt hätte [23]. Nach [33, Seite 42] war seit 27. April 1946 die Ostbahn bis Küstrin-Kietz wieder durchgehend zweigleisig auf Normalspur befahrbar, ebenso etwa ab Sommer 1947 die Vnk-Strecke. Auf beiden Bahnen baute man 1948 das zweite Gleis ab.

Unmittelbar nach den Kämpfen endeten in Berlin-Lichtenberg Versorgungszüge. Allein am 6. Mai 1945 trafen über Küstrin-Kietz ein Zug mit 23 Wagen Weizen, ein Zug mit 25 Wagen Lebensmitteln und zwei Züge mit Briketts ein. Den Güterschuppen des Bahnhofs, die spätere Expreßgutabfertigung, nutzte die Sowjetarmee zum Lagern dieser Versorgungsgüter.

Schlußfolgerungen aus diesen Fakten sind: Ostbahn und auch Vnk-Strecke waren niemals auf Breitspur umgebaut worden, obwohl frühestens seit 6. Mai 1945 breitspurige Fahrzeuge von der Schlesischen und der Ringbahn Berlin-Lichtenberg erreichten. Jedoch war es sicherlich Absicht der Sowjetarmee, auch ein Gleis der Ostbahn analog der Schlesischen Bahn auf Breitspur umzubauen, um einerseits die Sowjetarmee mit Gütern aller Art versorgen, andererseits um aus der ehemaligen Reichshauptstadt Reparationen ohne Umladen in die Sowjetunion abfahren zu können. Doch mußten Umspurungen außerhalb des Gebietes der damaligen Sowjetunion vom Staatlichen Verteidigungskomitee der Sowjetunion besonders genehmigt werden. Das wurde sicherlich versagt, weil im eigenen Land die Transportsituation gerade auf dem Schienennetz sehr angespannt war.

Vielleicht ein bißchen rachsüchtig wird man in der Sowjetunion gedacht haben: Sollen doch die Deutschen Trophäen und ihre Opfer selbst im Siegerland abliefern. Vom 6. August 1945 datiert deshalb Befehl Nr. 4 zur „Formierung besonderer Kolonnen", unterzeichnet vom Generalmajor der technischen Truppen, Kwaschnin, als Befehlshaber der Transportabteilung der SMAD und Generalleutnant Tschernjakow als Chef des Militärtransportwesens in der sowjetischen Okkupationszone [33, Seite 19]. Damit konnte auf nahezu allen Strecken das zweite Gleis, das möglicherweise für das Umspuren genutzt werden sollte, entfallen und ebenfalls als Reparation in die Sowjetunion verbracht werden.

2.5
Ein Breitspur-Netz in der SBZ und in Osteuropa?

Sowjetische und andere Quellen, die auf russischen Angaben beruhen, suggerieren ein ausgedehntes Breitspur-Netz in Europa. Allen voran P. A. Kabanow in seinem Buch „Stählerne Strecken" [30] und eine „Zeitschrift für den internationalen Eisenbahnverkehr" von 1947 [34], die sich angeblich auf sowjetische Quellen stützt und trotzdem in einigen Punkten mit [30] identisch ist. Nach [34] werden folgende Strecken genannt, auf denen je ein Gleis zeitweilig umgespurt sein soll:

1. **Cottbus – Lübben – Berlin Görlitzer Bahnhof**
   vom 3. Mai bis 28. September 1945,
2. **Küstrin-Kietz – Frankfurt (Oder) – Berlin-Lichtenberg**
   vom 25. April bis 2. Oktober 1945,
3. **Berlin-Lichtenberg – Berlin-Rummelsburg**
   vom 28. April bis 1. Oktober 1945,
4. **Berlin-Lichtenberg – Berlin Görlitzer Bahnhof**
   vom 4. Mai bis 28. September 1945,
5. **Stettin – Neubrandenburg**
   vom 21. Mai bis 2. / 7. November 1945,
6. **Neubrandenburg – Güstrow – Rostock – Warnemünde**
   vom 22. Mai bis 16. / 23. Oktober 1945,
7. **Berlin Stettiner Bahnhof – Berlin-Lichtenberg**
   vom 10. Mai bis 22. September 1945,
8. **Berlin Stettiner Bahnhof – Pasewalk**
   vom 16.Mai bis 21.September 1945,
9. **Berlin Görlitzer Bahnhof – Berlin Potsdamer Gbf**
   vom 6. Mai bis 24. September 1945,
10. **Berlin Potsdamer Gbf – Jüterbog**
    vom 26. Mai bis 5. September 1945,
11. **Berlin Potsdamer Gbf – Potsdam – Magdeburg (Elbbrücke)**
    vom 30. Mai bis 19. / 24. September 1945.

In [30] werden nur die Strecken

1. **Stettin – Pasewalk – Rostock**
2. **Stettin – Küstrin-Kietz – Berlin-Lichtenberg** und
3. **Częstochowa – Kępno – Ostrów Wlkp – Krotoszyn – Rawicz – Ścinawa – Żary – Cottbus – Lübben – Berlin**
   (ab 3. Mai 1945)

genannt, die wiederhergestellt wurden; im Einzelfall bleibt offen, in welcher Spurweite.

Bekannt ist nach [8], daß ein Umspuren westlich der Weichsel – mit Ausnahme von Warschau über Poznań nach Berlin – nicht vorgesehen und daß dafür grundsätzlich die Genehmigung des Staatlichen Verteidigungskomitees der Sowjetunion erforderlich war.

Kabanow war seit 2. April 1945 nicht mehr in unmittelbarer Frontnähe, weil er zum Chef der Eisenbahntruppen berufen wurde. In seinem Buch [30] stellt er für die kurze Zeit der letzten Kriegsetappe – etwa von Januar bis Mai 1945 – folgende Leistungen der Eisenbahntruppen zusammen:

57 000 Kilometer Strecke wiederhergestellt und (oder?) umgespurt, darunter über
32 000 Kilometer auf den Territorien westeuropäischer Staaten,
1 827 Brücken mit einer Gesamtlänge von 184 200 Meter instandgesetzt oder neu errichtet.

Betroffen waren vor allem die Strecken (außer in China und der Mandschurei):

1. **Krościenko – Załuż – Łupków – Humenné**
   (von der Sowjetunion durch die Südost-Ecke Polens nach der Tschechoslowakei),
2. **Lwow – Przemyśl – Przeworsk – Rozwadów**
   (von der Sowjetunion in den Südosten Polens),
3. **(wahrscheinlich Rozwadów –) Sandomierz – Skarżysko Kamienna – Kielce – Katowice und Kraków**
4. **(wahrscheinlich Kielce –) Częstochowa – Kępno – Ostrów Wlkp – Krotoszyn – Rawicz – Ścinawa – Żary – Cottbus – Berlin** (bis Berlin ab 3.Mai 1945)
5. **Przeworsk – Rzeszów – Dębica – Tarnów – Kraków – Katowice – Opole – Wrocław**,
6. **Częstochowa – Zawiercie – Katowice**
7. **Tschernjachowsk (Insterburg) – Kaliningrad (Königsberg) – Gdynia** (ab 1. April 1945) **– Szczecin** (ab 18. Mai 1945) **– Rostock** (ab 22. Mai 1945, wahrscheinlich über **Neubrandenburg – Malchin – Laage**)
8. **(wahrscheinlich Szczecin –) Kostrzyn – Küstrin-Kietz – Berlin-Lichtenberg** (ab 25. April 1945, 18.00 Uhr)
9. **von der Sowjetunion** (genauer Ort wird nicht angegeben, entweder von **Tschop** oder **Humenné)** nach **Bratislava, Brno** und **Wien**
10. **von der Sowjetunion** (genauer Ort wird nicht angegeben, wahrscheinlich von **Tschop** über **Budapest)** nach **Székesfehérvár – Pápa – Sopron – Wien** (ab 14. April 1945) und **Székesfehérvár – Veszprem – Graz**

Es ist auch aus heutiger Sicht nicht vorstellbar, daß in der letzten Kriegsetappe derart lange Strecken auf Breitspur umgenagelt sein sollen, zumal es den Sowjetischen Eisenbahnen selbst durch den Krieg an Güterwagen und Lokomotiven mangelte und zur eigenen Versorgung nicht ausreichten. Deshalb auch die Festlegung des Staatlichen Verteidigungsrates, Eisenbahnen höchstens bis zur Weichsel auf Breitspur umzustellen.

Zeitliche Angaben in den obigen Zusammenstellungen können nur als Zeitpunkt der nach Kampfhandlungen wiederhergestellten Bahnstrecke durch sowjetische Eisenbahntruppen erklärt werden. Eine zweite Zeitangabe stellt dagegen nicht das Umlegen auf Normalspur, sondern die Übergabe des Betriebes in deutsche Hände dar.

Zuverlässige Angaben findet man erst in dem 1986 erschienen Buch von Kljomin [8], dem späteren Chef des Militärtransportwesens. Auch Antipenko beschreibt in [9] für einen begrenzten Bereich auf Breitspur umgebaute Strecken, die sich mit [8] weitgehend decken, z. T. auch ergänzen, aber nur in einigen Fällen widersprechen. Danach bestanden in Polen folgende zeitweilige Breitspurstrecken:

- **Königsberg (Kaliningrad) – Elbląg** [8],
- **Białystok – Ostrołęka – Nidzica – Działdowo – Iława – Jabłonowo** [8, nach Jabłonowo auch 9],
- **Białystok – Małkina – Tłuszcz – Legionowo – Nasielsk – Działdowo** [8, in 9 wird Lapy – Legionowo nicht genannt],
- **Brest – Łukow – Siedlce – Mińsk Maz. – Warszawa Praga – Legionowo** [8, 9 nennt zusätzlich Brest – Czeremcha – Siedlce],
- **Chelm – Lublin – Dęblin** [8], nach [9] sind zusätzlich **Dęblin – Pilawa – Otwock – Warszawa Praga** und **Pilawa – Mińsk Maz.** umgespurt worden,
- **Przemyśl – Przeworsk – Rudnik – Rozwadów – Grębów** (bei Sandomierz) sowie
  Dębica – Tarnobrzeg (bei Sandomierz) [8],
  ohne daß der Breitspur-Ring geschlossen war,
- **Przeworsk – Rzeszów – Dębica – Tarnów – Kraków – Chrzanów – Katowice – Zabrze – Gliwice – Strzelce Op. – Opole – Brzeg – Wrocław Brochów** [8],
  die damit doch östlich der Weichsel als Breitspurstrecke hergerichtet wurde,
- **Warszawa Praga – Warszawa Gdańska – Sochaczew – Łowicz – Kutno – Konin – Poznań – Zbąszynek – Rzepin – Frankfurt (Oder) - Berlin** [8, 9],

und in Rumänien

- **Iași – Bacău (Buzeu) – Ploești.**

2.6 Betriebsführung auf Breitspurgleisen

Die Sowjetarmee (1. und 2. Belorussische sowie 1. Ukrainische Front) verfügte zu Beginn der Berliner Operation über zehn Eisenbahn-Nutzungs-Abteilungen (ENA) und fünf Eisenbahn-Nutzungs-Regimenter (ENR). Mit diesen Kräften konnten nur rund 3750 Kilometer des insgesamt 11000 Kilometer umfassenden Netzes betrieben werden. Gerade bei der Organisation des Bahnbetriebes westlich der Weichsel griff man auf örtliche polnische Eisenbahner zurück. Anlaß war eine Bitte des Militärrates der Front an das Polnische Komitee der Nationalen Befreiung, polnische Eisenbahner in den Betrieb der Fronteisenbahnlinien auf polnischem Territorium einbeziehen zu dürfen. Diese örtlichen Eisenbahner ordnete man entweder den ENA zu, oder sie betrieben selbständig Strecken unter Leitung der Organe des Militärtransportwesens der einzelnen Armeen. Ebenso gewann man aus der kämpfenden Truppe der Sowjetarmee frühere Eisenbahner, die wie die der ENA/ENR als Fahrdienstleiter, Lok- und Zugpersonal arbeiteten. Zum Wiederherstellen und zur Organisation des Eisenbahnbetriebes auf ausländischen Strecken setzte die Sowjetarmee auch Studenten der Militärtransport-Akademie ein, die als Bahnhofsvorsteher, Fahrdienstleiter, Dispatcher arbeiteten oder die Ver- und Entladungen auf den Bahnhöfen der Umladeräume leiteten.

Das Eisenbahnnetz der an der Berliner Operation beteiligten 1. Belorussischen Front war in acht Nutzungsabschnitte eingeteilt. Drei von ihnen wurden von der ENA 33 sowie dem 2. und 12. ENR betrieben, auf den übrigen fünf arbeiteten polnische Eisenbahner unter Leitung der ENA 4. Die Bahnstrecken der 1. Ukrainischen Front wurden von zwei ENA auf 601 Kilometer und 522 Kilometer betrieben, die mit polnischen Eisenbahnern verstärkt waren.

Bis Ende März 1945 übergab die Sowjetarmee das auf polnischem Territorium befindliche Eisenbahnnetz östlich der Weichsel der polnischen Verwaltung. Für den Betrieb auf den wiederhergestellten Normalspurstrecken war gemäß der Direktive des sowjetischen Generalstabes in den an der Berliner Operation beteiligten 1., 2. und 3. Belorussischen sowie der 1. Ukrainischen Front je eine Abteilung für Militärtransporte auf europäischer Spurweite gebildet worden.

Auf früherem deutschen Territorium verzichtete die Sowjetarmee nur zu gern auf deutsche Eisenbahner, weil man von ih-

Sowjetische Signale an Züge

Anders als bei westeuropäischen Bahnen arbeiteten die früheren Sowjetischen Eisenbahnen (SŽD) mit sehr viel mehr Personal für die verschiedensten Zwecke. Beispielsweise kannte man außer Fahrdienstleitern, Stellwerks- bzw. Weichenwärter und Schrankenwärter auch noch Strecken-, Brücken- und Tunnelwärter. Sie alle gaben den fahrenden Zügen zusätzlich zu den ortsfesten Signalen weitere Zeichen, die jedoch auch fehlende ortsfeste Signale ersetzen mußten, gerade im Fronteisenbahnbetrieb. Die Lokführer quittierten solche Signale mit einem Achtungspfiff.

Die folgenden Signale sind nicht vollständig, vermitteln aber einen kleinen Einblick. Bei den SŽD besaßen die Signale kein Kurzzeichen wie bei der DB AG oder PKP, keine Nummer wie bei den früheren ČSD, sondern man erläuterte sie in den einzelnen Paragraphen der Signalvorschriften. Diese Paragraphen und Absätze werden hier zum Kennzeichnen der einzelnen Signale gebraucht [35].

Die Signale **60a** und **60b** werden einfahrenden Zügen von Stellwerks- und Weichenwärtern erteilt, die am Einfahrweg liegen. Sie ergänzen ggf. die Anzeige des Einfahrsignals bzw. geben bei einflügeligem Einfahr-Formsignal den Fahrweg im Bahnhof an.

60a: *„Zug fährt auf das durchgehende Hauptgleis ohne Halt durch den Bahnhof!"*

60b: *„Zug fährt auf ein abzweigendes Hauptgleis oder muß im Bahnhof halten!"*

60w: wie Signal 60a. Dieses Signal wird von Stellwerks- und Weichenwärtern an alle ausfahrende Züge unabhängig vom Fahrweg als Zeichen der Aufmerksamkeit gegeben.

Der früher bei der DR und der DB gebräuchliche Befehlsstab wird bei den SŽD als Handscheibe bezeichnet, deren beide Seiten unterschiedlich sind: weiß mit schwarzem Ring und rot. Sie ist das Signal des Fahrdienstleiters. Ist er zugleich Stellwerksmeister, kann er auch statt der Handscheibe eine gelbe bzw. rote Flagge verwenden. Der Fahrdienstleiter muß stets eine rote Mütze tragen.

59a: *„Ab- oder Durchfahrt!"*
Dieses Signal gestattet auch die Fahrt auf die freie Strecke, wenn für das Gleis kein Ausfahrsignal vorhanden ist. Für durchfahrende Züge ist das Signal solange zu geben, bis das Triebfahrzeug am Fahrdienstleiter vorbeigefahren ist.

59b: *„Im Bahnhof halten!"*
Dieses Signal wird vom Fahrdienstleiter Reise-, Post - und Gepäckzügen sowie Güterzügen mit Personenbeförderung erteilt, wenn deren Halt nicht im Fahrplan vorgeschrieben ist.

62: *„Bereit zur Abfahrt!"*
wie Signal 63. Die Schaffner aller Reisezugwagen geben vor der Abfahrt des Zuges dieses Signal auf der Bahnsteigseite.

63: *„Gleis ist frei!"*
Dieses Signal wird von Strecken-, Brücken-, Tunnel- und Schrankenwärtern auf der in Fahrtrichtung rechten, ausnahmsweise auch auf der linken Seite gegeben.

57a: (Kreissignal)
wie Signal Sh 1 der DR bzw. Sh 3 der DB. Zum Geben dieses Signals kann am Tage eine rote, eine gelbe Flagge oder irgendein Gegenstand verwendet werden, bei Dunkelheit ist außer rotem Licht auch weißes, gelbes oder gar grünes Licht zulässig. Die rote Flagge bzw. das rote Licht braucht dem Zug nur entgegengehalten und nicht im Kreis geschwungen werden.

57b: *„Geschwindigkeit auf den vorgeschriebenen Wert oder, wenn ein solcher nicht angegeben ist, auf 25 km/h ermäßigen!"*
Nur in Bahnhöfen darf bei Dunkelheit auch gelbes Licht verwendet werden.

nen Sabotageakte befürchtete. Deshalb die Übergabe des Bahnbetriebes östlich der Weichsel an polnische Eisenbahner, um in Westeuropa personalmäßig gerüstet zu sein [8].

Beim Umspuren von Gleisen stellte die Sowjetarmee Weichen grundsätzlich auf Handbedienung um. Grund waren vermutlich die Zungenverbindungsstangen der Weichenverschlüsse (vorrangig Hakenspitzenverschlüsse), die wegen der neuen Spurweite hätten verlängert werden müssen. Statt dessen verwendete man – so berichteten Zeitzeugen – Blechkrampen (Blech mit keilförmigen Schlitz), die auf die Weichenzungen gesteckt und auf der Schwelle festgenagelt wurden. Wahrscheinlich war die Blechkrampe drehbar auf der benachbarten Schwelle gelagert, und ein Schienennagel in einem vorgebohrten Loch in der Schwelle sicherte in der jeweiligen Stellung jede einzelne Weichenzunge.

War der Fahrweg auf diese Weise in einem Bahnhof gesichert, wurde telefonisch der sowjetische Dispatcher informiert, der erst dann einen Zug vom Nachbarbahnhof ablassen durfte. Auf heutigem deutschen Territorium bestanden Breitspur-Bahnhöfe lediglich in Frankfurt (Oder) Pbf, evtl. Pillgram, Fürstenwalde (Spree), Erkner, Berlin-Köpenick, Berlin-Rummelsburg und Berlin Schlesischer Bahnhof (heute Ostbahnhof) und Schlesischer Güterbahnhof (heute Ostgüterbahnhof).

Die früheren Sowjetischen Eisenbahnen (SŽD) kannten bis in die jüngste Zeit den sogenannten Stab-Block (wie er in Deutschland früher gelegentlich auf eingleisigen Straßenbahnstrecken verwendet wurde). Nur der Bahnhof durfte einen Zug ablassen, der im Besitz des für die anschließenden eingleisige Strecke gültigen Stabes war. Folgten mehrere Züge in gleicher Richtung, wurde erst dem Lokführer des letzten Zuges dieser Stab mitgegeben. Man kann sicher sein, daß gerade dieser Stab-Block auf den Fronteisenbahnlinien zum Sichern der Zugfahrten verwendet wurde. Eine noch einfachere Form war ein schriftlicher Fahrtbefehl, der dem Lokführer eines jeden aus- oder durchfahrenden Zuges in einem Ring befestigt im Bahnhof zugereicht wurde. Selbst die DR mußte von Anfang 1946 bis etwa 1951 dieses Verfahren auf Weisung der SMAD zum (zusätzlichen) Sichern der Zugfahrten auf ehemals zweigleisigen Strecken anwenden. In Bahnhöfen durften die Züge wegen behelfsmäßig gesicherter Weichen und wegen Aushändigens des Stabes bzw. des Fahrtbefehls nur mit höchstens 15 km/h fahren.

Bei der Einfahrt in Bahnhöfe gaben Weichenwärter mit ihrer gelben Flagge bzw. mit der Handlampe Signale über den Fahrweg und den Halt im Bahnhof, die vom Lokführer mit einem Achtungspfiff zu quittieren waren. Solche Signale ersetzten auch fehlende Ein- und Ausfahrsignale. Ebenso gab und gibt es Handsignale für die Fertigmeldung und die Abfahrt des Zuges auf Bahnhöfen sowie bei Langsamfahrstellen, die ortsfeste Signale ersetzten.

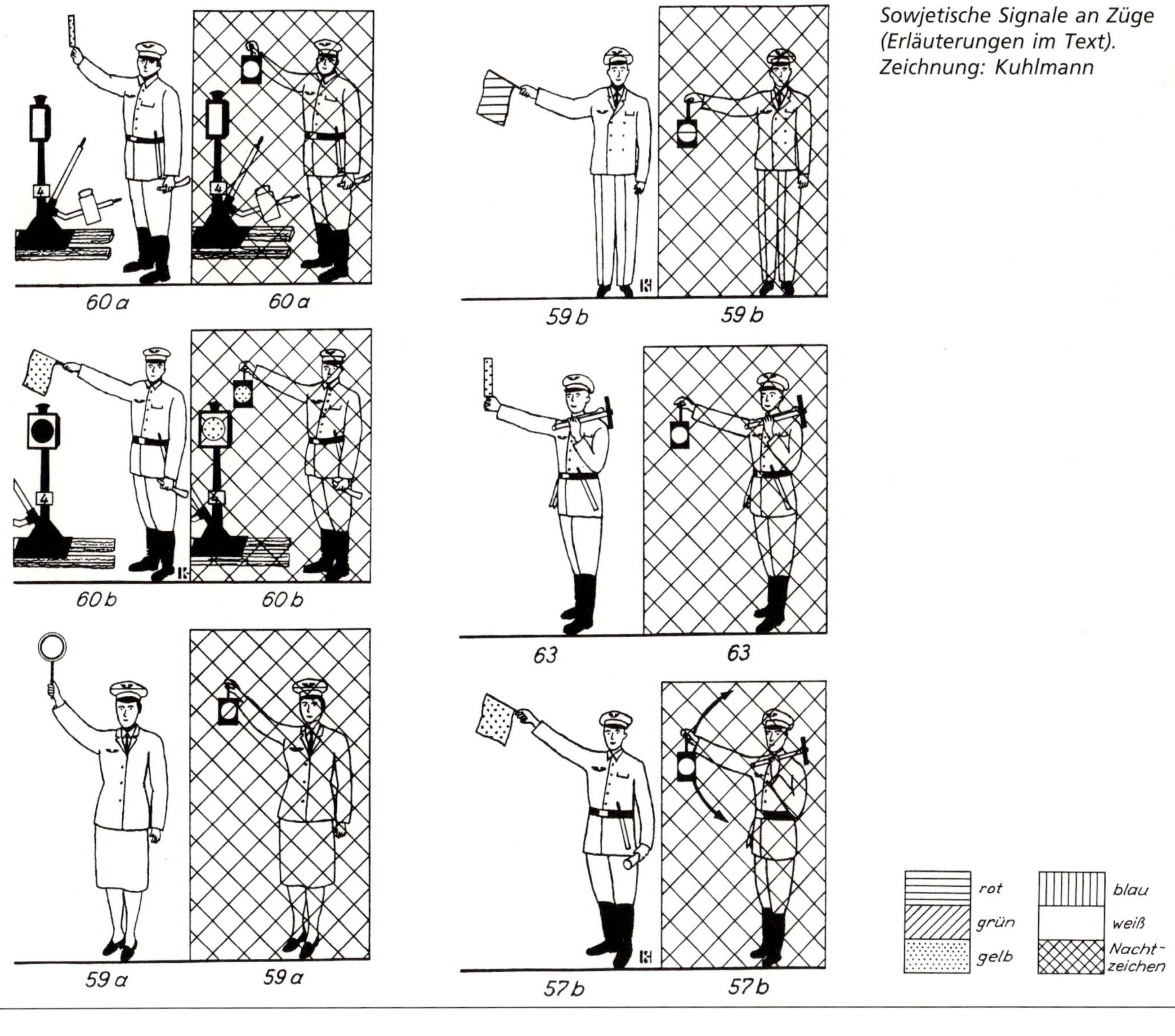

Sowjetische Signale an Züge (Erläuterungen im Text). Zeichnung: Kuhlmann

3. Reparationen und Eisenbahn

3.1 Umfang der Reparationen und Demontagen

Die ungeheuren Menschenopfer und materiellen Schäden des Zweiten Weltkrieges in der damaligen Sowjetunion sollten von Deutschland wiedergutgemacht werden. Obwohl es nach Kriegsende zu keinem von den Alliierten beschlossenen Reparations-Abkommen kam, weil sich die Westmächte zunehmend von der Sowjetunion bedroht fühlten, war die sowjetische Forderung nach zehn Milliarden Dollar durchaus maßvoll, auch wenn sie den Amerikanern und Briten zu hoch und indiskutabel erschien [36, Seite 223].

Mußte es nicht als Gebot der Gerechtigkeit erscheinen, dem besiegten Gegner nicht mehr zum Leben zu lassen, als man selbst besaß? Die Reparationen, mit denen es vorrangig um die Demilitarisierung ging, nahmen bei den Sowjets einen hohen Stellenwert ein und sind der Schlüssel zum Verständnis der sowjetischen Deutschlandpolitik [36, Seite 223].

Die Sowjetunion entnahm allein aus der sowjetischen Besatzungszone (SBZ) bzw. der späteren Deutschen Demokratischen Republik (DDR) mit rund 54 Milliarden RM/Mark (entspricht etwa 14 Milliarden Dollar zu Preisen von 1938) mehr, als sie ursprünglich von ganz Deutschland verlangte und – das Erstaunliche daran –, daß es trotzdem nicht zum wirtschaftlichen

Eine Kolonne deutscher Kriegsgefangener in der Berliner Innenstadt, wahrscheinlich am Schlesischen Tor.
Foto: Sammlung Kuhlmann

Kollaps kam. Den Preis dafür hatte die ostdeutsche Bevölkerung zu zahlen [36, Seite 224, 226, 227, 230, 231].

Bis Anfang 1948 verlief der industrielle Aufschwung in der SBZ und in den Westzonen etwa gleich. Doch dann blieb er im Osten deutlich zurück, besonders nach der Währungsreform von Mai/Juni 1948. Denn die Demontagen von rund einem Drittel der 1945 vorhandenen industriellen Kapazitäten beeinflußten den Wiederaufbau in der SBZ längerfristiger und nachhaltiger als die unmittelbaren Kriegszerstörungen. Ebenso entzogen die bereits 1945 beginnenden Entnahmen aus der laufenden Produktion und der damit verbundene Aufbau von Reparationsindustrien große Mittel für den Wiederaufbau [36, Seite 226, 227].

Die sowjetische Reparationspolitik läßt sich in drei Phasen gliedern, in die fünf Demontagewellen eingeschlossen sind:

AN DIE BEVÖLKERUNG DER STADT BERLIN

Um die regelmäßige Versorgung der Berliner Bevölkerung mit Lebensmitteln sicherzustellen, hat das Sowjetische Militärkommando durch den Kommandanten der Stadt Berlin der Stadtverwaltung ausreichende Mengen von Lebensmitteln zur Verfügung gestellt.

Gemäß Befehl des Militärkommandanten der Stadt Berlin, Generaloberst BERSARIN, sind ab 15. Mai 1945 folgende, feste Lebensmittelrationen **pro Person und Tag** festgesetzt worden:

Brot

1.) Schwerarbeiter und Arbeiter in gesundheitsschädlichen Betrieben 600 gr.
2.) Arbeiter, die nicht in schweren oder gesundheitsschädlichen Berufen tätig sind 500 gr.
3.) Angestellte 400 gr.
4.) Kinder, nichtberufstätige Familienangehörige und die übrige Bevölkerung 300 gr.

Nährmittel

1.) Schwerarbeiter und Arbeiter in gesundheitsschädlichen Betrieben 80 gr.
2.) Arbeiter, die nicht in schweren oder gesundheitsschädlichen Berufen tätig sind 60 gr.
3.) Angestellte 40 gr.
4.) Kinder, nichtberufstätige Familienangehörige und die übrige Bevölkerung 30 gr.

Fleisch

1.) Schwerarbeiter und Arbeiter in gesundheitsschädlichen Betrieben 100 gr.
2.) Arbeiter, die nicht in schweren oder gesundheitsschädlichen Berufen tätig sind 65 gr.
3.) Angestellte 40 gr.
4.) Kinder, nichtberufstätige Familienangehörige und die übrige Bevölkerung 20 gr.

Fett

1.) Schwerarbeiter und Arbeiter in gesundheitsschädlichen Betrieben 30 gr.
2.) Arbeiter, die nicht in schweren oder gesundheitsschädlichen Berufen tätig sind 15 gr.
3.) Angestellte 10 gr.
4.) Kinder 20 gr.
5.) Nichtberufstätige Familienangehörige und die übrige Bevölkerung 7 gr.

Zucker

1.) Schwerarbeiter und Arbeiter in gesundheitsschädlichen Betrieben und Kinder 25 gr.
2.) Arbeiter, die nicht in schweren oder gesundheitsschädlichen Berufen tätig sind, sowie Angestellte 20 gr.
3.) Nichtberufstätige Familienangehörige und die übrige Bevölkerung 15 gr.

Kartoffeln

Für jeden Einwohner 400 gr.

13. Mai 1945.

Bohnenkaffee, Kaffee-Ersatz und echter Tee

1.) Schwerarbeiter und Arbeiter in gesundheitsschädlichen Betrieben: 100 gr. Bohnenkaffee, 100 gr. Kaffee-Ersatz und 20 gr. echten Tee **im Monat**.
2.) Arbeiter, die nicht in schweren oder gesundheitsschädlichen Berufen tätig sind, sowie Angestellte: 60 gr. Bohnenkaffee, 100 gr. Kaffee-Ersatz und 20 gr. echten Tee **im Monat**.
3.) Kinder, nichtberufstätige Familienangehörige und die übrige Bevölkerung: 25 gr. Bohnenkaffee, 100gr. Kaffee-Ersatz und 20 gr. echten Tee **im Monat**.

Salz

Für jeden Einwohner **monatlich** 400 gr.

*

Mengen und Form der Versorgung mit Milch, weißem Käse und anderen Milcherzeugnissen werden nachträglich bekanntgegeben.

*

Verdiente Gelehrte, Ingenieure, Ärzte, Kultur-und Kunstschaffende, sowie die leitenden Personen der Stadt-und Bezirksverwaltungen, der großen Industrie und Transportunternehmen erhalten die gleichen Lebensmittelrationen, die für Schwerarbeiter festgesetzt sind. Die Liste dieser Personen muß vom zuständigen Bürgermeister bestätigt werden.

Sonstige technische Angestellte in Betrieben und Unternehmen, Lehrer und Geistliche, erhalten die gleichen Lebensmittelrationen, die für Arbeiter festgesetzt sind.

*

Kranke in Krankenhäusern erhalten Verpflegung entsprechend den Sätzen, die für Arbeiter festgesetzt sind. Kranke, die besonderer Ernährung bedürfen, erhalten eine Sonderverpflegung entsprechend den Sätzen, die von der städtischen Abteilung für Gesundheitswesen festgesetzt sind.

*

Die Brotausgabe erfolgt täglich, wobei der Verbraucher das Recht hat, Brot für zwei Tage — und zwar für den Kalendertag und den nächsten Tag — zu erhalten.

Fleisch, Fett, Zucker, Nährmittel und Kartoffeln **für den Monat Mai** werden entsprechend den festgelegten Tagessätzen in zwei Zuteilungen ausgegeben:

erstmalig für die Zeit vom 15. Mai bis 21. Mai, d. h. für sieben Tage, und das zweite Mal für die Zeit vom 22. Mai bis 31. Mai, d. h. für zehn Tage.

Salz für die Zeit vom 20. bis 31. Mai wird in der Menge des festgelegten Monatsatzes ausgegeben.

Bohnenkaffee und echter Tee wird vom 25. bis 31. Mai ausgegeben, Kaffee-Ersatz vom 21. bis 31. Mai in der Menge des festgelegten Monatsatzes.

Die Ausgabe der Lebensmittelkarten mit den neu festgelegten Sätzen an die gesamte Berliner Bevölkerung erfolgt spätestens am 14. Mai ds. Js.

Bis zum 15. Mai erfolgt die Zuteilung der Lebensmittel, entsprechend den zeitweiligen Sätzen der früher an die Bevölkerung ausgegebenen Lebensmittelkarten, welche bis zum 14. Mai in Kraft bleiben.

STADTVERWALTUNG VON BERLIN.

⇨ Während die Sowjets in Berlin und besonders in deren Westsektoren rasch das demontierten, was ihnen als wertvoll erschien, organisierte die SMAD die Versorgung der Bevölkerung mit Lebensmitteln. Ab 15. Mai 1945 galten die hier genannten Verpflegungssätze.
Foto: Sammlung Kuhlmann

⇦ Die zerstörte Frankfurter Allee in Berlin am 2. Mai 1945.
Foto: Sammlung Kuhlmann

Die **erste Phase (März 1945 bis Sommer 1946)** war durch die Trophäenaktion, wilde Demontagen und Entnahmen charakterisiert, die einer Fortsetzung des Krieges auf wirtschaftlichem Gebiet gleichkamen [36, Seite 225].

In dieser Phase kam es zur **ersten Demontagewelle (Mai/Juni 1945)**. Das unter Malenkow stehende Sonderkomitee schickte aus Ministerien, Regierungsbehörden, Großbetrieben und Akademien rund 700000 Demonteure nach Deutschland, die äußerlich als sogenannte „Operettenoffiziere" der Roten Armee wirkten, aber doch nicht ihr oder der Sowjetischen Militäradministration in Deutschland (SMAD) unterstanden. Die Jagd nach Demontagegütern ließ die Demonteure gar gegeneinander operieren, denn es galt nach Malenkows Plan, möglichst viel in kurzer Zeit abzubauen und abzufahren (siehe dazu 3.2). Viele Demontagen standen im Widerspruch zur SMAD, die den Wiederaufbau und die Entnahmen aus laufender Produktion organisieren sollte. Von diesen ersten Demontagen war besonders das spätere West-Berlin betroffen, das mehr als die Hälfte seiner industriellen Kapazitäten verlor [36, Seite 60, 61].

Wegen des geringen Nutzens dieser ersten Demontagewelle, der Konkurrenzsituation zu den Westmächten und des Pragmatismus der SMAD-Führung zum Verhindern eines wirtschaftlichen Chaos setzte bald ein Umdenken ein.

Die **zweite Demontagewelle (Juli 1945 bis März 1946)** konzentrierte sich auf rüstungswichtige Betriebe, auf die Metallurgie und die Metallverarbeitung, aber auch auf die reine Konsumgüterindustrie. Zufälligkeiten und Launen der „Operettenoffiziere" entschieden weitgehend über das Schicksal eines Betriebes; Demontagegut wurde mehrfach aus- und eingepackt, je nachdem, welcher Offizier gerade das Sagen hatte [36, Seite 61, 69].

Die **dritte Demontagewelle (Frühjahr bis Herbst 1946)** war besser vorbereitet und basierte auf exakt festgelegten Listen der rund 200 großen zu demontierenden Industriebetriebe. Trotzdem waren Wiederaufbau und Demontagen noch gegensätzlich, so daß Malenkows Sonderkomitee im September 1946 der SMAD unterstellt und im Mai 1947 vollkommen aufgelöst wurde [36, Seite 66, 68, 71].

Trotz der garantierten, aber sehr geringen Verpflegungssätze blühte der Tauschhandel, der sogenannte „Schwarze Markt". Angebot und Nachfrage bestimmten den Wert der Tauschobjekte, wie hier am 12. Juli 1945 unter dem Magistrats-Regenschirm der U-Bahn-Linie A (heute U 2) in der Schönhauser Alle (links Durchblick zum Filmtheater Colosseum an der Ecke Gleimstraße).
Foto: Sammlung Kuhlmann

Auch am Potsdamer Platz im sogenannten Drei-Länder-Eck – hier stießen der sowjetische, der amerikanische und der britische Sektor aufeinander – blühte der Schwarzhandel, an dem sich selbst sowjetische Soldaten beteiligten (etwa 1948).
Foto: Sammlung Kuhlmann

Die **zweite Phase begann im Sommer 1946** mit dem Befehl Nr. 167 vom 5. Juni 1946: Deutsche Betriebe wurden ohne vorhandene Schulden in sowjetisches Eigentum überführt (Sowjetische Aktiengesellschaften, SAG), die dann nach sowjetischen Bestellungen mit deutschen Beschäftigten arbeiten mußten. Eindeutig standen jetzt Entnahmen aus der laufenden Produktion im Vordergrund, insbesondere aus dem Wismut-Bergbau (Uranerzgewinnung). Diese zweite Phase endete Mitte 1950 mit teilweise erlassenen Reparationen, die die DDR in die eigene Aufrüstung und in den Aufbau der Kasernierten Volkspolizei (KVP) steckte, so daß für deren Bürger keine Erleichterung spürbar war [36, Seite 225].

Die in dieser Phase eingeschlossene **vierte Demontagewelle** entnahm nach vorbereiteten Listen nur die modernsten Anlagen, für das Weiterlaufen der Produktion blieben ausreichende Kapazitäten erhalten. Der Abbau konzentrierte sich auf Rüstungsbetriebe, die bisher für die Sowjets gearbeitet hatten, sowie auf Druckereien, den Braunkohlenbergbau und die Energieerzeugung [36, Seite 79, 80].

Die **fünfte Demontagewelle,** auch als Restdemontagen bekannt, erfaßte wiederum Betriebe des Braunkohlenbergbaus, zweite Gleise und Strecken der Eisenbahnen [37] sowie die chemische Industrie (Buna-Werke Schkopau) und Siemens-Werke in Arnstadt und Gera, die bisher SAG-Betriebe waren [36, Seite 81, 82].

Die **dritte Phase währte von 1951 bis 1953.** Die Belastung mit Reparationen blieb in dieser Zeit etwa gleich, war aber im Vergleich zurückliegender Jahre deutlich geringer [36, Seite 225, 226].

Danach traten an die Stelle der Reparationen große Handelsabkommen, um das ostdeutsche Potential längerfristig für den sowjetischen Industrialisierungs- und Rüstungsbedarf zu nutzen. Schließlich waren mit den Reparationen zwischen beiden Ländern bedeutende wechselseitige Abhängigkeiten entstanden. Außerdem mußten bis 1958 Besatzungskosten gezahlt und bis 1990 Uranerz geliefert werden [36, Seite 225, 226, 236].

Von der SBZ/DDR aufgebrachte jährliche Reparationsleistungen

(Angaben in Millionen RM/Mark, laufende Preise) [36, Seite 230]

Jahr	1	2	3	4	5	6	7	8
1945	2 000	500	100	–	–	1 000	–	3 600
1946	3 000	1 500	1 000	500	96	2 500	100	8 696
1947	1 000	2 000	1 500	600	413	2 500	100	8 113
1948	100	2 200	1 580	500	647	–	100	5 127
1949	–	2 182	1 690	500	763	–	100	5 235
1950	–	2 121	2 080	500	1 081	–	200	5 982
1951	–	2 100	1 170	400	1 594	600	200	6 064
1952	–	2 094	1 111	250	1 434	600	200	5 689
1953	–	2 099	1 150	250	1 275	550	100	5 424
Summe	6 100	16 796	11 480	3 500	7 303	7 750	1 100	53 930

Legende:

1. Wert der **Demontagen** zu Preisen von 1944, sofern der Wert von den Sowjets nicht noch niedriger angesetzt wurde.
2. Von der SBZ/DDR aufgebrachte **Besatzungskosten**.
3. **Lieferungen** aus der laufenden Produktion der SBZ/DDR einschließlich aller Nebenkosten und Preiserhöhungen.
4. **Gewinne und Pachten** der SAG-Betriebe sowie aus Geschäften der sowjetischen Handelsgesellschaften in Deutschland.
5. Aufwendungen für den Aufbau der **Wismut AG** (Uranerzbergbau).
6. **1945:** Wert der erbeuteten **Trophäen** (Kunstschätze, Gemälde, Gold, Silber, Platin usw.), auch Plünderungen der Soldaten und Offiziere (Radios, Möbel, Fahrräder, Uhren usw.) sowie Rohstoffe (Koks, Kalkstein, Chromerz, Formstahl) und Vieh (Rinder, Schweine, Pferde, selbst Zirkustiere),

   1946 bis 1947: Gewinne aus der vorgefundenen Reichsmark der Reichsbank und anderer Banken **(Beutegeld)** sowie des von der Besatzungsmacht zeitweilig ausgegebenen Geldes für die Truppenbesoldung **(Besatzungsgeld),**

   1951 bis1953: Erlöse aus den von der DDR zurückgekauften, 1946 entschädigungslos enteigneten und in sowjetisches Eigentum überführten deutschen Betrieben **(SAG-Betriebe).**
7. **Außenhandelsverluste** infolge zu niedriger Bewertung der deutschen Produkte durch die sowjetischen Organe und durch Dumpingpreise auf dem Weltmarkt, die von der deutschen Wirtschaft zu tragen waren.
8. **Summe**

Der Endsumme sind noch einmal 1 bis 2 Milliarden RM/Mark für die Mitnahme von geistigem Eigentum (Know-how-Transfer der in die Sowjetunion zwangsweise übergesiedelten 3000 deutschen Wissenschaftler, Mitnahme von Konstruktionsunterlagen, Patenten und Forschungsergebnissen, Zahlung von Lizenzgebühren an SAG-Betriebe, Auftragsforschung für die Sowjetunion) hinzuzurechnen. Für die leidgeprüfte sowjetische Bevölkerung waren die deutschen Reparationen kaum spürbar.

3.2 Transporte der Demontage- und Reparationsgüter

Die Abfuhr der Reparationsgüter übernahm die Sowjetarmee bis zum Frühjahr 1946 selbst und bediente sich auch der Hilfe kleinerer deutscher Speditionen. „Alles auf die Räder!" lautete die Parole der Demonteure in den ersten Nachkriegsmonaten. Soviel Tonnage wie möglich sollte so schnell wie möglich abgefahren werden [36, Seite 212, 60].

Im Dezember 1945 befahl Marschall Shukow den Einsatz weiterer kleinerer Fuhrunternehmer der SBZ: In den Aktionen „Potsdam", „Stettin" und „112 b" wurde mit Lkw und Pkw von Dezember 1945 bis April 1946 Demontage- und Beutegut, darunter zahlreiche Zuckerlieferungen aus Sachsen, zum Hafen Szczecin (Stettin) transportiert. Schon im Spätsommer 1945 stauten sich auf einer Strecke von mehr als 100 Kilometern die Demontagezüge vor dem russischen Grenzbahnhof Brest [36, Seite 63].

„Viele Transporte erreichten Brest ohne Beschriftung und Adresse. Maschinen aus den verschiedensten Fabriken gerieten durcheinander, Lieferungen blieben stecken, und Demontagegüter aller Art verrotteten. Nicht selten fehlten sämtliche Konstruktionsunterlagen, so daß ein Einbau der entnommenen Maschinen in sowjetischen Werken gar nicht möglich gewesen wäre. Hinzu kamen Probleme mit den unterschiedlichen technischen Standards. Neben all diesen technischen Problemen dürfte das unterschiedliche Qualifikationsniveau ein weiteres Hemmnis für die Nutzung der aus Deutschland entnommenen Anlagen gewesen sein" [36, Seite 63].

SMAD und Moskauer Behörden waren sichtlich überfordert, Demontagen und Güterströme zu koordinieren [36, Seite 63].

Für das Lagern der Reparationsgüter bis zum Abtransport beschlagnahmte die Sowjetarmee viele bahneigene Güterschuppen, Umladehallen und Lagerflächen, die dem noch schwachen zivilen Verkehr entzogen wurden, aber auch stillgelegte, nicht produzierende Betriebe. Das betraf u. a den Bahnhof Gera Süd, aber auch die Güterabfertigung des Schlesischen Güterbahnhofs (heute Ostgüterbahnhof) in Berlin. Letztere wurde von der Sowjetarmee am 25. Juli 1946 zum 1. August 1946 für den öffentlichen Versand und Empfang von Stückgut und Wagenladungen wieder freigegeben [71], obwohl bereits seit 7. September 1945 der uneingeschränkte Fracht-, Eil- und Expreßgutverkehr innerhalb der SBZ wieder zugelassen war.

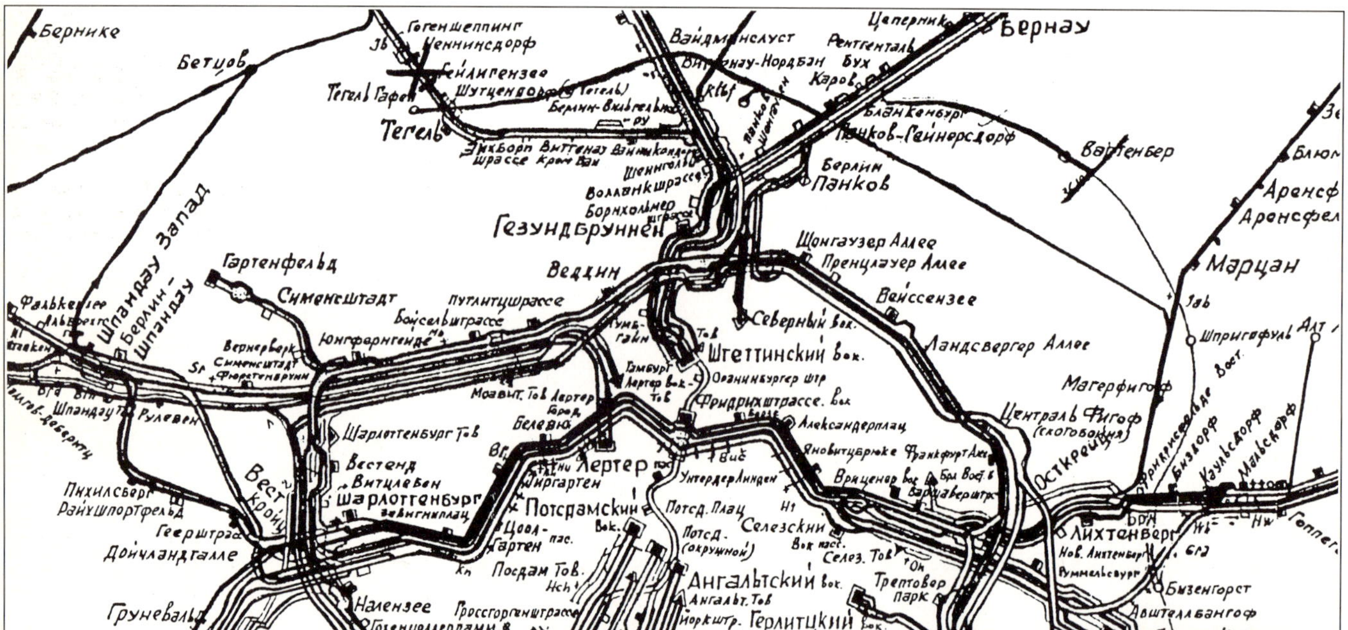

Von der SMAD handschriftlich gefertigte Lageskizze der Eisenbahnstrecken im Knoten Berlin mit russischer Beschriftung. Die deutschen Bahnhofsnamen wurden überwiegend in Russisch phonetisch umschrieben, in Einzelfällen übersetzt, auch deutsche Abkürzungen wurden übernommen. Breitspur und abgebaute Gleise sind leider nicht dargestellt. Zeichnung: Sammlung Andreas Stange, Berlin

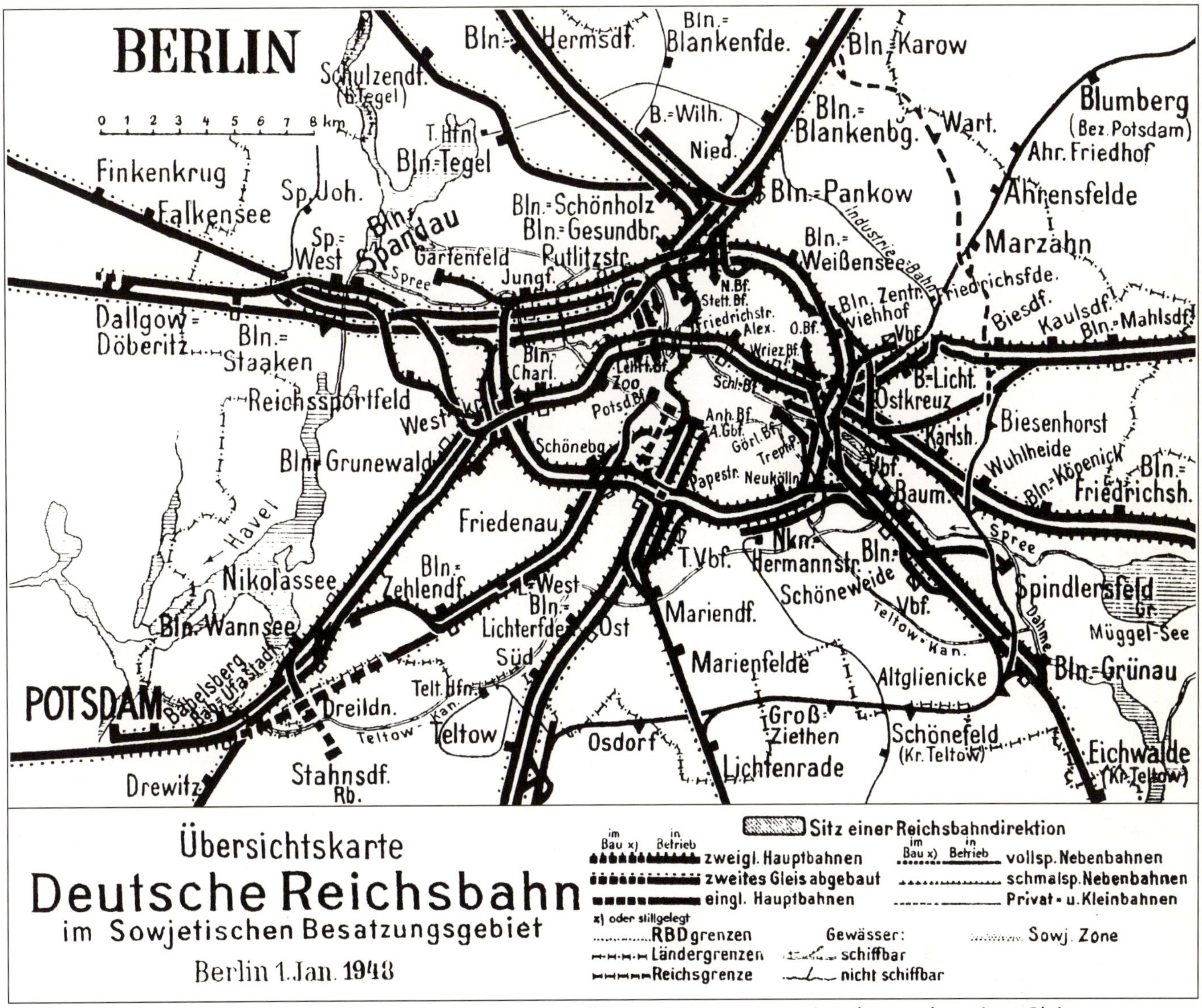

Der Berliner Bahnknoten im Zustand von 1948 mit dargestellten Demontagen von Strecken und zweiten Gleisen. Zeichnung: Sammlung P. Bley, Berlin

Strecken- und Gleisrückbau in der sowjetischen Besatzungszone (SBZ)

Rückgang des Anteils zwei- und mehrgleisiger Strecken im Bahnnetz der SBZ
und die nicht in Betrieb befindlichen Strecken [nach 38]

Rbd-Bezirk (in den Grenzen von 1948)	Vor 31.12 1944 waren eingleisig km	mehrgleisig km	1948 wurden betrieben eingleisig km	zweigleisig km	Rückgang des Anteils zwei- und mehrgleisiger Strecken von ... %	auf ... %	1948 waren nicht in Betrieb km
Berlin	397,24	1084,29	1034,56	364,44	73,2	24,6	82,50
Cottbus	359,87	689,57	999,34	–	65,7	–	50,10
Dresden	1502,02	936,26	2262,30	119,58	38,4	4,9	56,40
Erfurt	1379,54	776,07	1905,08	125,79	36,0	5,8	124,74
Greifswald	758,10	445,35	966,49	–	37,0	–	237,96
Halle (Saale)	609,43	867,12	1055,19	370,46	58,7	25,1	50,90
Magdeburg	495,18	938,22	1314,78	82,82	65,1	5,8	35,83
Schwerin	1299,80	344,38	1378,53	–	21,0	–	265,65

Anmerkung: In der in [38] enthaltenen Tabelle unterscheiden sich die Streckenlängen der Rbd Greifswald, Magdeburg und Schwerin im Vergleich 1944/48 geringfügig voneinander; diese Mängel konnten nicht geklärt werden. Bei diesen Rbd-Bezirken bildete die jeweils aktuelle Streckenlänge die Bezugsbasis zum Ermitteln des Anteils zwei- und mehrgleiser Strecken. Offensichtliche Druckfehler (Magdeburg 1314,78 km eingleisig statt 1014,78 km und Schwerin 1299,80 km eingleisig statt 299,80 km) konnten ausgemerzt werden.

Deshalb wurde im April 1946 die Deutsch-Russische Transport AG (Derutra) gegründet, die einzig und allein alle Reparationstransporte abwickelte, und zwar mit Bahn, Schiff und Lastkraftwagen über Polen in die Sowjetunion, auch in Drittländer. Der Derutra gehörten rund 70 Prozent der Lager- und Speicherräume in den Ostseehäfen, die zuvor von der SMAD beschlagnahmt worden waren [36, Seite 212].

Um den Warenstrom in die UdSSR zu kontrollieren und zu koordinieren, waren die Reparationstransporte in fünf Kategorien eingeteilt:

- Reparationszüge,
- Trophäen- und Beutezüge,
- Demontagezüge,
- Wirtschaftszüge für die Besatzungsmacht,
- Wirtschaftszüge für den zivilen Bedarf der Sowjetunion.

Die stärkste Belastung des Transportwesens fiel auf die Jahre von 1945 bis 1948. 1950 bis 1952 mußten jährlich etwa 300 000 Tonnen Reparationsgüter befördert werden. 1952 stieg die Gütermenge auf 652 000 Tonnen an, weil kurzfristig Düngemittel und Chemikalien als Reparationen zu liefern waren [36, Seite 213, 216, 217].

Das Verkehrswesen stand mangels Lokomotiven und Güterwagen vor einer schwierigen Aufgabe. Die Situation wurde verschärft durch die Demontage von 5922,29 Kilometer zweiter Gleise, von 904,08 Kilometer eingleisiger DR-Nebenbahnen und 822,7 Kilometer Privat- und Kleinbahnen, insgesamt 7649,07 Kilometer [37]. Kaum ein anderer Wirtschaftszweig ist durch Demontagen und Reparationslieferungen so nachhaltig und langfristig geschwächt worden, wie das Eisenbahnwesen, das sich bis 1990 noch nicht davon erholt hatte [36, Seite 63, 37].

In [36, Seite 216] sind aus unterschiedlichen Quellen für verschiedene Zeiträume Angaben über den Reparationsverkehr auf der Schiene zitiert. Obwohl diese Daten wegen unterschiedlicher Betrachtungs- und Herangehensweisen nicht unmittelbar miteinander verglichen werden können, sollen sie dennoch in der unten stehendenTabelle zusammengefaßt werden. Für die Umrechnung wurden wie im dortigen Beispiel voll ausgenutzte Güterwagen von 15 Tonnen Ladegewicht zugrunde gelegt, von denen 40 Wagen einen Güterzug bilden, ebenso in der Übersicht über die Reparationstransporte über die einzelnen Grenzbahnhöfe.

In diesen Zahlen sind keine Transportleistungen für Reparationsgüter nach den deutschen Ostseehäfen Wismar und vor allem Rostock enthalten. Die angespannte Situation bei der DR führte zu Stockungen und langen Standzeiten der Güterzüge, besonders in Richtung Rostocker Hafen – die ab 1962 wiederhergestellte Lloyd-Bahn bzw. nun Hafenabfuhrstrecke gab es noch nicht wieder – und zur polnischen Grenze. Auch mit Sonderschichten war auf dem stark reduzierten Streckennetz auf Dauer keine Erleichterung zu spüren [36, Seite 216].

Selbstverständlich mußten diese Transportleistungen der Derutra von den Deutschen bezahlt werden, bis September 1947 von den jeweiligen Länder- bzw. Provinzialregierungen, danach zentral von der Hauptverwaltung Finanzen der deutschen Wirtschaftskommission (DWK). Deren Analysen bewiesen, daß nur etwa die Hälfte der Zahlungen reine Frachtspesen waren, deren Sätze dazu noch überhöht, die Abrechnungen manipuliert oder mit Hilfe gefälschter Reichsbahn-Stempel doppelt ausgefertigt und damit berechnet wurden. Von den Preisprüfern der DWK ließen sich die Derutra-Leute nicht beeindrucken und sperrten sie ggf. ein, wie in Leipzig geschehen. Die anderen 50 Prozent der Einnahmen beanspruchte das Transportunternehmen für seine nicht oder fadenscheinig nachweisbaren „Bemühungen", wobei es vorkam, daß für ein Ferngespräch in der SBZ 5000 RM in Rechnung gestellt wurden [36, Seite 213, 214].

Für Schäden oder gar Raub der Sendungen auf dem Transport bis zum Ziel waren die Deutschen ebenfalls verantwort-

Abfuhr der jährlichen Demontage- und Reparationsgüter mit der Eisenbahn

[nach 36, Seite 216, 217]

Jahr	Tonnen	Wagen	Züge
1945	524 310	34 954	874
1946	5 869 545	391 303	9 783
1947 Jan. bis Aug.	1 186 965	79 131	1 978
hochgerechnet bis Dez.	1 780 448	118 697	2 967
1948	fehlen Angaben		
1949	fehlen Angaben		
1950	809 400	53 960	1 349
1951	300 000	20 000	500
1952	300 000	20 000	50
1953	652 000	43 467	1 087

Im Jahre 1950 auf den einzelnen Grenzbahnhöfen abgefertigte Reparationsgüter

[nach 36, Seite 216]

Bahnhof	Tonnen	Wagen	Züge
Szczecin Gumieńce	103 800	6 920	173
Küstrin-Kietz	43 200	2 880	72
Frankfurt (Oder)	492 000	32 800	820
Guben	170 400	11 360	284
Summe	**809 400**	**53 960**	**1 349**

Ex- und Importleistungen in Frankfurt (Oder) und Küstrin-Kietz zwischen 1966 und 1991

[nach 12]

Jahr	Frankfurt-Oderbrücke Import Züge/d	Wagen/d	Export Züge/d	Wagen/d	Küstrin-Kietz Import Züge/d	Wagen/d	Export Züge/d	Wagen/d
1966	25	1121	20	876	7	314	9	379
1967	23	988	19	830	6	239	9	349
1968	24	1001	20	815	5	208	8	299
1969	24	997	18	769	5	194	8	320
1970	25	1031	18	731	6	229	9	353
1971	25	996	20	758	7	248	10	346
1972	24	945	20	753	8	299	9	329
1973	25	977	22	867	8	279	9	338
1974	25	995	21	822	7	266	8	333
1975	25	993	20	769	7	235	7	284
1976	25	941	21	791	6	197	7	235
1977	23	838	19	724	6	217	7	239
1978	21	733	18	735	6	199	7	193
1979	19	651	16	579	6	204	6	187
1980	19	685	18	647	6	185	6	162
1981	18	648	17	640	6	201	6	168
1982	18	634	16	585	5	146	7	184
1983	17	592	16	590	5	140	7	209
1984	17	585	17	605	5	157	7	199
1985	16	546	15	559	6	188	7	227
1986	15	510	15	534	6	189	8	231
1987	14	464	14	491	5	157	7	198
1988	12	409	13	440	5	150	7	191
1989	12	395	13	436	5	129	6	164
1990	13	421	13	437	5	159	7	192
1991	13	379	10	327	4	91	3	47

1954 traten an die Stelle von Reparationen umfangreiche Handelsabkommen mit der Sowjetunion. Obwohl in diesen Zahlen auch Ex- und Importe nach Polen enthalten sind, lassen sie doch das Anwachsen des Exports erkennen, obwohl für die Grenzübergänge Szczecin Gumieńce, Guben und Horka keine Angaben vorliegen.

lich, d. h. es mußte Ersatz in Form weiterer Reparationen gestellt werden. Erst ab Anfang 1949 hatte die Derutra selbst für solche Schäden zu haften. In einem am 6. November 1950 abgeschlossenen Vertrag zwischen dem deutschen Amt für Reparationen und der Derutra wurde endlich die Unversehrtheit der Sendungen nach den deutschen Speditionsbedingungen festgeschrieben [36, Seite 214].

Die jährlichen Zugleistungen von 1950 aus der Tabelle Grenzbahnhöfe sind zwar beeindruckend, doch auf den Tag umgerechnet sind das nur wenige Züge. Hinzu kamen noch sogenannte Exportzüge in die Sowjetunion, die ein Vielfaches der Reparationszüge betrugen; darüber liegen jedoch keine vollständigen Unterlagen vor.

Eine Zuggattung ist noch nachzutragen, nämlich die für die „Übersiedlung" deutscher Spezialisten in die Sowjetunion eingesetzten und schwer bewachten Personenzüge mit Güterbeförderung. In drei Wellen wurden zwischen Mai/September 1945, (Atomphysiker), 21./22.Oktober 1946 (Geheimoperation Osoawiachim, Chemiker, Luftfahrtspezialisten, Raketentechniker, Ingenieure für Feinmechanik/Optik) und Februar 1947 (Chemieingenieure der ehemaligen IG Farbenwerke) insgesamt 3000 Techniker, Ingenieure und Wissenschaftler mit ihren Familien in die Sowjetunion verbracht [36, Seite 154, 155, 157]. Diesen Menschen blieb in ihren von Soldaten umstellten Wohnungen gerade 24 Stunden Zeit, die vorbereiteten Arbeitsverträge über eine befristete oder unbefristete Tätigkeit in der UdSSR zu unterschreiben, wobei die in Aussicht gestellte Verpflegung in den Nachkriegswirren mehr als verlockend war. Ob die Verträge unterschrieben wurden oder nicht, diese Leute mußten alle ihre Sachen einpacken, konnten selbst Hausrat und Haustiere mitnehmen. Dafür standen ausreichend Lkw bereit, die diese Güter zum Bahnhof zu bereitstehenden Zügen brachten. Die West-Alliierten protestierten vergeblich im Kontrollrat gegen diese Verschleppungsaktion [36, Seite 155, 156].

Die Techniker der Filmfabrik Wolfen kamen bereits im November 1949 zurück und wurden auf dem Bahnhof jubelnd empfangen. Die anderen Spezialisten kehrten gruppenweise zwischen 1952 und 1956 heim. Die letzten 21 Wissenschaftler, die nicht in die DDR, sondern in die BRD zurückreisen wollten, wurden bis Februar 1958 zurückgehalten. Rund ein Drittel der in die DDR zurückgekehrten Spezialisten flüchtete bis 1961 in den Westen [36, Seite 164 –166].

Beute-Lokomotiven

Die Siegermacht Sowjetunion demontierte nicht nur viele Betriebe oder Teile davon, sondern bediente sich neben dem Abbau von zweiten Gleisen oder ganzen Strecken auch aus dem großen Park an Schienenfahrzeugen. In [39] berichtet der sowjetische Autor ganz offen darüber, läßt aber offen, wieviele der einzelnen Gattungen an Lokomotiven und Triebwagen den Besitzer wechselten. Das betrifft nicht nur deutsche Lokomotiven, sondern auch polnische, tschechoslowakische und ungarische Typen. Hier soll nur kurz ein Überblick über die aus Deutschland verbrachten Triebfahrzeuge gegeben werden, die nach Kriegsende unter neuer Bezeichnung in die Sowjetunion gelangten. Anfang 1986 erschien im ostdeutschen transpress-Verlag eine Übersetzung von [39] unter dem Titel „Russische und sowjetische Dampflokomotiven“ [40], in dem mit keinem Wort die aus Deutschland während und nach dem Krieg übernommenen Triebfahrzeuge erwähnt wurden.

Trotzdem ist die nachfolgende Aufstellung unvollständig. Denn von den schmalspurigen Bahnen – von staatlichen wie auch von privaten im damaligen Deutschland – nahmen ebenso Wagen und Triebfahrzeuge ihren Weg in die Sowjetunion, in die Weite Sibiriens, über die zusammenfassende Belege fehlen.Ebenso verblieben Güterwagen und Lokomotiven der folgenden Reparationstransporte in Polen und in der Sowjetunion, über die nur unvollständige Angaben vorliegen.

Güterzug-Lokomotiven

Baureihe 42 (Einheitslokomotive) → Serie **ТЛ**
Achsfolge 1′ E h 2, 80 km/h Höchstgeschwindigkeit, 1943 bis 1945 gebaut;

Baureihe 52 (Einheitslokomotive) → Serie **ТЭ**
Achsfolge 1′ E h 2, 80 km/h Höchstgeschwindigkeit, 1942 bis 1945 gebaut;

Baureihe 55^{16-22} (preußische G8/polnische Tp3) → Serie **55**
Achsfolge D h 2, 55 km/h Höchstgeschwindigkeit, 1905 bis 1913 gebaut;

Baureihe 55^{25-56} (preußische $G8^1$/polnische Tp4) → Serie **55**
Achsfolge D h 2, 55 km/h Höchstgeschwindigkeit, 1910 bis 1922 gebaut;

Baureihe 56^{0-2} (preußische $G7^3$) → Serie **56**
Achsfolge D h 2, 45 km/h Höchstgeschwindigkeit, 1893 bis 1917 gebaut;

Baureihe 57 (preußische G10) → Serie **57**
Achsfolge E h 2, 50 km/h Höchstgeschwindigkeit, 1911 bis 1922 gebaut.

Personenzug-Lokomotiven

Baureihe 03 (Einheitslokomotive) → Serie **ТС**
Achsfolge 2′ C 1′ h 2, 130 km/h Höchstgeschwindigkeit, 1930 bis 1937 gebaut;

Baureihe 38^{10-40} (Einheitslokomotive) → Serie **38**
Achsfolge 2′ C h 2, 100 km/h Höchstgeschwindigkeit, 1913 bis 1923 gebaut.

Tender-Lokomotiven

Baureihe 91^{3-18} (preußische $T9^3$/polnische Tki 3) → Serie **ТТ**
Achsfolge 1′ C n 2, 65 km/h Höchstgeschwindigkeit, 1895 bis 1919 gebaut;

Baureihe 92^{5-9} (preußische T 13/polnische Tkp 1) → Serie **ТБ**
Achsfolge D h 2, 45 km/h Höchstgeschwindigkeit, 1907 bis 1915 gebaut;

Baureihe 93^{0-4} (preußische T 14/polnische Tkt 1 → Serie **ТЬ**
Achsfolge 1′ D 1′ h 2, 70 km/h Höchstgeschwindigkeit, 1915 bis 1924 gebaut;

Baureihe 94^{0-4} (preußische T 16/polnische Tkw 1) → Serie **94**
Achsfolge E h 2, 55 km/h Höchstgeschwindigkeit, 1907 bis 1921 gebaut.

Dieseltriebfahrzeuge

Triebwagen-Bauart „Köln“ → **ДП 14** (dreiteilig), Einzelbesetzung
Achsfolge Bo′ 2′ + 2′ 2′ + 2′ Bo′, elektrische Kraftübertragung, 160 km/h Höchstgeschwindigkeit, 1938 gebaut;

Triebwagen-Bauart „Leipzig“ (SVT 137 153) → **ДП 15** (dreiteilig), Einzelbesetzung
Achsfolge B′ 2′ 2′ B′, hydraulische Kraftübertragung, 160 km/h Höchstgeschwindigkeit, 1938 gebaut.

Beide Triebwagen waren auf Strecken des Baltikums eingesetzt.

Baureihe V 36 → **А^{Г}14-1** (Einzelbesetzung)
Achsfolge C, hydraulische Kraftübertragung, 360 PS Leistung, 60 km/h Höchstgeschwindigkeit.

Diese Lokomotive setzte man einige Zeit auf der Moskau-Kursker Eisenbahn im Rangierdienst und im Personenzugdienst zwischen Frjasewo und Noginsk ein.

Ungewöhnlich: Berliner S-Bahn-Triebzug der Baureihe ET/EB 167 mit Stromabnehmern als Serie ***ЭМ 167*** *der SŽD. Repro aus [39]*

Elektrische Lokomotiven

Baureihe E 44 No. **47** (Einzelbesetzung)

Achsfolge Bo' Bo', 90 km/h Höchstgeschwindigkeit, 1935 bis 1945 gebaut,
1949 versuchsweise auf 1500 Volt Gleichstrom umgebaut und auf der Nordeisenbahn erprobt.

Bekannt ist, daß alle betriebsfähigen elektrischen Lokomotiven der Deutschen Reichsbahn an die Sowjetunion abzuliefern waren. Mit Ausnahme des Versuchsbetriebes für 16⅔ Hz auf einem rund 400 km langen, 1942 erbauten und 1946 elektrifizierten Abschnitt der Strecke Kotlas – Koshwa – Workuta waren die meisten elektrischen Lokomotiven der DR in der Sowjetunion abgestellt und rosteten bis März 1952, bis zum „Abkommen über den Verkauf (!) von Elektrolokomotiven und Kraftwerksausrüstungen" zwischen der Sowjetunion und der DDR, still vor sich hin. Dafür mußte die DDR 355 nagelneue Weitstreckenwagen nach SŽD-Standard liefern, die in der Waggonfabrik Ammendorf gebaut wurden. Noch 1952 waren davon 200 Wagen neben den Reparationen an die Siegermacht zu senden.

Elektrische Triebwagen

Baureihe ET/EB 165 Serie **ЭМ 165**

Achsfolge Bo' Bo' + 2' 2' für 750 Volt Gleichstrom (Berliner S-Bahn), 80 km/h Höchstgeschwindigkeit,
1927 bis 1930 gebaut;

Baureihe ET/EB 167 Serie **ЭМ 167**

Achsfolge Bo' Bo' + 2' 2' für 750 Volt Gleichstrom (Berliner S-Bahn), 80 km/h Höchstgeschwindigkeit,
1940 bis 1943 gebaut.

In der Sowjetunion erhielten die Triebwagen zwei Dach-Stromabnehmer und wurden mit 750 Volt Gleichstrom auf der Strecke Tallin – Peckjuls und mit 1500 Volt Gleichstrom auf der Strecke Moskwa – Domodedowo eingesetzt.
Triebwagen der Werkbahn Peenemünde für 1100 Volt Gleichstrom (ähnlich der Baureihe ET/EB 167 der Berliner S-Bahn) wurden ebenfalls in die Sowjetunion verbracht, jedoch dort nicht eingesetzt.

U-Bahn-Wagen aus Berlin

Bauart C Type **B**

Achsfolge Bo' Bo' + 2' 2' für 750 Volt Gleichstrom, 70 km/h Höchstgeschwindigkeit.

In der Sowjetunion als Type **B1** (Beiwagen), **B2** (Triebwagen mit zwei Fahrmotoren, Bo' 2'), **B3** (Triebwagen mit vier Fahrmotoren, Bo' Bo') und **B4** (aus **B1** umgebaute Motorwagen ohne Führerstand, Bo' Bo') auf der Moskauer Metro bis 1966 eingesetzt.

4.
Trophäen auf breiter Spur aus Berlin

4.1
Berlins Breitspur-Netz

Der Zweck des nach dem Ende der Kriegshandlungen folgenden Umspurens der Normalspurgleise wird in Berlin recht deutlich: Hier dehnte man die Breitspur nach solchen Bahnhöfen aus, auf denen Reparationsgüter verladen werden konnten. Das war die Strecke von Berlin-Rummelsburg, Stellwerk Rgw, über Abzweig Gabelung bei Berlin-Lichtenberg – Berlin Frankfurter Allee – Zentralviehhof nach Berlin-Weißensee, seit 1. Oktober 1946 Berlin Greifswalder Straße. Das Breitspurgleis nutzte nicht die Trasse des Berliner Innenringes, sondern die im Bahnhof Frankfurter Allee abzweigende Anschlußbahn zum Bahnhof Zentralviehhof, die die Eldenaer Straße und deren Straßenbahngleise niveaugleich kreuzte, und dann in den Bahnhöfen Berlin Landsberger Allee und Berlin Greifswalder Straße an die Staatsbahn anschloß. Über den Zentralviehhof führte nur ein Breitspurgleis, das aber die anderen Normalspurgleise weitgehend lahm legte. An der Greifswalder Straße waren Ladestraßengleise breitspurig. Zeitzeugen bestätigen, wie am 11. Mai 1945 Sowjetsoldaten mit umgehangener Maschinenpistole das Anschlußgleis über die Eldenaer Straße umspurten [31, 32, 41].

Auf einem Betriebsstreckenplan des Betriebsamtes Berlin 9 vom 7. Juli 1945 [32] ist vermerkt, daß vom Kilometer 0,53 zwischen Berlin Frankfurter Allee und Abzweig Gabelung über Berlin-Lichtenberg (hier waren nach einem handschriftlichen Vermerk insgesamt zehn Gleise umgespurt) – Magerviehhof die Industriebahn Tegel-Friedrichsfelde bis Berlin-Blankenburg sowie vom Abzweig Aff (früher als lab bezeichnet) über Berlin-Marzahn bis zum Kilometer 11,30 vor einer Gleissprengung Breitspur bestand. Eine Streckenkarte des Betriebsamtes Berlin 6 vom 10. August 1945 [32] mit handschriftlichen Vermerken bestätigt den breitspurigen Betrieb zwischen Friedrichsfelde und Berlin-Blankenburg; gleichzeitig wird genannt „Tegel Hafen – Anschlußgleise Blankenburg auf russische Spur gebaut, Betrieb nicht aufgenommen, d. h. werden nicht befahren." Das ist verständlich, weil die Strecke in den damaligen französischen Sektor führte und die Sowjets dort keine Demontagen mehr vornehmen konnten, denn am 12. August 1945 besetzten die Franzosen ihren Sektor. Dagegen bestätigen Zeitzeugen den Einsatz von Breitspur-Dampflokomotiven auf der Industriebahn in Weißensee [31]. In welchem Umfang hier Gleise umgespurt waren, läßt sich heute nicht mehr belegen. Zu vermuten ist, daß in Berlin Magerviehhof nicht nur auf dem Streckengleis, sondern auch an den Rampen Breitspur bestand, doch fehlt bis heute der Beweis dafür. In Berlin-Marzahn waren ein Gleis am Bahnsteig, der als Laderampe diente, sowie weitere Gleise umgespurt, auch in das damalige Werk von Hasse und Wrede (später Berliner Werkzeugmaschinenfabrik, BWF), um Maschinen abfahren zu können.

Berlin-Rummelsburg war zu dieser Zeit Sammel- und Verteilerbahnhof für die Breitspurwagen. Welche Gleise umgespurt waren, läßt sich nicht eindeutig belegen. Ein Betriebsstreckenplan mit handschriftlichen Eintragungen etwa von Juni 1945 [32] belegt Breitspur bis zum Schlesischen Bahnhof (heute Ostbahnhof), jedoch nur auf dem Gleis in Richtung Frankfurt (Oder), sowie auf dem Gütergleis Berlin-Rummelsburg – Schlesischer Güterbahnhof (heute Ostgüterbahnhof). Ein anderer Betriebsstreckenplan mit handschriftlichen Vermerken mit Stand vom 7. Juli 1945 [23] gibt dagegen im Bereich des Bahnhofs Berlin-Rummelsburg einen zweigleisigen Breitspurbetrieb beiderseits des Abstellbahnhofs an, der ebenfalls – evtl. nur teilweise – umgespurt war, und westlich des Bahnhofs eine niveaugleiche Kreuzung zwischen Breit- und Normalspur an. Am 1. Oktober 1945 geben solche Eintragungen in einem anderen Betriebsstreckenplan [32] Breitspurbetrieb von Berlin-Rummelsburg zum Ost- und zum Ostgüterbahnhof an. In allen drei Fällen ist die 1524-Millimeter-Spur nach Berlin Greifswalder Straße unstrittig. Wie so oft, dürfte die richtige Antwort in der Mitte aller Angaben liegen: Es waren nach Augenzeugenberichten [31] Gütergleis und das westliche Gleis der Schlesischen Bahn umgebaut worden. Denn das Gleis der Gegenrichtung, also von Frankfurt (Oder) nach Berlin, brauchte man spätestens ab 30. August 1945 für die bis Juni 1945 abgebaute elektrische S-Bahn-Strecke nach Erkner als Ersatz für den normalspurigen Verkehr mit Dampfzügen bis Frankfurt (Oder).

Kreuzungs- und zugleich Behandlungsbahnhof für den Breitspurbetrieb war auch Berlin-Köpenick. Von hier aus führte ein breitspuriges Gleis zum Güterschuppen im benachbarten Friedrichshagen. Ebenso war ein großer Teil des örtlichen Güterbahnhofs in Köpenick umgespurt (auf dessen Gelände befand sich später das Oberbauwerk der DR). Wegen der größeren Fahrzeughöhe der Breitspurwagen mußten die über die Gleise auskragenden Dächer der Güterschuppen eingekürzt werden.

Zwar waren einige Gleise in Berlin-Rummelsburg umgespurt, nicht aber welche des Bahnbetriebswerkes. Unter freiem Himmel restaurierten sowjetische Lokpersonale (u. a. auf den Gleisen 18 bis 20) ihre Maschinen, führten an ihnen Reparaturen, auch Lagerarbeiten, und wuschen die Kessel aus [31].

Breitspur-Lokomotiven wurden 1945 für kurze Zeit auch im Bahnbetriebswerk Berlin Ostbahnhof, Gleis 52, restauriert. Im Bahnbetriebswerk Frankfurt (Oder) Personenbahnhof soll es dagegen keine breitspurigen Bahnanlagen gegeben haben. Überhaupt kannten die sowjetischen Lokpersonale keine Lokbehandlung im gewohnten deutschen Sinne: Wasser gab es fast überall, Kohle konnte man aus offenen Wagen mit Hunten, Kränen oder gar manuell laden, ebenso diente Holz als Brenn-

⇨ Vermutlicher Verlauf der Breitspur (stark ausgezogen Linie) zwischen Berlin-Weißensee (heute Greifswalder Straße) über Leninallee (heute Landsberger Allee) – Zentralviehhof (heute Storkower Straße) – Berlin Stalinallee (heute Frankfurter Allee) zum Abzweig Gabelung bei Berlin-Lichtenberg. Die Breitspurgleise sind in ein vom Anfang der fünfziger Jahre stammendes Streckenband eingezeichnet. Es ist nicht auszuschließen, daß weitere Gleise als die dargestellten auf Breitspur umgenagelt waren. Beispielsweise soll in Greifswalder Straße auch das Ausziehgleis parallel zum Innenring in Richtung S-Bahn-Unterwerk auf Breitspur gebracht worden sein, so daß die Gleise 36, 37 und 38 ebenfalls umgespurt waren. Beim Verlauf der Breitspur wurden überwiegend Probleme des Oberbaus und des Umspurens berücksichtigt, nicht die Auswirkungen und die aufwendigen Umbauten im Normalspurbereich. Zeichnung: Sammlung Kuhlmann

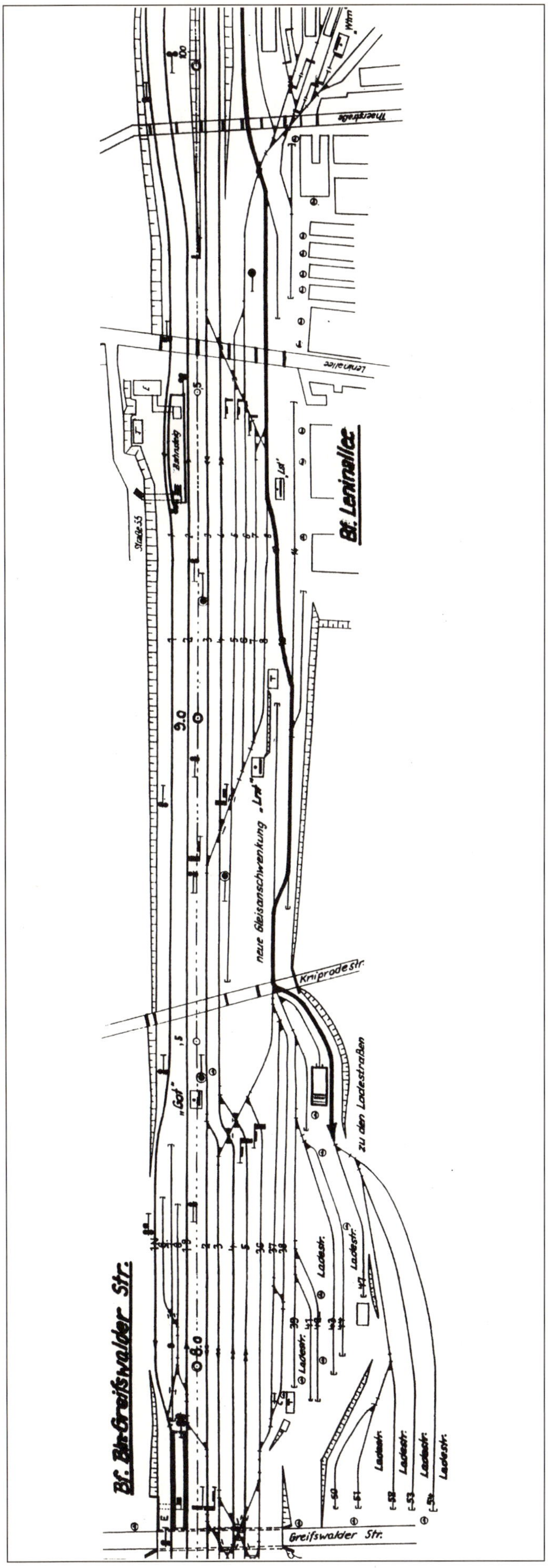
Bf. Bln-Greifswalder Str.
Bf. Leninallee
Leninallee
Kniprodestr.
Greifswalder Str.
neue Gleisanschwenkung „Lnf"
zu den Ladestraßen
Ladestr.

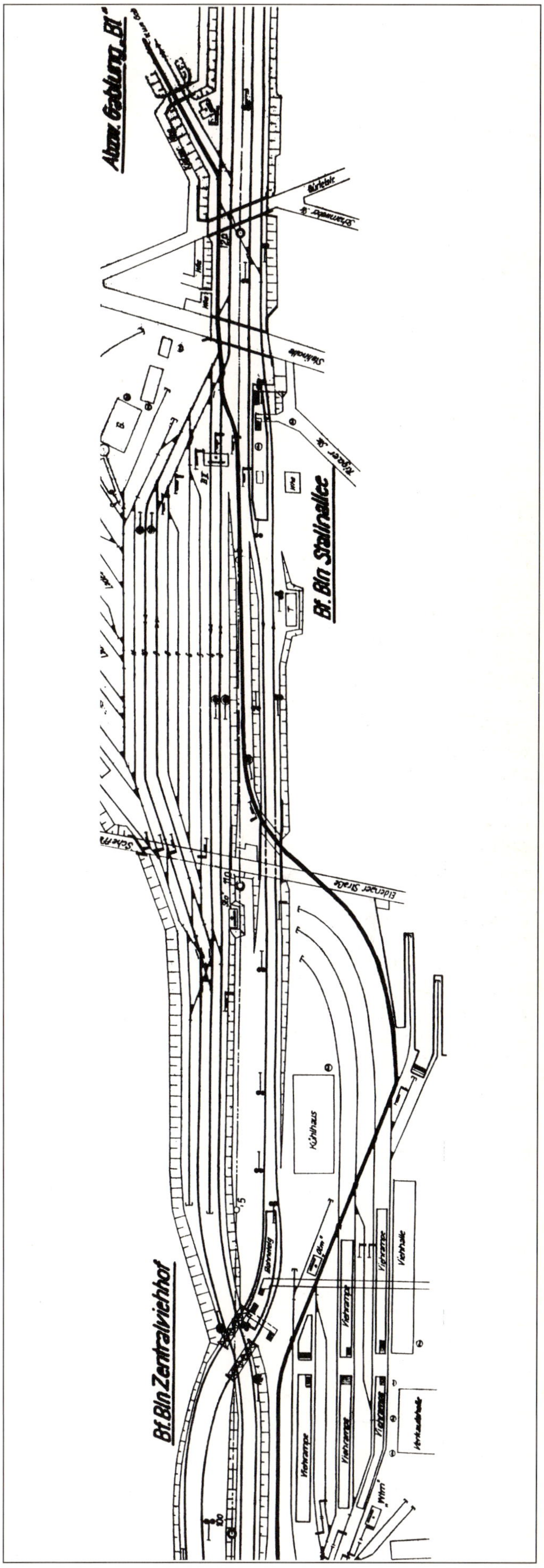
Abzw. Gabelung „Bl"
Bf. Bln Stalinallee
Bf. Bln Zentralviehhof
Kühlhaus
Eldenaer Straße
Stalinallee
Rigaer Str.
Viehrampe
Viehhalle

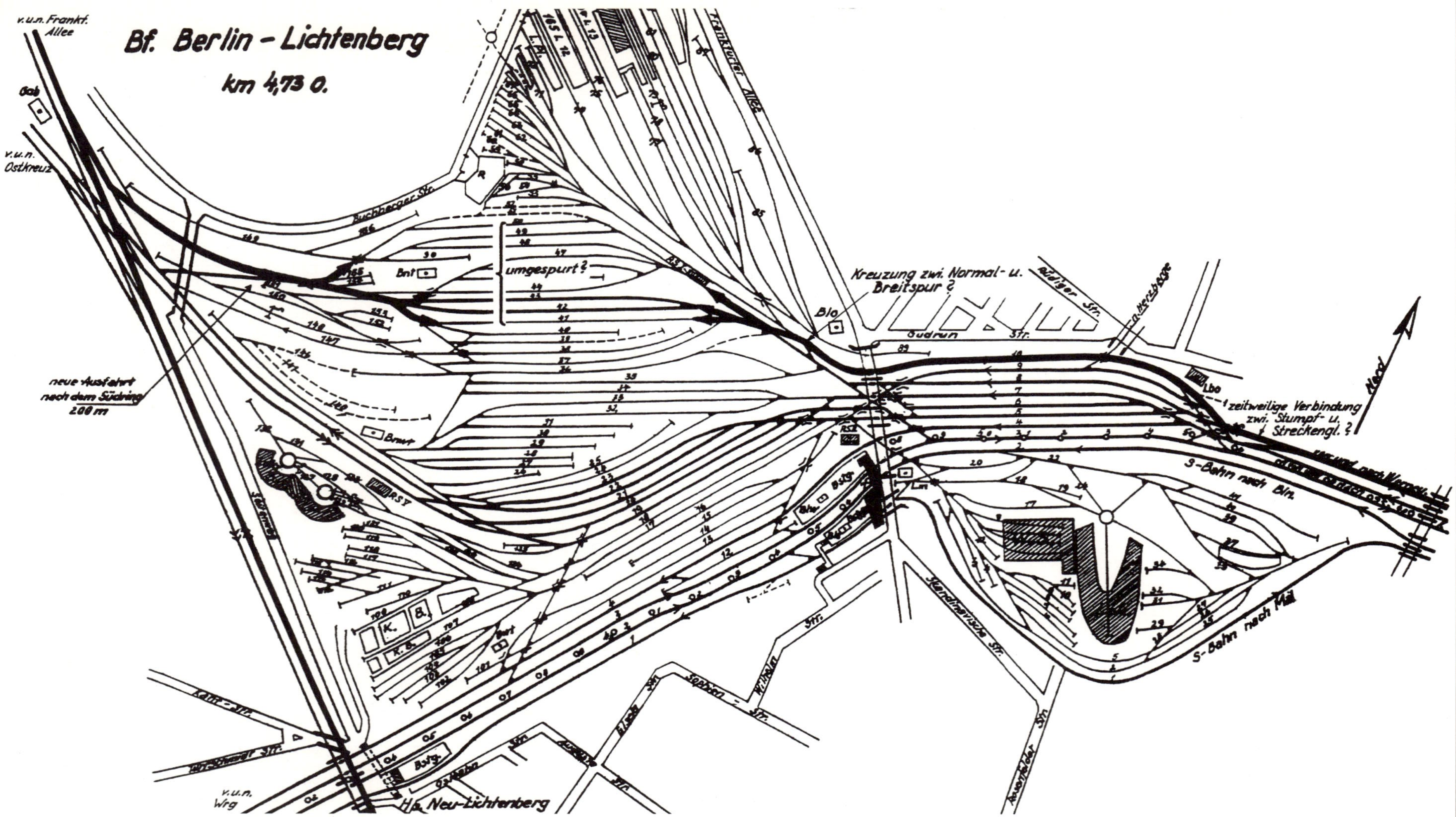

In einen vom 1. Februar 1947 datierenden Gleisplan des Bahnhofs Berlin-Lichtenberg wurde versucht, die auf Breitspur umgestellten Gleise (dick ausgezogene Linie) darzustellen. Da im Bahnhof zehn Gleise umgespurt sein sollten, aber der Güterschuppen für Versorgungstransporte auf Normalspur erreichbar sein mußte, könnte die dargestellte Situation bestanden haben. Trotz Breitspur war ein weitgehend unbehinderter, aber eingeschränkter Normalspurbetrieb möglich. Beachtenswert ist die 1947 noch zweigleisige Ostbahn nach Küstrin-Kietz. Über das hier bereits als abgebaut dargestellte Aufstellgleis an der heutigen Eitelstraße neben dem Streckengleis der S-Bahn nach Berlin-Mahlsdorf bestand 1945 kurzzeitig provisorischer Gleisanschluß über die Irenenstraße, Rosenfelder Platz und Einbecker Straße zur Betriebswerkstatt Friedrichsfelde der U-Bahn. Über diese normalspurige Gleisverbindung zog die Sowjetarmee 120 U-Bahn-Wagen des Berliner Typs C für die Moskauer Metro ab, die dort von 1947 bis 1966 eingesetzt waren. Zeichnung: Sammlung Kuhlmann

material, ausgeschlackt wurde während der Fahrt auf freier Strecke, und die Rauchkammer entleerte man über verschließbare Falltrichter im Spülverfahren. Alles war recht einfach, doch waren die Maschinen äußerlich sehr gepflegt [31].

Breitspurige Schlepptenderlokomotiven konnten in Berlin nicht gedreht werden, da keine Drehscheibe umgespurt war, einerseits wegen der statischen Probleme, andererseits waren sie für die russischen Maschinen zu kurz. Deshalb soll – zumindestens für kurze Zeit – westlich der zerstörten Warschauer Brücke ein Wendedreieck und eine breitspurige Verbindung nach Berlin-Lichtenberg bestanden haben. Letztere ist zwar für den 19. Mai 1945 tatsächlich bewiesen – wobei teilweise S-Bahn-Trassen benutzt wurden – [14], läßt aber offen, in welcher Spurweite.

Dagegen bestand das sogenannte Wendedreieck aus einem Gleisbogen von höchstens 100 Meter Radius zwischen der Schlesischen und der Ostbahn bzw. den Gleisen des Wriezener Bahnhofs an das damalige Reichsbahn-Ausbesserungswerk Warschauer Straße (das trotz zerbombter Brücke auf der Schiene erreichbar war) und zurück zur Schlesischen Bahn. Von Berlin-Rummelsburg kommende Lokomotiven konnten damit über Ostbahnhof/Wriezener Bahnhof zurück nach Berlin-Rummelsburg eine Drehfahrt machen. Nach Berichten von Zeitzeugen soll sich das Gleis wegen dem engen Bogen und fehlendem Schotterbett verzogen und deshalb nur bis Ende Juni 1945 bestanden haben [31]. Eine solches Wendedreieck hatte einen doppelten Sinn, wenn auch zwischen dem Wriezener Bahnhof und Berlin-Lichtenberg Breitspur bestand.

Dieses Wendedreieck könnte weiteren Zwekken gedient haben. In [22] wird aus der Betriebsgeschichte des Reichsbahn-Ausbesserungswerkes Potsdam 1945 bis 1957 berichtet, daß im Juli 1945 im Auftrag der SMAD 50 zweiachsige Güterwagen aufzuarbeiten und auf Breitspur umzurüsten waren. „Da die erforderlichen Werkzeuge und Maschinen, wie Hebeböcke u. a., im Potsdamer Ausbesserungswerk nicht mehr vorhanden waren, mußte die Umspurung im Raw Berlin ... ausgeführt werden." Über die bestehende Strecke Potsdam – Berlin sollen diese Fahrzeuge zum Aufarbeiten und Umspuren überführt worden sein. Das begründet dieses zeitweilige „Wendedreieck" ein weiteres Mal.

Zum Schlesischen Bahnhof, dem späteren Ostbahnhof, gelangte die Breitspur vermutlich nur über das Gütergleis, weil der Tunnel im Gleis Berlin – Frankfurt (Oder) wegen zu geringer Höhe nicht genutzt werden konnte. Die Sowjetarmee hatte Gleis 1 am Bahnsteig A und die Gleise 2 und 3 am Bahnsteig B auf Breitspur umgebaut. Man nutzte jedoch nur Bahnsteig B für den Militärreiseverkehr der Sowjetarmee, während über Gleis 1 die Lokomotiven umsetzten. Wegen ihrer hohen Schornsteine mußte aus den Hallenschürzen jeweils über den Gleisen ein Stück herausgeschnitten werden.

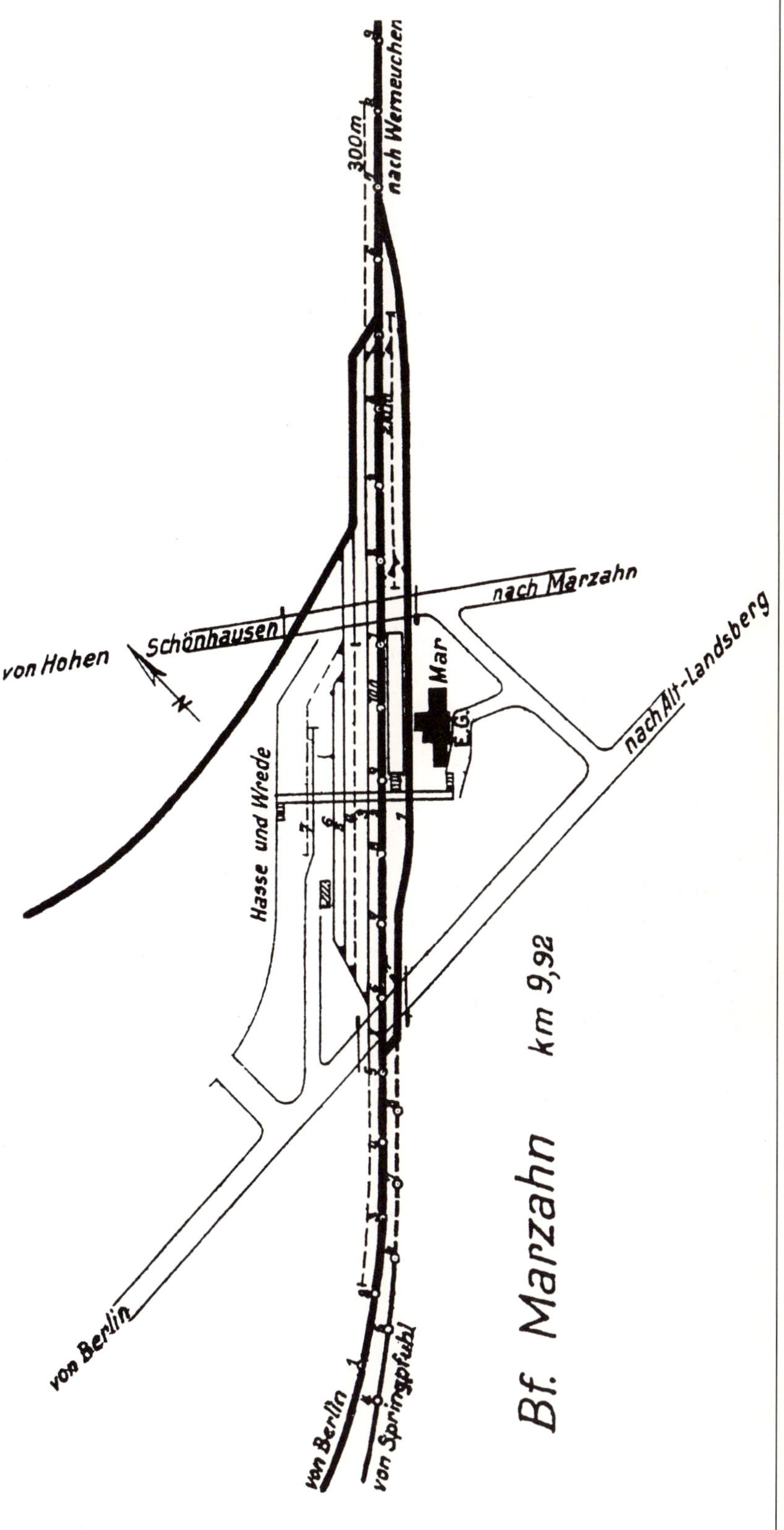

Gleisplanskizze des Bahnhofs Berlin-Marzahn vom 1. Februar 1947 (ein Vergleich mit der heutigen Situation ist wegen des S-Bahn-Baus unmöglich). Mit dicken Linien sind die überlieferten Breitspurgleise gekennzeichnet, möglicherweise waren weitere Gleise umgespurt. Die Breitspur endete am km 11,30. Der Güteraußenring (GAR) zwischen Biesenhorst (heute Wuhlheide) und Karow war von 1947 bis 1. April 1950 abgebaut; deshalb besteht hier 1947 kein Gleisanschluß an den GAR bei Springpfuhl. Zeichnung: Sammlung Kuhlmann

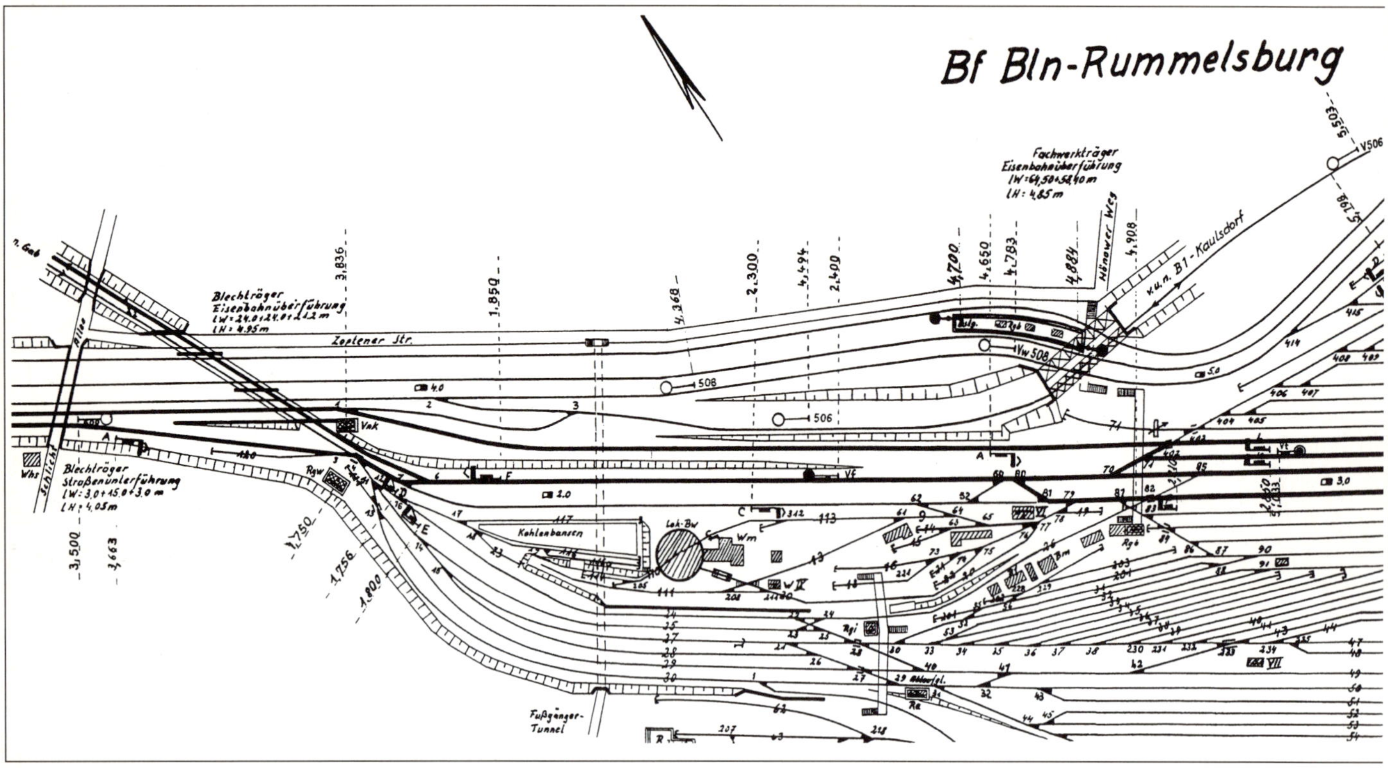

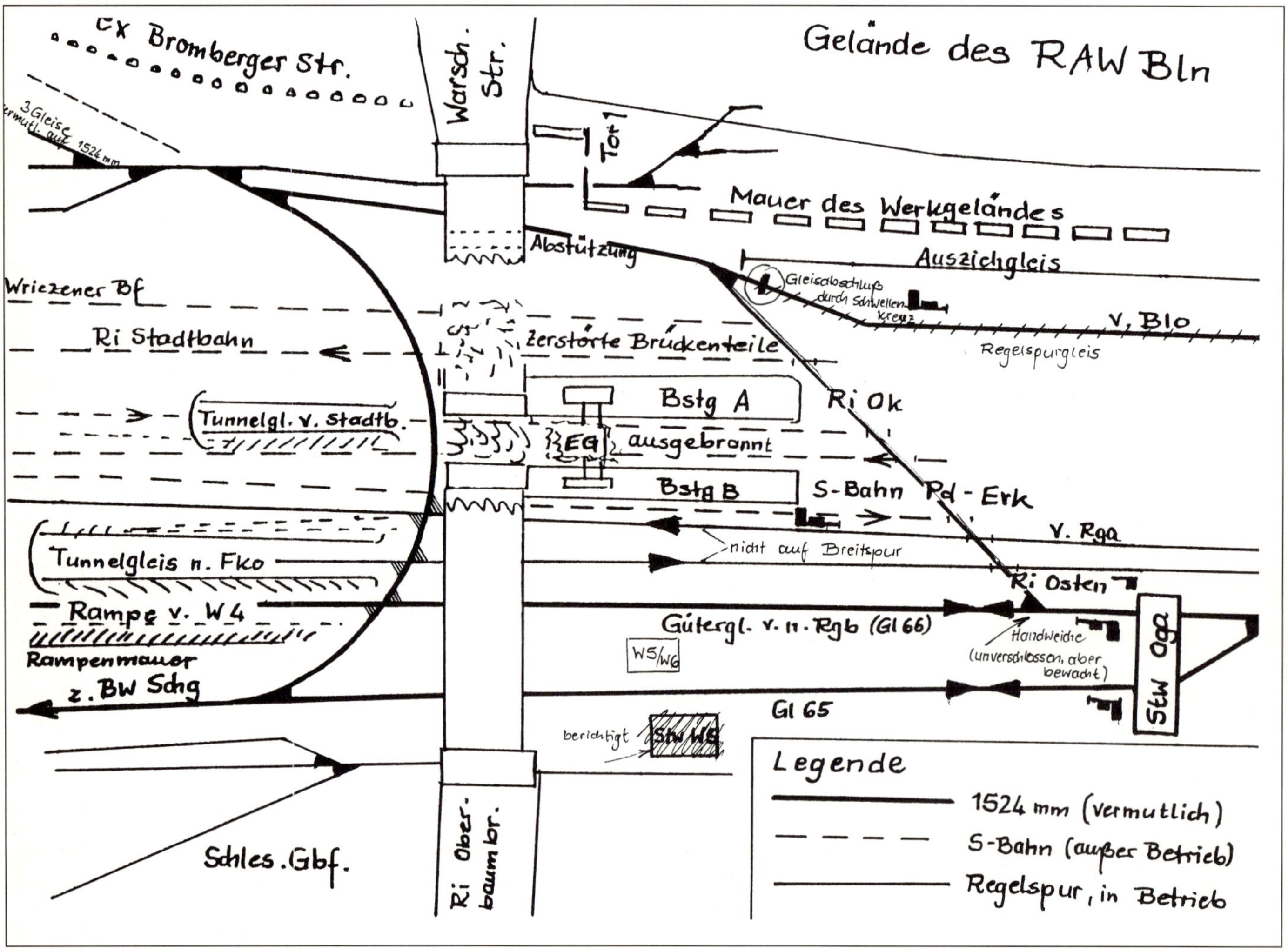

Handskizze zum Wendedreieck in den Bahnanlagen von Warschauer Straße, die nach Aussagen von Zeitzeugen entstand. Hervorzuheben ist die Übereinstimmung mit der zerstörten Warschauer Brücke (siehe Bild Seite 50).
Zeichnung: G. Zeitz, Berlin

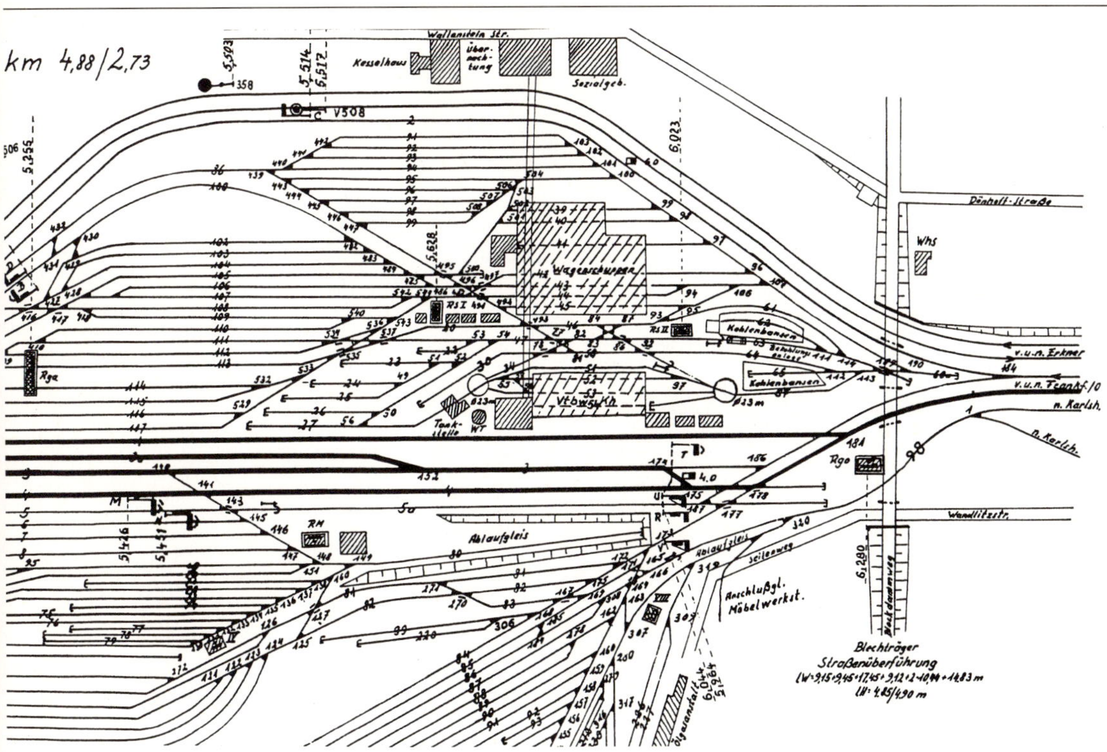

Gleisplanskizze des Bahnhofs Berlin-Rummelsburg (Basis 1947) mit Breitspurgleisen nach Zeitzeugen. Zwischen dem Bahnbetriebswerk und dem Abstellbahnhof soll eine normalspurige Gleisverbindung bestanden haben. Neben dem Breitspurbetrieb war ein beeinträchtigter Normalspurbetrieb möglich. Für Fahrten vom und zum Ostbahnhof auf Breitspur bestand in Berlin-Rummelsburg keine Kreuzungsmöglichkeit. Zeichnung: Sammlung Kuhlmann

Das sogenannte Wendedreieck in den Bahnanlagen an der Warschauer Straße war nur von kurzer Dauer. Am 21. Februar 1946 wurde im Reichsbahn-Ausbesserungswerk ein ausgebesserter Wagenzug zur Kohleversorgung von Berlin dem Betrieb übergeben. Foto: Sammlung Kuhlmann

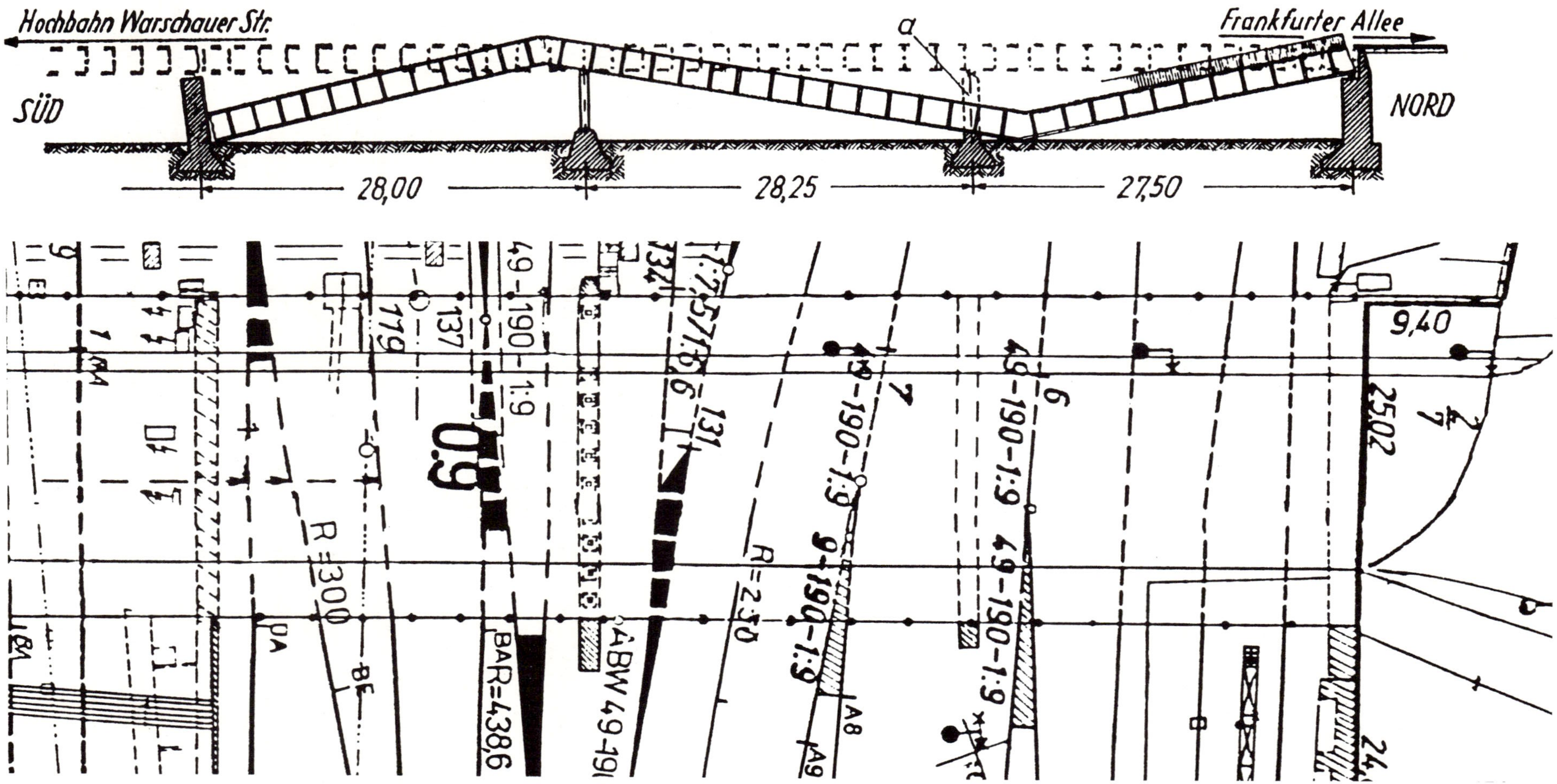

Abgestürzte Warschauer Brücke über die Bahnanlagen der Ostbahn und der S-Bahn im Jahre 1945 (Repro aus Struve, Ph.: Die Wiederherstellung der Berliner Brücken; in: Bauplanung und Bautechnik [Berlin], 1 (1947), Heft 5, Seite 133 – 137). Darunter Gleisachsen nach dem Stand von 1987 zum besseren Verständnis. Es sind lediglich die Treppen zum Empfangsgebäude dargestellt, keine Bahnsteige usw.

4.2 Russische Lokomotiven in Berlin für Reparationen aus Berlin

Malenkow, dem das Sonderkomitee für Kriegstrophäen und Beutegut unterstand, plante, sofort nach Kriegsende in kurzer Zeit möglichst viel abzubauen und abzufahren. Die Sowjetarmee selbst organisierte die Abfuhr der Demontagegüter. Die erste, von Mai bis Juni 1945 dauernde Demontagewelle betraf vor allem die späteren Westsektoren Berlins. Denn mit der vorgesehenen Besetzung durch die westlichen Alliierten entzogen sich deren Betriebe der sowjetischen Verfügungsgewalt. Deshalb verlor das spätere West-Berlin in kurzer Zeit mehr als die Hälfte seiner industriellen Kapazität [36, Seite 60/61]. Die im Juli 1945 beginnende zweite Demontagewelle konzentrierte sich auf rüstungswichtige Betriebe, wie auf die Metallurgie und Metallverarbeitung, und auf die Konsumgüterindustrie. Trotzdem war in den Demontagen keine Organisation zu erkennen [36, Seite 61/69].

Allein in der kurzen Zeit vom Ende des Krieges bis zum Ende des Jahres fuhr man aus Deutschland mehr Güter ab, als in den Jahren 1951 oder 1952. Die Ladestellen an den Breitspurgleisen in Berlin dienten deshalb bis auf wenige Ausnahmen besonders zum Verladen von Kriegstrophäen und Demontagegut aus dem Stadtgebiet, vorrangig aus den Westsektoren.

Man möchte annehmen, das Anschlußgleis zum Zentralviehhof sei umgespurt worden, um den Schlachthof und die Kühlhäuser anzuschließen, also um die Soldaten der Sowjetarmee und evtl. auch die deutsche Bevölkerung zu versorgen. Doch das Breitspurgleis führte nur über das Gelände – vermutlich Gleis 10 –, ohne daß Laderampen genutzt werden konnten. Aber hier bestand in einer der wenigen unbeschädigten Hallen das „Kriegsbeutelager I" als Hauptverwertungsstelle für Trophäen-Kunstgegenstände [41].

Dagegen befand sich auf dem damaligen Güterbahnhof Berlin-Weißensee (seit 1. Oktober 1946 Berlin Greifswalder Straße) eine Verteilstelle für Lebensmittel. In den ersten Nachkriegswochen erhielt Berlin in größerem Umfang solche Güter aus der Sowjetunion, die ohne Umladen ihren Bestimmungsort erreichten [19]. Hierher brachte die Sowjetarmee mit Lastkraftwagen aber auch Demontagegut aus Betrieben der näheren und weiteren Umgebung, das auf dem Güterbahnhof in Richtung UdSSR in Breitspurwaggons verladen wurde und abrollte.

Reiche Beute konnte auch aus dem Industriegebiet in Weißensee abgefahren werden. Auch hier wurden nicht nur die in den umliegenden Betrieben, sondern auch die mit Lastkraftwagen herangefahrenen demontierten Güter verladen.

In Berlin-Marzahn führte das Breitspurgleis gar in die Maschinenfabrik von Hasse und Wrede. Darüber hinaus verlud man über den Bahnsteig weitere Maschinen und Geräte.

Eine doppelte Funktion hatten die Breitspurgleise in Berlin-Köpenick zu erfüllen. Die gute Wohnlage in Karlshorst und Wendenschloß ausnutzend bezogen hier viele sowjetische Generals- und Offiziersfamilien ihre neue „Heimstatt", die einem Ghetto gleich von der deutschen Außenwelt abgesperrt wurde. Zum Teil hatten hier auch Dienststellen der Sowjetischen Militäradministration (SMAD) ihren Sitz, wie z. B. die Transportabteilung im Kant-Gymnasium an der Treskowallee, der späteren Hochschule für Ökonomie und jetzigen Fachhochschule für Technik und Wissenschaft (FHTW). Über den Bahnhof Berlin-Köpenick mit seinen Ladestellen in Friedrichshagen und auf dem Ortsgüterbahnhof war einmal die Versorgung der sowjetischen Generäle und Offiziere sowie deren erster Umzugsgüter sicherzustellen, zum anderen verlud man hier ebenso Reparationen und Kriegstrophäen wie auf anderen Bahnhöfen.

Aus heutiger Sicht lassen sich Einzelheiten nicht mehr nachvollziehen. Doch muß der Breitspur-Betrieb für die kurze Zeit sehr umfangreich gewesen sein, wie die von Zeitzeugen überlieferten eingesetzten Lokomotiv-Baureihen beweisen [40,42]:

Güterzug-Lokomotiven der Serie **Э** der Bauart E h 2 (russische Achsfolgebezeichnung 0-5-0) mit den Unterbaureihen
- **Э**^{Л2}: von 1911 bis 1926 in Rußland/Sowjetunion gebaut, z. B. Nr. 662, 3003,
- **Э**^{Ш}: von Schweden gebaut mit Betriebsnummern ab 4001, z. B. Nr. 4067, 4279, 4407,
- **Э**^{Г}: von Deutschland gebaut mit Betriebsnummern ab 5001, auch **Э**^{ГК} mit Kondenstender, z. B. Nr. 5005, 5109, 5158, 5220, 5613,
- **Э**^{У}: in der Sowjetunion verstärkte Maschinen der gleichen Baureihe, z. B. 706-19, 712-86, 713-25,
- **Э**^{М}: von der Sowjetunion gebaute, modernisierte Maschinen, z. B. 733-34,
- **Э**^{Р}: von der Sowjetunion rekonstruierte Maschinen der Baureihe **Э**^{М},
- sowie Nr. 7026, 7033, 67 879, 68 029, 68 682, 69 911, 69 927 und 69 994, die nicht in diese Unter-Baureihen eingeordnet werden konnten.

Güterzug-Lokomotiven der Serie **CO** der Bauart 1'E h 2 (russische Achsfolgebezeichnung 1-5-0) mit 17 t Achslast, z. B. Nr. **CO 17-122, CO 17-142**

Personenzug-Lokomotive der Serie **C**^{У} zweite Bauserie der Bauart 1'C 1' h 2 (russische Achsfolgebezeichnung 1-3-1), z. B. Nr. 200-209, 201-50

Rangier-Lokomotive der Serie **O** der Bauart D n 2 (russische Achsfolgebezeichnung 0-4-0), die Unterbaureihen ließen sich leider nicht ermitteln, z. B. Nr. 4073.

Weiterhin konnte man in Berlin-Lichtenberg eine gepanzerte Dampflokomotive mit vier Treibachsen und eine zweiachsige Akku-Lokomotive auf Breitspur beobachten [42].

Bilder auf Seite 52 *(von oben nach unten):*

Güterzug-Dampflokomotive der Serie Э^{Г} der SŽD der Bauart E h 2, die in Deutschland für Rußland gebaut wurde. Einige dieser Maschinen waren auf Breitspur bis nach Berlin gekommen.

Güterzug-Dampflokomotive der Serie Э^{У} der SŽD der Bauart E h 2, eine verstärkte Ausführung der Serie Э. Auch solche Maschinen konnte man in Berlin beobachten.

*Güterzug-Dampflokomotive der Serie **CO** der SŽD der Bauart 1'E h 2. Eine Maschine dieses Typs hat – zumindestens zeitweise – Stalins Sonderzug befördert, weitere waren in Berlin anzutreffen.*

Personenzug-Dampflokomotive der Serie C^{У} der zweiten Bauserie der Bauart 1'C1'h 2. Einige dieser Maschinen waren in Berlin eingesetzt.

Repros aus [39]

4.3 Das Ende des Breitspurbetriebes

Der Breitspurbetrieb in Zentralviehhof/Berlin Greifswalder Straße endete nach angeblichem Drängen der Viehhofverwaltung am 7. November 1945 [41], bloß hat sich die Sowjetarmee in diesen Dingen sicherlich nicht beeinflussen lassen.

Bereits früher ist die Breitspur nach Berlin-Marzahn zurückgebaut worden, denn am 11. November 1945 fuhren hier wieder die ersten normalspurigen Reisezüge. In diesem Zusammenhang hatte man auch die Industriebahn Tegel – Friedrichsfelde zurückgebaut. Es ist jedoch möglich, daß auch nach diesem Datum einzelne Breitspurabschnitte ohne Betrieb bestanden, weil die Industriebahn damals an drei Stellen Anschluß an die Reichsbahn-Gleise hatte.

Die Breitspur zwischen Potsdam Stadt und dem Ostbahnhof muß zwischen 11. und 23. August 1945 zurückgebaut worden sein. Da am 15. November 1945 die Stadtbahn für elektrische S-Bahn-Züge durchgehend befahrbar war, mußte spätestens dann das Fernbahngleis von der Trasse des von Westen nach Osten führenden S-Bahn-Gleises verlegt worden sein (zwischen S-Bahnhof Börse, heute Hackescher Markt, und Bahnhof Berlin Friedrichstraße).

Wann die Breitspur zwischen Berlin Ostbahnhof und Berlin-Rummelsburg und weiter bis Frankfurt (Oder) zurückgebaut wurde, läßt sich nicht exakt belegen, doch hatte ab Ende November 1945 eine solche Strecke ihren Sinn in Deutschland verloren. Zwar richtete man als Ersatz für die fehlende S-Bahn-Strecke nach Erkner bald einen Dienstpersonenverkehr von Berlin-Köpenick nach Fürstenwalde (Spree) ein, und ab 30. August 1945 fuhren die ersten Reisezüge vom Ost**güter**bahnhof nach Frankfurt (Oder) [14, Seite 20], doch läßt sich daraus nicht ableiten, daß die Breitspur bereits zurückgebaut war.

Zum 1. September 1945 übergab die Sowjetarmee mit dem legendären Befehl Nr. 8 – datiert vom 11. August 1945 – den Eisenbahnbetrieb in deutsche Hände. Dafür fand am 23. August 1945 zwischen Major Selimanski und dem Präsidenten der Reichsbahndirektion Berlin, Fröhlich, eine Übergabebesprechung statt. Danach wurden an Strecken übergeben:

„Länge der Hauptgleise	
Spurweite 1524 mm:	44,3 km
Spurweite 1435 mm:	194,5 km
Länge der Nebengleise	
Spurweite 1435 mm:	13,54 km
Bahnhofsgleise	
Spurweite 1524 mm:	5,64 km
Spurweite 1435 mm:	398,19 km“

Die Übergabe selbst war für den 25. August 1945, 18 Uhr, vereinbart [32]. Unklar ist, wo in dieser Zeit die Bezirksgrenze der Reichsbahndirektion Berlin lag. Zwar gab es seit 18. Juli 1945 offiziell keine „RBD Osten" mehr, doch hat das Betriebsamt Guben deren Aufgabe lange Zeit wahrgenommen [31]. Sollte als Rbd-Grenze weiterhin Kilometer 49,00 unmittelbar östlich von Fürstenwalde (Spree) betrachtet worden sein, lag der Ausgangspunkt beim Kilometer 4,60, also im Bahnhof Berlin-Rummelsburg. Das würde bedeuten, daß die Breitspurgleise nach Potsdam, nach Berlin Greifswalder Straße und nach Berlin-Marzahn bereits im August 1945 zurückgebaut waren.

Am 4. Dezember 1945 berichtete die Hauptverwaltung Verkehr an die SMAD, daß in der Reichsbahndirektion Berlin 193 Kilometer zurückgespurt waren. „Die Breitspurgleise sind bis auf geringe Nacharbeiten in den Weichen, die ausschließlich von deutschen Arbeitskräften vorzunehmen sind, von der russischen Wehrmacht zurückgespurt" [43].

Im Januar 1946 brüten zwei Majore der Transportverwaltung der SMAD mit einer Dolmetscherin über einer Karte der Berliner U- und S-Bahn. Foto: Sammlung Reimer

52 378

5. Deutsche Lokkolonnen fahren sowjetische Beutegüter

5.1 Personale und Lokomotiven der DR im Dienst der Sowjetarmee

Ein Problem war die Abfuhr der Reparationsgüter, die (noch) von der Sowjetarmee zu organisieren war. Die Breitspurstrecke Warschau – Frankfurt (Oder) – Berlin eignete sich nur wenig dafür. Die Güter sollten in normalen Güterzügen über Stettin, über die Ostbahn nach Küstrin-Kietz, über Frankfurt (Oder) sowie auch über Forst (Lausitz), Horka (damals Wehrkirch) und Guben abgefahren werden. Die sowjetischen Feldeisenbahner konnten die anwachsenden Güterströme kaum bewältigen, dafür fehlten ihnen Güterwagen und besonders Lokomotiven.

Der Befehlshaber der Transportabteilung der SMAD, Generalmajor des technischen Dienstes Kwaschnin, und der Befehlshaber der militärischen sowjetischen Okkupationszone, Generalmajor Tschernjakow, gaben am 6. August 1945 den Befehl Nr. 4 zur „Formierung besonderer Kolonnen" heraus:

„Es sind für die Streckenbahnzüge (Pendelverkehr) 175 der besten Maschinen (Lokomotiven) der Serien 50, 52, 55, 56, 57 bereitzustellen. Von diesen 175 Maschinen sind von der Direktion Magdeburg 60, Direktion Erfurt 90, Direktion Halle 25 Maschinen zu entnehmen und sie bis zum 10. August 1945 der Berliner Direktion zur Verfügung zu stellen.

Maschinen, welche von Polen, Rumänien, Ungarn und der Tschechoslowakei geliefert werden, sind zur Formierung von Kolonnen in folgende Direktionen zu transportieren:

aus Polen nach der Direktion Pasewalk	160
aus Polen nach der Direktion Schwerin	40
aus Rumänien nach der Direktion Schwerin	90
aus Rumänien nach der Direktion Dresden	10
aus Ungarn nach der Direktion Berlin	45"

Diese 520 Lokomotiven waren in den 950 von den einzelnen Direktionen bis 15. September 1945 nach Vorgabe der SMAD zu reparierenden Lokomotiven enthalten. Danach hatten die Direktionen zu stellen:

Berlin	350 Lokomotiven in 11 Kolonnen,
Dresden	125 Lokomotiven in 4 Kolonnen,
Halle	155 Lokomotiven in 5 Kolonnen,
Pasewalk	160 Lokomotiven in 5 Kolonnen und
Schwerin	160 Lokomotiven in 5 Kolonnen [11].

Bereits am 15. August 1945 sollten 13 der geforderten 30 Kolonnen mit 260 Lokomotiven mit entsprechendem Personal bereit stehen. Die Sowjets forderten, daß „von dem vorhandenen qualifizierten Personal Doppel-Brigaden zu organisieren sind, welche die Streckenbahnzüge bedienen. Diese Brigaden bestehen aus Lokbrigaden, Schaffnerbrigaden und Wagenmeistern zu je 2 Brigaden für eine Maschine. Eine Brigade besteht aus:

Lokführer-Brigade:

3 Mann = Lokführer, 2.Lokführer, Lokheizer,

Schaffner-Brigade:

3 Mann = Zugführer, Schaffner und Wagenmeister" [11].

Für einen durchgehenden Dienst mußte das Personal doppelt vorhanden sein, so daß zu einer „Brigade" 12 Mann zählten.

Im November 1945 gelang diese interessante Aufnahme vom Betrieb im Bahnbetriebswerk Berlin-Schöneweide: 55 5551 der Nahkolonne schleppt 56 2001 der Kolonne 3 aus Berlin-Pankow, im Vordergrund wartet die Cottbuser 52 1426, dahinter eine preußische G8 und die 89 002. Foto: Sammlung R. Garn, Hamburg

⇦ Zur Kolonne 1 gehörte 52 378. Der mit Aufsatzbrettern versehene Kohlenkasten sicherte ausreichend Brennstoff für eine Fahrt vom Chemiezentrum bei Halle (Saale) nach Frankfurt (Oder). Foto: Sammlung M. Reimer, Berlin

Insgesamt waren bis 15. September 1945 1600 Brigaden gefordert. Dazu mußten auch die nicht genannten Rbd-Bezirke Erfurt und Magdeburg 350 Brigaden bilden und anderen Direktionen überstellen. Am 14. September 1945 meldete Dr. Apel von der Hauptverwaltung der DR dem Leiter der Transportabteilung der SMAD, Generalmajor Kwaschnin, daß am Tag zuvor folgende Kolonnen bereit standen:

In der Rbd Berlin
Kolonne 1 beim Bw Bln-Rummelsburg
25 Lok der BR 52,
Kolonne 2 beim Bw Bln-Karlshorst
4 Lok der BR 44 und 13 Lok der BR 58,
Kolonne 3 beim Bw Bln-Schöneweide
12 Lok der BR 52 und 13 Lok der BR 56,
Kolonne 4 beim Bw Bln-Lichtenberg
25 Lok der BR 52,
Kolonne N beim Bw Bln-Schöneweide
13 Lok.

In den anderen Rbd-Bezirken wurde mit dem Aufstellen gerade erst begonnen.

Mit Kurier teilte die Transportabteilung der SMAD am 21. September 1945 allen Direktionen mit, daß die aus dem Ausland avisierten Lokomotiven nicht kämen. Die Transportabteilung wies deshalb an, „daß die Kolonnen unter allen Umständen bis zum 1. 10. d. J. gebildet und die fehlenden Lok aus dem Bestande der DR genommen werden müssen ..." [11].

In einem Telegrammbrief der DR-Hauptverwaltung vom 7. Oktober 1945 stellte Dr. Fitzner aber gegenüber den Direktionen fest, „daß die Befehle der SMA nicht überall mit dem erforderlichen Ernst und der nötigen Gewissenhaftigkeit ausgeführt werden ... Die Transportabteilung der SMA hat die mangelhaften Fortschritte in der Bildung der Lokomotiven und Brigaden bei den Reichsbahndirektionen, besonders den Rbd Berlin und Dresden, schärfstens gerügt und gedroht, die für die Kolonnen- und Brigadebildung verantwortlichen Beamten vor einem Militärgericht wegen Sabotage zur Rechenschaft zu ziehen, falls der seinerzeit erteilte Befehl, die Kolonnen und Brigaden zum 1. Oktober 1945 zu bilden, nicht erfüllt sein würde." Um alle Probleme rasch zu klären, forderte Dr. Fitzner, daß energische und geistig bewegliche Beamte die Betreuung der Kolonnen übernehmen sollen. Durch die Kolonnenbildung sei der zivile Verkehr nicht zu beeinträchtigen, und er hoffte auf die Ausleihe von Kolonnen-Lokomotiven, doch er irrte [11].

Schließlich sollten für die Kolonnen nur noch die BR 41, 42, 43, 45, 50, 52, 57 und 58 und möglichst gattungsrein eingesetzt werden, d. h. viele Maschinen des zusammengewürfelten Parks mußten wieder ausgetauscht werden. Ebenso wurden Personale hin und her geschoben, ohne daß an eine produktive Arbeit zu denken war. „In Anbetracht des unbefriedigenden Zustandes des Lokparks und der ungenügenden Ausnutzung der Lok ist die Durchführung des der DR obliegenden Beförderungsplanes gefährdet", formulierte am 8. Dezember 1945 Generalmajor Kwaschnin. Jede Kolonne hatte künftig aus 30 Maschinen zu bestehen, solche, die für das Raw vorgesehen waren, mußten durch andere ersetzt werden. Kwaschnin unterstrich, daß „die Formierung der Lok-Kolonnen und Brigaden spätestens am 15. Dezember 1945 vollständig abgeschlossen sein muß" [11].

Wer fährt über Polen in die Sowjetunion? Diese Frage beschäftigte den Personaldienst am meisten. Aus dem Krieg kehrten viele Eisenbahner nicht mehr zurück, die letzten Soldaten und mutmaßliche NSDAP-Anhänger mußten in die Gefangenschaft oder ins sowjetische Straflager. Am 5. April 1946 informierte Oberstleutnant Lyssenko als Chef der Lokkolonnen-Abteilung Dr. Fitzner über fehlendes Personal in den Kolonnen der Rbd Cottbus. Generaldirektor Besener mußte daraufhin „43 Köpfe Lokpersonal und 66 Köpfe Zugbegleitpersonal" aus den Rbd Dresden und Berlin abfordern.

Am 6. Juli 1946 informierte Dr. Fitzner den Leiter der Lokomotiv-Abteilung bei der SMAD, Oberst Morossow, daß z. B. der Krankenstand beim Lokpersonal der Kolonne 29 (Stendal) allgemein sechs Prozent betrug und für kurze Zeit weiter anstieg. „Das Raw Stendal konnte Ersatzkräfte für die Kolonne

Seltene Übergriffe

Ein Kolonnenleiter aus der Rbd Berlin erklärte: „Unsere Männer haben im allgemeinen keinen Anlaß, sich über polnische Eisenbahnbedienstete zu beklagen. Es sei denn, sie treffen auf polnische Bedienstete, die während der deutschen Besetzung schlecht behandelt worden sind." Folgendes Beispiel gehört zu den Ausnahmen.

Der Aushilfsheizer Teodor Cz. erlebte es: „Am 4. Juli 1946 stellte das Bw Neu-Bentschen zum Zuge 1386 a zur Fahrt nach Frankfurt/Oder einen Lotsen. Der Lotse war stark deutschfeindlich eingestellt und suchte mit mir Streit. Auf der Fahrt zwischen Neu-Bentschen und Reppen griff er in meine Dienstobliegenheiten ein ... Als ich die Speisewasserpumpe in Gang setzte, öffnete er gleichzeitig das Ventil zum Aschkasten und zur Rauchkammer. Ich nahm die Hand des Lotsen von der Apparatur weg mit dem Hinweis, daß dies meine Aufgabe sei. Nun fühlte er sich beleidigt und schikaniert. Er sagte, so machen es alle Deutschen mit den Polen. Beim nächsten Halt vor Reppen rief er dem Aufsichtsbeamten zu, daß Polizei kommen müsse, um mich zu verhaften. Mir sagte er, daß ich wohl Schläge bekommen werde. Als wir in Reppen einfuhren, waren Bahnschutzleute und polnische Soldaten bei der Lok, zwei kamen auf die Lok und schubsten mich hinunter. Mein Glück war, daß bald der russische Zugkommandant zur Stelle war, der mich beschützte ... Auf der Wache wurde ich von den Polen bedroht und geschlagen, als der Russe den Rücken gekehrt hatte. Ich habe Angst, da mein Name dort feststeht, die Strecke Neu-Bentschen – Reppen zu befahren ... Der Lotse verweigerte die Weiterfahrt mit unserem Zuge."

Lokführer Rudolf L. vom Bw Gera bestätigte den Vorfall, hörte vom polnischen Lotsen Worte wie „Nazischwein" oder „Hitlerschwein". Brigadelokführer Walter W. aus Erfurt ergänzte: „Bereits in Neu-Bentschen, als ich noch Dienst auf der Lok hatte, sagte der polnische Lotse zu mir, daß er während des Krieges von einem deutschen Reichsbahn-Inspektor sehr schlecht behandelt worden sei. Ich hatte den Eindruck, daß er seinen Dienst als Lotse auf unserer Lok äußerst widerwillig übernehmen mußte". [11]

Das Ende vom Lied: Oberstleutnant Lyssenko beschwerte sich in einem Telefonogramm vom 12. August 1946 über die deutsche Lokkolonne 52 6001, die „auf der Fahrt mit dem Zug 1386 a den polnischen Zugführer der Lokomotive herausgesetzt und sich den Anordnungen der polnischen Administration widersetzt" hat. So kann man die Mißhandlungen nach russischer Lesart auch darstellen.

nicht stellen, so daß auf das Personal, welches für Regelleistungen der Reichsbahn zur Verfügung steht, zurückgegriffen werden mußte. In der Zugförderung entstanden deshalb für kurze Zeit Schwierigkeiten. Wie die Rbd Magdeburg mitgeteilt hat, fehlen im Bezirk 177 Lokführer und 180 Heizer. Dieser Mangel an Lokpersonal wurde zu einem Teil auch durch die Entlassung der Nationalsozialisten verursacht. Die Arbeitsämter sind z. Zt. nicht in der Lage, geeignete Ersatzkräfte in der erforderlichen Anzahl zuzuweisen." Nicht selten wurden beschäftigungslose Männer geschickt, deren Strecke abgebaut worden war. Noch 1953 bemängelte die Hauptverwaltung des Maschinendienstes, als der Lokkolonne 10 drei Heizer des Bw Zittau zugeteilt wurden: „Es ist uns unverständlich, welche Vorstellungen in diesem Bw von der Arbeit im Transitverkehr herrscht ... Es kann auf keinen Fall den Lokkolonnen zugemutet werden, nicht ausreichend ausgebildete Lokpersonale zu übernehmen" [11].

Die SMAD versuchte, den Personalmangel etwas auszugleichen. „In der letzten Zeit sind Ihnen aus den Lokomotivkolonnen 500 Lokbrigaden und zwei Lokkolonnen übergeben worden", teilte Oberstleutnant Lyssenko am 9. November 1946 telefonisch Dirigent Kramer von der HV der DR mit (ab 1950 Generaldirektor der DR und ab 1954 Verkehrsminister der DDR). „Die Ihnen gegebene Anzahl der Arbeitskräfte ist von Ihnen bis heute nicht richtig verteilt worden. Demzufolge ist die ganze Arbeit bei der Magdeburger Direktion durch das Fehlen von Lokbrigaden unterbunden, was den Chef der Transport-Verwaltung General Trunow veranlaßt hat, selbst in diese Angelegenheit einzugreifen" [11].

Der Lokomotivpark hatte sich zwar inzwischen stabilisiert, aber Personal fehlte weiterhin. Am 4. November 1946 verfügte die SMAD, daß in jeder Lokkolonne fünf Maschinen zurückzuziehen und abzustellen sind. Damit wurden 712 Mann Lokpersonal, 860 Zugbegleiter einschließlich Wagenmeister und 120 Mannschaftswagen frei. Lediglich für die Bewachung und Pflege der abgestellten Lokomotiven forderte die SMAD noch jeweils zwei Brigaden an. Allerdings forderte sie auch, „freigewordenes Personal, soweit noch nicht geschehen, aus dem Brigadedienst und damit auch aus der Brigadeverpflegung zurückzuziehen."

Ab 1. Januar 1947 war auf Befehl der SMAD aus jeder Brigade ein Wagenmeister abzuziehen, so daß sie nur noch aus 11 Eisenbahnern bestand (je zwei Lokführern, Führerberechtigten, Heizern, Zugführern, Schaffnern und nur noch einem Wagenmeister). Und General Wojewudski forderte als Chef der Eisenbahnabteilung der Transportabteilung der SMAD am 29. April 1948: „Jede Kolonnenlok ist mit Lok- und Zugpersonal etatmäßig aufzufüllen und zwar unter Berechnung von 11 Mann pro Lok. Bei Entlassungen und Versetzungen der Kolonnen-Mannschaften ist für einen gleichzeitigen und gleichwertigen Ersatz zu sorgen."

Trotz der personellen Umbildung der Lokbrigaden blieben die Personalschwierigkeiten, besonders fehlten Lokführer. Die DR versuchte, auch in West-Berlin wohnende Personale für den Kolonneneinsatz zu gewinnen. Doch diese lehnten mehrheitlich diesen Einsatz in Brigaden ab und fürchteten Übergriffe in Polen. Nach einem „Überzeugungsreferat", zu dem von der DR zum 23. Dezember 1948 West-Berliner Lokführer eingeladen worden waren, mußte bald darauf die Lokkolonne 16 in Berlin-Grunewald aufgelöst werden, weil die DR und die SMAD hier ihren Einfluß völlig verloren hatten.

Mit Befehl Nr. 49 der SMAD waren ab 4. März 1948 von den Lokkolonnen jeweils drei Lokomotiven kalt abzustellen, und zwar nur solche, die erst vor kurzem das Raw verlassen hatten. Damit wurden 39 Lokkolonnen frei, und die Personale wurden nach Hause „abgeordnet", mußten jedoch auf Anforderung der SMAD innerhalb von drei Tagen wieder zur Verfügung stehen. Die Ruhepause dauert nicht lange: Gemäß Befehl Nr. 138 vom 3. Dezember 1948 hatten innerhalb von drei Tagen die Rbd Berlin 12 und die Rbd Cottbus acht Lokomotiven mit dem erforderlichen Personal bereitzustellen.

Auf der Fahrt von Berlin-Schöneweide in Richtung Cottbus muß im November 1945 ein mit der 524545 bespannter Reparationszug einen Kreuzungshalt auf der jetzt eingleisigen Strecke einlegen. Foto: R. Garn, Hamburg

Die Auswahl der Personale war bisher im wesentlichen den Dienststellen überlassen. Viele ehemalige NS-Parteigenossen – manche bereits entlassen und wieder eingestellt – wurden zum Kolonnendienst „zwangsverpflichtet", andere bemühten sich selbst darum, um in ihrer Heimatdienststelle nicht mehr den kritischen Blicken ausgesetzt zu sein. Besonders junge Leute bewarben sich, um schneller zu einer Planstelle zu kommen und mehr Geld zu verdienen. Wenn auch von den Sowjets nicht beabsichtigt, war der Einsatz zu einer Sache der Ehre geworden, weil sie als erste Deutsche nach dem Krieg ins Ausland durften und einige Privilegien besaßen.

Doch am 3. März 1951 forderte das neu gebildete Ministerium für Staatssicherheit (MfS) der DDR, für jeden Eisenbahner im Auslandseinsatz – nicht nur in den Kolonnen –, eine Personalakte mit Lebenslauf, Fragebogen, Tätigkeiten während der Nazizeit, Aufstellung der Verwandtschaft mit deren Wohnsitz und früheren und jetzigen Parteizugehörigkeiten anzulegen. Ohne Vorlage dieser nur dem MfS zugänglichen Personalakte werde kein Auslandspaß mehr ausgestellt, heißt es in dieser Verfügung. Ziel dieser Überprüfungen war es, „unzuverlässige Elemente auszutauschen – hierbei ist besonders Wert zu legen auf diejenigen Elemente, die mit dem gesamten Wagenmaterial des Transitverkehrs zu tun haben und unzuverlässig sind." Die Mitarbeiter für die Brigaden waren rechtzeitig auszuwählen und deren Personalakten dem Präsidenten vorzulegen, damit ein Mitarbeiter der Abt. E des MfS Zeit zum Überprüfen hat. „Alle übrigen Arbeiten haben sich konspirativ zu vollziehen" [44].

5.2 Lokomotivpark der Kolonnen

Obwohl der Generaldirektor des Verkehrs der SMAD, Shaworonkow, bereits am 21. Oktober 1945 mit seinem Befehl Nr. 21 angeordnet hatte, an sämtlichen Maschinen neben der Ordnungsnummer auch die Bw- und Rbd-Anschriften anzubringen – bei Kolonnenlok zusätzlich die Kolonnen-Nummer –, bestand immer noch kein genauer Überblick über den vorhandenen Bestand an Lokomotiven. Zum Jahresende 1945 zählte die Hauptverwaltung für den freien Verkehr 6228 Lokomotiven, davon waren 2307 fahrfähig, zum Bedarf fehlten immer noch 361 Maschinen. Zum von der SMAD beschlagnahmten Park gehörten insgesamt 1117 Lokomotiven, von denen 599 dienstfähig waren, aber nur 530 benötigt wurden. Ferner behielt sich Shaworonkow vor, daß Fahrzeuge „von einer Eisenbahn zur anderen wechseln" durften, also die Lokomotiven zur ständigen Nutzung auch in die Heimat Sowjetunion mitzunehmen.

Deshalb fehlten immer wieder Lokomotiven. Mit den Befehlen Nr. 37 und 57 vom November 1945 mußte Shaworonkow das Bespannen der Flüchtlingszüge von Forst (Lausitz), Küstrin-Kietz und Frankfurt (Oder) nach Mecklenburg klären. Mit seinem Befehl Nr. 16 vom 19. November 1945 beorderte der Stellvertreter der Abt. Eisenbahn der SMAD, Oberst Diwgun, alle Lokreserven unverzüglich nach Küstrin-Kietz. Dort stünden sieben Flüchtlingszüge ohne Lokomotiven, vier weitere kämen in Kürze mit Maschinen und 22 befänden sich im Zulauf auf der Posener Strecke. Am 28. November 1945 wurde endlich der letzte dort wartende Flüchtlingszug nach Berlin geholt. Doch bereits am 6. und 14. Dezember 1945 warteten dort schon wieder 6000 bzw. 2800 Umsiedler. Dafür standen zunächst 100 gelb-rote der Berliner S-Bahn, später auch gedeckte Güterwagen zur Verfügung.

Zu den Kolonnenlok zählten auch Maschinen, die kalt in die Sowjetunion abgefahren wurden. Das begann etwa ab Oktober/November 1945 mit den Baureihen 74, 86 und 93. Z. B. sammelte das Bahnbetriebswerk Dresden-Friedrichstadt sämtliche 86er innerhalb des Rbd-Bezirkes, beheimatete sie offiziell noch um und gab sie dann ab. 1946 setzte sich die Abfuhr mit Maschinen der Baureihen 56 und 57 verstärkt fort. Befehl Nr. 831 vom 29. Oktober 1946 regelte die „Abstellung von Kolonnenlok", wie die SMAD die Abgabe von Lokomotiven an die Sowjetunion umschrieb. Bis zum 20. Dezember 1946 stellte die DR 214 Maschinen ab, „wobei in den meisten Fällen die vorgeschriebene Zahl von 5 Lok aus jeder Kolonne überschritten worden ist", teilte Dr. Fitzner der SMAD mit. Seit Dezember 1945 galt die Anordnung der SMAD, alle Ko-

Im Frühjahr 1946 nehmen sowjetische Inspektoren (die Herren mit den Tellermützen) im Reichsbahnausbesserungswerk Halle (Saale) die 52 5230 ab, die 1947 in der Sowjetunion verblieb, aber 1963 als 555.0289 an die ČSD übergeben wurde.
Foto: R. Garn, Hamburg

⇨ Eine Luftaufnahme von 1945 mit dem Rummelsburger See im Vordergrund, dem Kraftwerk Klingenberg mit seinen acht Schornsteinen und dem dahinter befindlichen Rangier- und Abstellbahnhof Berlin-Rummelsburg, auf dem noch wenig Betrieb herrscht. Leider sind Breitspurgleise nicht auszumachen.
Foto: Sammlung Reimer

Die 52 7172
von der Lokkolonne 16.
Foto: Sammlung L. Meyer,
Frankfurt (Oder)

lonnen-Lokomotiven im Bestand der Heimatdirektionen zu führen, obwohl manche in anderen Direktionen eingesetzt oder gar in Richtung Osten verschwunden waren; ein Überblick über den Lokpark bestand nicht. Deshalb forderte die Deutsche Zentralverwaltung des Verkehrs in der SBZ (DVV) am 28. Juni 1947 alle Reichsbahndirektionen auf, eine lükkenlose Aufstellung von Kolonnenlokomotiven vorzulegen, um sie „nunmehr vom Lokbestande absetzen zu können. Die RBD'en, bei denen seinerzeit die Kolonnenlokomotiven lahmgelegt und nach dem Osten abgegeben wurden, haben uns umgehend diese Lokomotiven nummernmäßig mit Kolonnenangabe und Abgabedatum zu melden." Danach waren ab 31. Juli 1947 abzusetzen von der Rbd Berlin 275 Maschinen, Cottbus 88, Greifswald 49, Dresden 12 und Schwerin 26.

Gemäß Befehl Nr. 43 vom 12. April 1946 hatte die DR ihren Lokpark neu zu erfassen. Dr. Fitzner berichtete Generalmajor Kwaschnin, daß in den Direktionen 3207 Lokomotiven zum Betriebspark und 961 in den Kolonnen vorhanden sind. Einen Monat später waren es der Spitzenwert von 6669 und 964 Maschinen, von denen allerdings nur 2716 und 800 Maschinen betriebsfähig waren. Diese Prozedur des Zählens und Berichtens wiederholte sich in den folgenden Monaten, doch

mangelte es weiterhin an betriebsfähigen Maschinen, sowohl im Betriebspark als auch im Kolonnenpark. Die Statistik hielten die Sowjets in Bewegung, weil sie immer wieder reparaturbedürftige Kolonnen-Maschinen gegen eben erst instandgesetzte austauscht haben wollten.

Für die folgende Jahre ergab sich nachstehendes Bild:

	Februar 1948	Oktober 1949
Betriebspark	4056	4143
Schadpark	2506	2444
Kolonnenpark	424	421
Summe	**6986**	**7008**

Aufschlußreich sind die täglichen Selbstkosten der Kolonnenlok, die am 4. November 1949 das Referat 31 der Deutschen Reichsbahn vorlegte:

für die Baureihe	01	50/52
Verzinsung, Tilgung, Reparatur	149,29	139,05 Mark
Stoffe (Kohle, Öl)	29,16	29,16 Mark
Personalkosten	272,89	272,89 Mark
Insgesamt	**451,34**	**441,10 Mark** [11]

Mit dem Schreiben Nr. 21/452 vom 22. Dezember 1945 griff die Transportabteilung der SMAD Dr. Fitzner an. Die Verspätungen der Pendelzüge mit Beutegut auf den Strecken innerhalb der SBZ sowie in Polen führe zu Unmut über „die unbefriedigende Arbeit der Deutschen Reichsbahnverwaltung in der Weiterleitung der Züge auf Zwischenstationen, Eisenbahnknotenpunkten und Hauptdepots, demzufolge der Umlauf der Lok wegen unbegründeter Aufenthalte der Züge auf den Zuführungen zu den Stationen, auf den Stationen sowie der Lok, die sich in Ausrüstung oder Ausbesserung befinden, jäh angestiegen ist." Ferner hielt die SMAD vor: „Eine Reihe von Direktionen, insbesondere die Rbd Berlin und Cottbus, haben auf Grund einer gleichgültigen Haltung gegenüber dem zugeschriebenen Lokpark keine rechtzeitigen Maßnahmen zur Ausbesserung der Lok getroffen, was einen jäh angestiegenen Prozentsatz von Schadlok zur Folge hatte, und nach Abgang der Kolonnenlok waren die Direktionen praktisch ohne Lokpark ... Die Zahl der Maschinenschäden auf der Strecke hat sich in letzter Zeit vermehrt, was die Folge nachlässiger Behandlung und sogar der Sabotage einzelner Lokbrigaden hinsichtlich der Lok, sowie geringwertiger Ausbesserung in den Depots und Werkstätten war ... In Anbetracht der schlechten Erfassung der Arbeit der Lok und ihres Zustandes kommt es vor, daß unter den defekten, auf Ausbesserung wartenden Lok einwandfreie Lok festgestellt werden, z. B. bei der Rbd Berlin 3 Lok und bei der Rbd Dresden 26 Lok" [11].

Stellvertretend für die DR wehrte sich Dr. Fuchs gegen die Anschuldigungen und informierte am 2. Februar 1946 Oberst Morossow über unzulässige Eingriffe in den Eisenbahnbetrieb. Am 17. und 18. Januar 1946 hatte der Kommandant der Zugleitung V in Berlin-Grünau, Major Kudinow, fünf Maschinen der Rbd Cottbus über Berlin-Schöneweide in den Hallenser Raum geschickt. Am 30. Januar 1946 wurden auf Befehl des Majors drei Lokomotiven der Rbd Cottbus übermäßig lange festgehalten und im Berliner Bezirk verwendet.

Noch 1949 bemängelte General-Direktor Wojewudski gegenüber dem Präsidenten der Generaldirektion der DR, Kreikemeyer, daß sich die Lokomotiven der Kolonnen in einem unbefriedigenden Zustand befinden würden. Seit Mai 1950 war der Anteil der nicht einsatzfähigen Lokomotiven in den Kolonnen von 12,7 Prozent bis November auf 14,1 Prozent gestiegen, obwohl die Norm bei 13,5 Prozent lag. Aber wie war die Lage in den Reichsbahn-Ausbesserungswerken (Raw) nach dem Krieg?

Die SMAD forderte, bis Jahresende 1945 mindestens 1500 Lokomotiven, 2000 Personenwagen und 15000 Güterwagen

Am 24. November 1947 empfing Marschall der Sowjetunion Alexander Kotikow Eisenbahner aus Berlin. Unbekannt blieb, welche Themen beim (seit 1947 amtierenden) Kommandanten des sowjetischen Sektors von Berlin besprochen wurden. Foto: Sammlung Reimer

auszubessern. Von elf Lok-Ausbesserungswerken in der SBZ hatten lediglich zwei die Kriegswirren ohne wesentliche Schäden überstanden: Stendal und Meiningen in dem einst westalliierten Gebiet, andere wiesen erhebliche Schäden auf, nahmen aber die Lokomotiv-Reparatur wieder auf: Berlin-Tempelhof (zu 70 Prozent zerstört), Cottbus (80), Chemnitz (67), Dresden (64), Zwickau (82), Jena (95), Eberswalde (98), Halle (61), Engelsdorf (98), Halberstadt (98), Rostock (29) und Wittenberge (47). Das im Krieg erbaute Raw Albrechtshof, das in dieser Zeit der Rüstung dienen mußte, ließen die Sowjets demontieren und schränkten damit die knappe Ausbesserungskapazität weiter ein.

Ferner fehlte es nach dem Krieg besonders an geeignetem Material, weil die seinerzeit verwendeten Ersatz-Werkstoffe auf Dauer nicht bahnfest waren. Hinzu kam die ungewohnte Braunkohlenfeuerung, die bei unregelmäßigem Betrieb große Wärmeschwankungen verursachte und die zu Spannungen im Material und letztlich zu Undichtheiten führten.

Mit dem Bahndiensttelegramm vom 4. Januar 1947 (B von Berlin ZVV) wurden die Reichsbahndirektionen über die künftige Aufteilung der Lokkolonnen informiert:

„Betr.: Transportbrigaden – Mit Befehl Nr. 198 vom 30.12. 1946 hat die Transportverwaltung der SMAD angeordnet, daß die vorhandenen Lokkolonnen in zwei Gruppen aufzuteilen sind. Und zwar in:

A) Kolonnen (Fernkolonnen),
die nur die Transporte nach Polen abfahren sollen;

B) Kolonnen (Nahkolonnen),
die nur innerhalb der RBD'en die Transporte zu den Ausgangspunkten heranzubringen haben."

Als Fernkolonnen bestimmte die Generaldirektion der DR die Kolonnen 1, 3 bis 8, 13 bis 16, 18 bis 20, 22 bis 25 und 29. Die Dresdener Kolonnen 13 und 15 setzten nach Berlin, die 14 nach Greifswald um. Sofern die Militärbevollmächtigten nichts einzuwenden hatten, blieben die übrigen Standorte unverändert. Nahkolonnen waren nunmehr Nr. 2 der Rbd Berlin, 9 und 12 der Rbd Dresden, 11 und 30 der Rbd Erfurt, 26 der Rbd Greifswald, 17, 27 und (neu) 32 der Rbd Halle, 28 und (neu) 321 der Rbd Magdeburg sowie 21 der Rbd Schwerin. Zugleich mußten die Nahkolonnen auf die bisherige sowjetische Verpflegung verzichten [11].

Die SMAD bzw. die Militärbevollmächtigten in den einzelnen Direktionen änderten noch öfters die Zahl und die Stationierung sowie die Zusammensetzung der Kolonnen. Trotzdem wird folgender Überblick versucht [11]:

Kol.	Standort	bis/ab in	
1	Berlin-Rummelsburg	ab Nov. 1945 Frankfurt (Oder) Vbf,	1. Mai1950 aufgelöst
2	Berlin-Karlshorst	ab 9. Okt. 1949 Frankfurt (Oder) Vbf	
3	Berlin-Pankow	etwa Herbst 1950 aufgelöst	
4	Berlin-Lichtenberg	ab Juli 1950 Frankfurt (Oder) Vbf	
5	Berlin-Schöneweide	ab Frühjahr 1950 Frankfurt (Oder) Vbf	
6	Berlin Gesundbrunnen	ab 1. Sept. 1949 Pasewalk	
7	Berlin-Karlshorst	etwa Herbst 1950 aufgelöst	
8	Berlin-Rummelsburg	etwa ab Mai 1948 Wustermark, ab Dez. 1950 Frankfurt (Oder) Vbf	ab April 1949 Frankfurt (Oder) Pbf,
9	Reichenbach (Vogtl)	bis 18. März 1947,	ab 2. Okt. 1948 Cottbus
10	Dresden-Friedrichstadt	bis 25. Nov. 1947,	ab 2. Okt. 1948 Cottbus
11	Erfurt G	bis 21. März 1947, Januar 1952 aufgelöst	ab 2. Okt. 1948 Hoyerswerda,
12	Chemnitz-Hilbersdorf	ab 18. März 1947 Angermünde	
13	Chemnitz-Hilbersdorf	ab 18. März 1947 Seddin	
14	Zwickau (Sachs)	ab 29. Jan. 1947 Angermünde	
15	Zwickau (Sachs)	ab 19. Jan. 1947 Berlin Lehrter Bf,	ab 20. Aug. 1947 Wustermark
16	Bitterfeld	ab 10. Dez. 1945 Berlin Gesundbrunnen, Jan. 1949 aufgelöst	ab 20. Dez. 1945 Berlin-Grunewald,
17	Eilenburg	ab Jan./Febr. 1946 Bitterfeld bis 19. März 1947,	Lok an Kolonne 13
18	Wittenberg	bis 19. März 1947	
19	Falkenberg (Elster)	bis 19. März 1947	
20	Senftenberg	bis 2.Okt. 1948,	Lok an Kolonne 9
21	Schwerin (Meckl)/Hagenow	bis Febr. 1947	
22	Güstrow	ab Mai 1946 Hagenow/Wittenberge/Rostock	bis Febr. 1947
23	Hoyerswerda	bis 2. Okt. 1948,	Lok an Kolonne 11
24	Cottbus	bis 1. Okt. 1948,	Lok an Kolonne 10
25	Cottbus	bis 10. März 1947	
26	Pasewalk	bis Febr. 1947,	Lok teilweise an Kolonne 14
27	Leipzig Hbf West	bis März 1947	
28	Staßfurt/Güsten/Aschersleben	bis März 1947,	Übergang in Kolonne 23
29	Stendal	ab 1. Mai 1947 Chemnitz Hbf,	Jan./Febr. 1948 aufgelöst
30	Jena/Weißenfels	zwischenzeitlich 4. bis 23. Dez. 1945 Berlin-Tempelhof,	Frühjahr 1947 aufgelöst
31	Magdeburg	nur Frühjahr 1947	
32	Halle (Saale) P	nur Frühjahr 1947	
42	Berlin-Rummelsburg	ab März 1946 bis Februar 1955	
N	Berlin-Schöneweide	bis 31. Mai 1946	

5.3 Kolonnenfahrt ins entfernte Brest

Im Laufe der Zeit bildeten sich drei Hauptabfuhrstrecken durch Polen heraus:

- von Küstrin-Kietz über Krzyż (Kreuz) – Piła (Schneidemühl) – Bydgoscz (Bromberg) – Toruń (Thorn) – Korsze (Koschen) nach Bagratinowsk (früher Ilawka, Preußisch Eylau) bzw. nach Železnodorožnyj (früher Gerdawy, Gerdauen),
- von Frankfurt (Oder) über Zbąszynek (Neu Bentschen) – Poznań (Posen) – Kutno – Warszawa – Siedlce – Czeremcha oder Łuków nach Brest,
- von Guben über Leszno (Lissa) – Ostrów – Łódź – Tomaszów Maz.– Dęblin – Rejowiec nach Jagodin oder Rawa Russkaja oder ab Tomaszów über Skarżysko Kamienna – Przemyśl nach Mostika oder Nizankowice.

Ferner bestanden Abfuhrrouten über Szczecin (Stettin) zum Hafen sowie über Horka nach Przemyśl, die nur örtliche Bedeutung hatten bzw. seltener genutzt wurden. Selten wich man von den Routen ab. Doch kam es vor, daß für Hin- und Rückfahrt verschiedene Trassen genutzt wurden, wie z. B. von Tschernjachowsk (Insterburg) – Železnodorožnyj (Gerdawy,

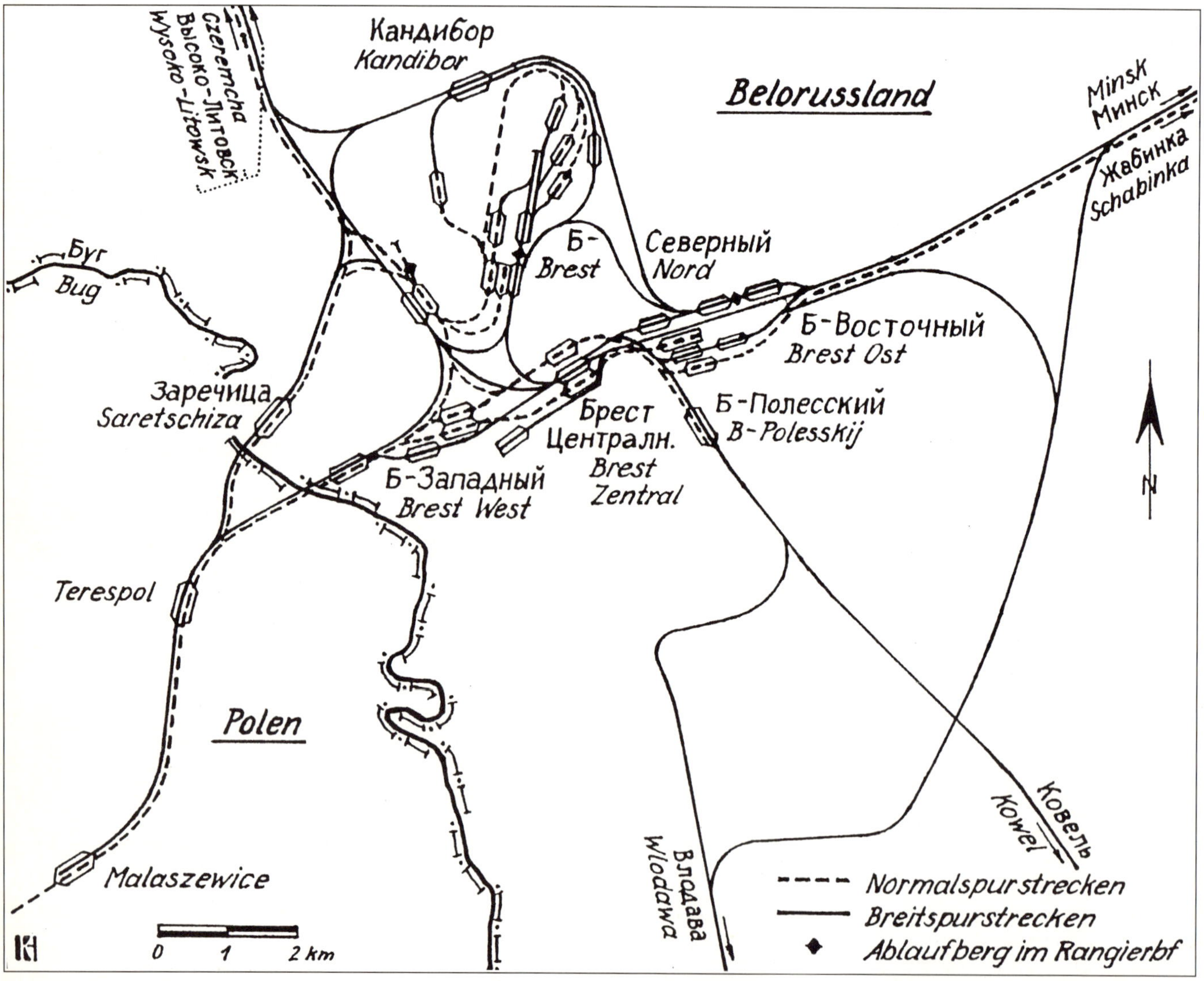

Prinzipskizze der Bahnstrecken mit Normal- und Breitspur im Knoten Brest (Zustand etwa 1992). Neben dem großen Umschlagbahnhof Malaszewice in Polen gibt es in Brest Nord weitere Umladeanlagen zwischen Normal- und Breitspur, die sicherlich vorwiegend dem Militärverkehr der ehemaligen Sowjetarmee dienten. Aus gleichen Gründen ist die 26 Kilometer lange Strecke bis Schabinka neben Breitspur auch in Normalspur ausgeführt, um auf freier Strecke umladen zu können, wie es die Sowjetarmee im Zweiten Weltkrieg vormachte. Die nach Norden nach Czeremcha (Polen) führende Normalspurstrecke diente dem Güterverkehr, um den stark belasteten Umladebahnhof Malaszewice zu entlasten: hier führt die Breitspur nur bis Wysoko-Litowsk. Zeichnung: Kuhlmann unter Verwendung von Unterlagen der Dornier GmbH Friedrichshafen

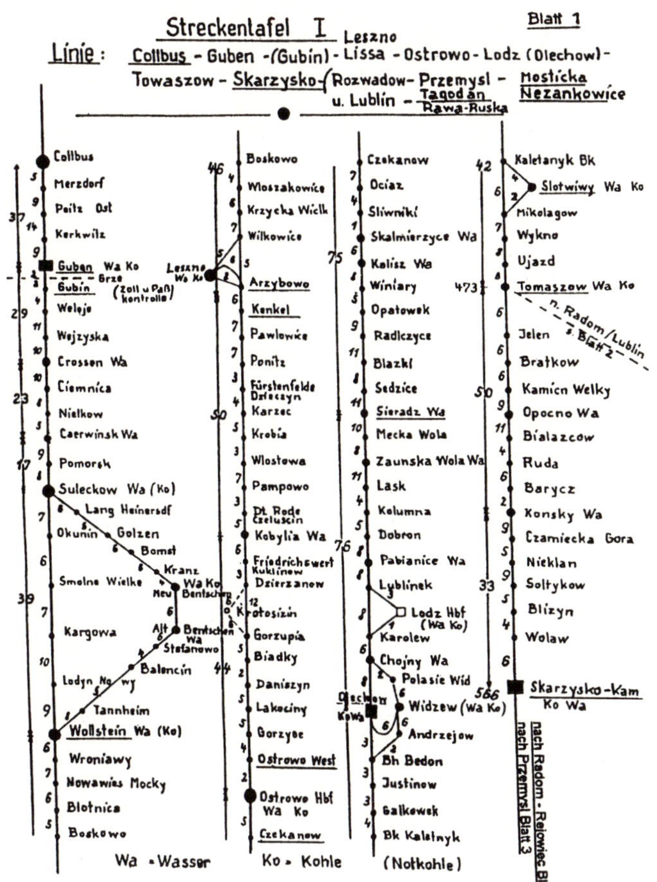

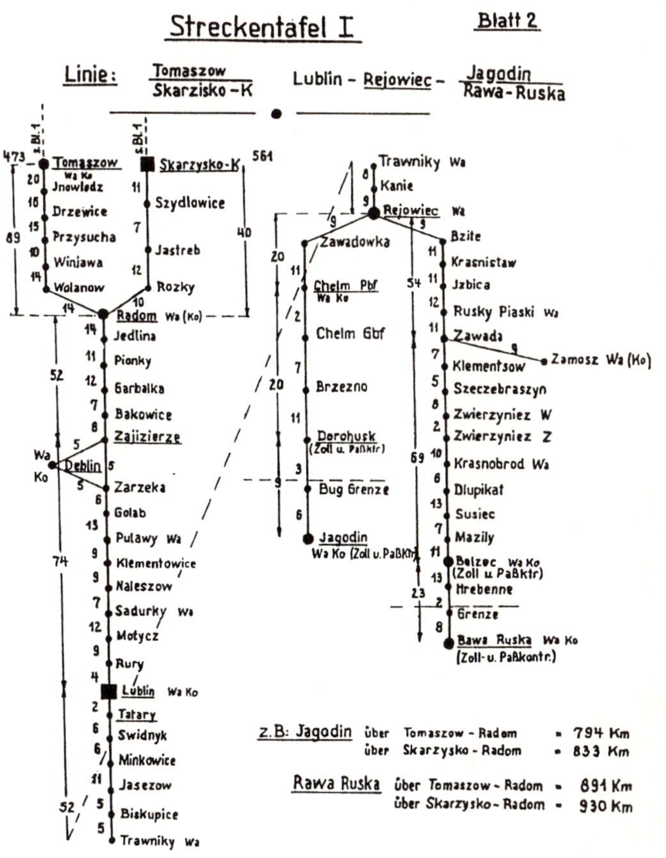

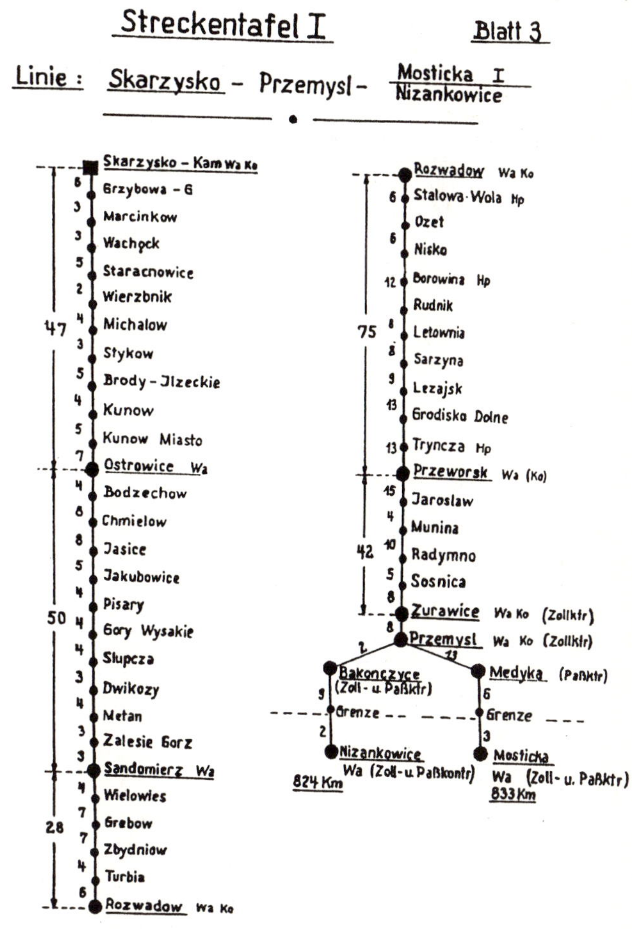

Streckentafel I für die Fahrt der Kolonnenbrigaden über Polen nach der Sowjetunion (Jagodin, Rawa Russkaja, Ninzankowice, Mostika) mit Angaben zum Versorgen mit Wasser und Kohle (Wa, Ko).

Abbildung Seite 64 oben:
Streckentafel II für die Fahrt der Kolonnenbrigaden über Polen nach der Sowjetunion (Brest-Litowsk) mit Angaben zum Versorgen mit Wasser und Kohle (Wa, Ko).

Abbildung Seite 64 unten:
Streckentafel III für die Fahrt der Kolonnebrigaden über Polen nach der Sowjetunion (Gerdawy bzw. Ilawka) mit Angaben zum Versorgen mit Wasser und Kohle (Wa, Ko).

Alle Illustrationen: Sammlung Lothar Meyer

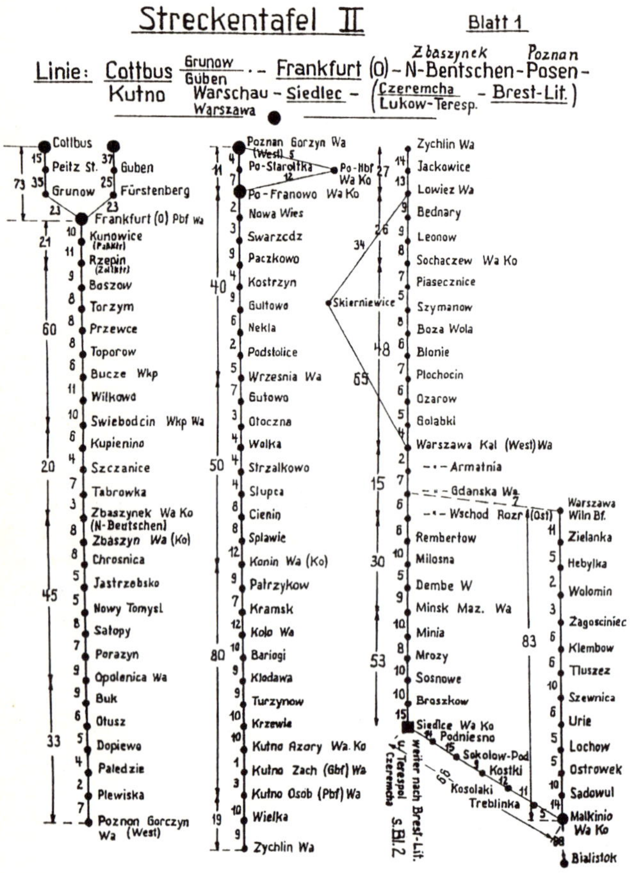

Streckentafel II
Blatt 1
Linie: Cottbus Grunow Guben - Frankfurt (O) - Zbaszynek N-Bentschen - Poznan Posen - Kutno Warschau Warszawa - Siedlec - Czeremcha Lukow-Teresp. - Brest-Lit.
Cottbus
Peitz St.
Grunow
Guben
Fürstenberg
Frankfurt (O) Pbf Wa
Kunowice
Rzepin
Boszow
Torzym
Przewce
Toporow
Bucze Wkp
Wilkowo
Swiebodcin Wkp Wa
Kupienino
Szczanice
Tabrowka
Zbaszynek Wa Ko (N-Bentschen)
Zbaszyn Wa (Ko)
Chrosnica
Jastrzebsko
Nowy Tomysl
Satopy
Porazyn
Opalenica Wa
Buk
Otusz
Dopiewo
Paledzie
Plewiska
Poznan Gorczyn Wa (West)
Poznan Gorczyn Wa (West)
Po-Starolka
Po-Hbf Wa Ko
Po-Franowo Wa Ko
Nowa Wies
Swarzcdz
Paczkowo
Kostrzyn
Gultowo
Nekla
Podstolice
Wrzesnia Wa
Gutowo
Otoczna
Wolka
Strzalkowo
Slupca
Cienin
Splawie
Konin Wa (Ko)
Patrzykow
Kramsk
Kolo Wa
Bariogi
Klodawa
Turzynow
Krzewie
Kutno Azory Wa. Ko
Kutno Zach (Gbf) Wa
Kutno Osob (Pbf) Wa
Wielka
Zychlin Wa
Zychlin Wa
Jackowice
Lowiez Wa
Bednary
Leonow
Sochaczew Wa Ko
Piasecznice
Skierniewice
Szymanow
Boza Wola
Blonie
Plochocin
Ozarow
Golabki
Warszawa Kal (West) Wa
Armatnia
Gdanska Wa
Wschod Rozr (Ost)
Warszawa Wiln Bf.
Rembertow
Milosna
Dembe W
Minsk Maz. Wa
Minia
Mrozy
Sosnowe
Broszkow
Siedlce Wa Ko
Podniesno
Sokolow-Pod
Kostki
Kosolaki
Treblinka
weiter nach Brest-Lit. u. Terespol / Czeremcha s. Bl. 2
Zielanka
Hebylka
Wolomin
Zagosciniec
Klembow
Tluszez
Szewnica
Urle
Lochow
Ostrowek
Sadowul
Malkinio Wa Ko
Bialistok

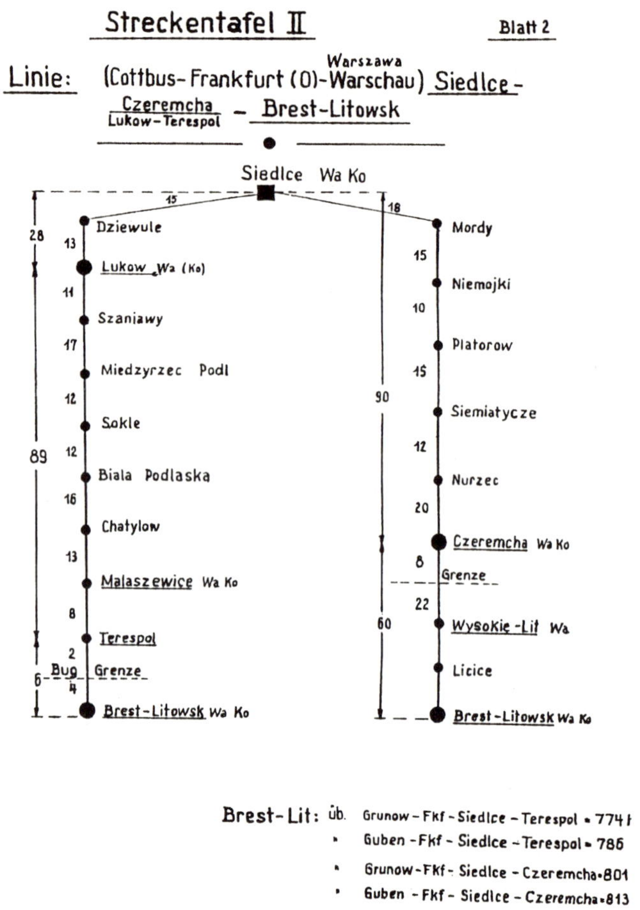

Streckentafel II
Blatt 2
Linie: (Cottbus- Frankfurt (O)-Warschau Warszawa) Siedlce - Czeremcha Lukow-Terespol - Brest-Litowsk
Siedlce Wa Ko
Dziewule
Lukow Wa (Ko)
Szaniawy
Miedzyrzec Podl
Sokle
Biala Podlaska
Chatylow
Malaszewice Wa Ko
Terespol
Bug Grenze
Brest-Litowsk Wa Ko
Mordy
Niemojki
Platorow
Siemiatycze
Nurzec
Czeremcha Wa Ko
Grenze
Wysokie-Lit Wa
Licice
Brest-Litowsk Wa Ko
Brest-Lit: üb. Grunow - Fkf - Siedlce - Terespol = 774 km
Guben - Fkf - Siedlce - Terespol = 786
Grunow - Fkf - Siedlce - Czeremcha = 801
Guben - Fkf - Siedlce - Czeremcha = 813

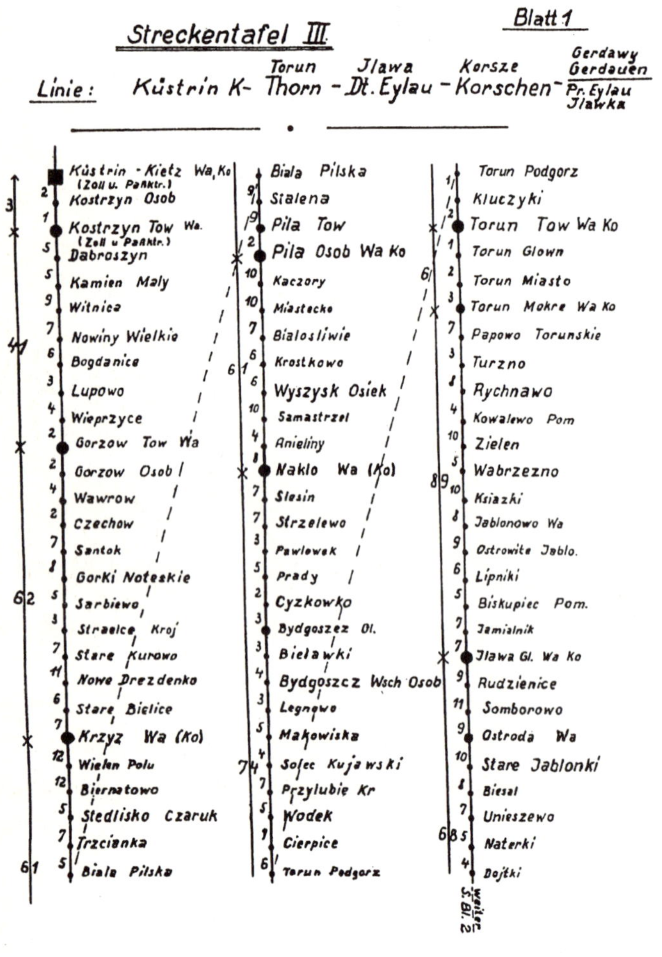

Streckentafel III
Blatt 1
Linie: Küstrin K- Torun Thorn - Jlawa Dt. Eylau - Korsze Korschen - Gerdawy Gerdauen Pr. Eylau Jlawka
Küstrin - Kietz Wa, Ko (Zoll u. Paßktr.)
Kostrzyn Osob
Kostrzyn Tow Wa (Zoll u Paßktr.)
Dabroszyn
Kamien Maly
Witnica
Nowiny Wielkie
Bogdanice
Lupowo
Wieprzyce
Gorzow Tow Wa
Gorzow Osob
Wawrow
Czechow
Santok
Gorki Noteckie
Sarbiewo
Strzelce Kroj
Stare Kurowo
Nowe Drezdenko
Stare Bielice
Krzyz Wa (Ko)
Wielen Polu
Biernatowo
Siedlisko Czaruk
Trzcianka
Biala Pilska
Biala Pilska
Stalena
Pila Tow
Pila Osob Wa Ko
Kaczory
Miasteczko
Bialosliwie
Krostkowo
Wyszysk Osiek
Samostrzel
Anieliny
Naklo Wa (Ko)
Slesin
Strzelewo
Pawlowek
Prady
Cyzkowko
Bydgoszcz Ol.
Bielawki
Bydgoszcz Wsch Osob
Legnowo
Makowiska
Solec Kujawski
Przylubie Kr
Wodek
Cierpice
Torun Podgorz
Torun Podgorz
Kluczyki
Torun Tow Wa Ko
Torun Glown
Torun Miasto
Torun Mokre Wa Ko
Papowo Torunskie
Turzno
Rychnawo
Kowalewo Pom
Zielen
Wabrzezno
Ksiazki
Jablonowo Wa
Ostrowite Jablo.
Lipniki
Biskupiec Pom.
Jamielnik
Jlawa Gl. Wa Ko
Rudzienice
Somborowo
Ostroda Wa
Stare Jablonki
Biesal
Unieszewo
Naterki
Dojtki
weiter s. Bl. 2

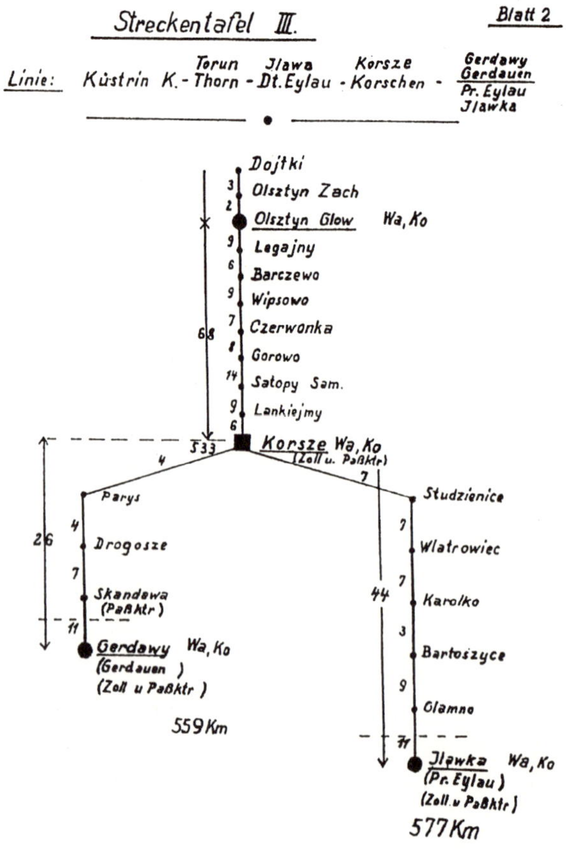

Streckentafel III.
Blatt 2
Linie: Küstrin K.- Torun Thorn - Jlawa Dt. Eylau - Korsze Korschen - Gerdawy Gerdauen Pr. Eylau Jlawka
Dojtki
Olsztyn Zach
Olsztyn Glow Wa, Ko
Legajny
Barczewo
Wipsowo
Czerwonka
Gorowo
Satopy Sam.
Lankiejmy
Korsze Wa, Ko (Zoll u. Paßktr)
Parys
Drogosze
Skandawa (Paßktr)
Gerdawy Wa, Ko (Gerdauen) (Zoll u Paßktr)
559 Km
Studzienice
Wlatrowiec
Karolko
Bartoszyce
Glamno
Jlawka Wa, Ko (Pr. Eylau) (Zoll u Paßktr)
577 Km

Gerdauen) über Szczecin statt über Küstrin-Kietz oder von Brest kommend über Łukow – Dęblin auf die südliche Route wechselnd [11].

Transportiert wurde unmittelbar nach dem Krieg vor allem schlecht verladenes Demontagegut in Richtung Osten und militärischer Nachschub in die andere Richtung. Später waren ordentlich verpackte Maschinen oder deren Teile, meistens aus der laufenden Produktion, auf den Güterwagen zu sehen. In der Schlußphase des Kolonnendienstes beförderte man vor allem Militärgüter, Uranerz und viele Kisten mit unbekanntem Inhalt nach Brest und zurück Erze und Masseln für das Eisenhüttenkombinat Ost. Nach Rawa Russkaja gelangten vor allem Holzerzeugnisse wie Schwellen, Fertighäuser usw. Züge mit Lademaßüberschreitung, z. B. mit in der SBZ hergestellten Militärlastkraftwagen im Huckepackverfahren oder neue Kühl- oder Langstreckenwagen, verkehrten nur am Tage und meist über Nebenstrecken wie zwischen Rzepin (Reppen) und Zbąszynek (Neu Bentschen) über Międzyrzecz (Meseritz) oder zwischen Siedlce und Brest über Czeremcha. Solche Fahrten dauerten anfangs fünf Wochen, in den letzten Jahren etwa 14 Tage. Besondere Ladungen begleiteten polnische Wagenmeister bis Czeremcha. Die Lokkolonne 10 beförderte u. a. auch sowjetische Lazarettzüge bis Przemyśl.

Die Transitstrecke nach Brest war in besonders gutem Zustand. Lediglich die hölzerne Behelfsbrücke über die Weichsel in Warschau durfte nur mit 10 km/h befahren werden. Der Unterhaltungszustand der übrigen von deutschen Kolonnen befahrenen Strecken war damals verhältnismäßig gut. Nur auf dem Abschnitt Skarżysko Kamienna – Przemyśl gab es sehr viele Langsamfahrstellen. Auf in Talsenken befindlichen kleineren Brücken waren nur 10 km/h zugelassen, die anschließenden Steigungen waren nur mit Mühe zu bewältigen. Hinter der sowjetischen Grenze zwischen Wysoko-Litowsk und Brest Nord lernten die deutschen Eisenbahner noch in den fünfziger Jahren den sogenannten Stabblock kennen, eine Sicherungstechnik, die einfacher nicht sein kann: Für jeden Abschnitt der eingleisigen Strecke gab es einen speziellen Stab, der an einem Ring von etwa 50 Zentimeter Durchmesser befestigt war. Er mußte während der Fahrt aufgenommen und auf dem nächsten Bahnhof wieder abgeworfen werden. Nur wer den Ring mit dem Stab besaß, war berechtigt, die Strecke zu befahren. Selbst auf dem großen Bahnhof Brest herrschte einfachste Technik vor: Handweichen, Übergabe von Befehlen mit primitiven Einrichtungen, Bekohlen mit Weidenkörben usw. In Gerdawy gab es nur von Frauen bediente Handweichen. Selbst Unterhaltungsarbeiten an den Gleisen führten Frauen aus.

Am 2. April 1945 trafen in Frankfurt (Oder) 48 sowjetische Traktoren für die Landwirtschaft in der SBZ ein. Im Hintergrund ein Zug mit Reparationsgütern in die Sowjetunion ... Foto: Sammlung Reimer

Bei Orenstein & Koppel in Babelsberg wird 1947 ein D-Kuppler für den Transport in die Sowjetunion mit dem Anbringen des Fabrikschildes vorbereitet. Foto: Sammlung R. Garn, Hamburg

Die Lokomotiven waren während den Fahrten in Polen nicht nur mit dem deutschen Lokpersonal besetzt, sondern auch mit einem Deutsch sprechenden polnischen Lotsen (Piloten). Aus jahrelanger Tätigkeit, mitunter aus der Zeit vor 1945, kannten die deutschen Lokführer die Strecken besser, als manche ihrer polnischen Kollegen. Es war nicht selten, daß die Piloten auf einem Stuhl hinter dem Lokführer saßen und schliefen oder sich im Brigadewagen aufhielten. Unverzichtbar und verantwortlich waren sie für betriebliche Belange, für Verhandlungen mit dem Bahnhofs- und Stellwerkspersonal. Auch nachdem es Fahrpläne und andere Unterlagen für die Transporte durch Polen in der Heimatdienststelle gab, blieben die Piloten verantwortlich. Ein Verbesserungsvorschlag von Romuald Brzezinski vom Referat für internationalen Verkehr der Direktion Poznań im November 1951, polnische Piloten nur noch auf Umleitungsstrecken und in besonderen Bahnknoten einzusetzen, wurde nicht verwirklicht.

Die sowjetischen Kommandanten legten großen Wert auf ein gepflegtes Erscheinungsbild und den Putzzustand der Lokomotiven. Sie mußten vor der Einfahrt in das Heimat-Bahnbetriebswerk glänzen. Die Frankfurter Brigaden erledigten das in der Regel in Rzepin, die gesamte Mannschaft griff zur Putzwolle. Von den Siegern hatten sie auch gelernt, Radreifen, Ränder der Pufferteller, der Bahnräumer und des Umlaufs weiß zu streichen. Für solche Pflege- und Verschönerungsarbeiten nutzte man die Standzeiten auf den Unterwegsbahnhöfen, um bei der Rückkehr vom sowjetischen Kommandanten Pluspunkte zu sammeln [12].

Stationäre Bedienstete übernahmen in Polen das Kohleladen. Dafür quittierte das Lokpersonal bzw. übergab in den späteren Jahren die polnisch und russisch beschrifteten Kohleschecks. Die Restaurierungsarbeiten an der Lok, einschließ-

Nur ein alliierter Presseausweis ermöglichte ein so verbotenes Foto wie dieses rare Bilddokument von der Gleisdemontage am Rande Berlins. Eine 52 leistet treue Dienste auch beim Abbau ihres eigenen Fahrweges. Nachdem ein erster Durchgang den Schienen gegolten hatte, beschlagnahmte die sowjetische Besatzungsmacht anschließend auch noch Millionen liegengebliebener Schwellen. Repro aus: Reichsbahn ohne Reich; Band 1

lich Wasser nehmen, führte das deutsche Personal aus, mußte aber als Nachweis für die noch zu beseitigende Schlacke oder Lösche und den Wasserverbrauch unterschreiben. Bekohlt wurde gewöhnlich in Richtung Brest in Sochaczew und dann in Siedlce, bei „schlechter"! Kohle auf dem Tender bereits in Poznań, dann in Kutno und Siedlce oder Czeremcha. Das Bekohlen in Brest vermieden die Personale nach Möglichkeit wegen der schlechteren Kohlen. Mußte unterwegs Wasser genommen werden, veranlaßte der polnische Lotse eine Einfahrt in ein Gleis mit Wasserkran.

Nach ein, zwei und später auch drei Einsätzen mußte die Lok zum Auswaschen und zu Fristarbeiten. Ein Lokpersonal, das keinen Heimaturlaub hatte, kontrollierte diese Arbeiten, denn es gab häufig Kritik, wenn polnische Werkstätten für Reparaturen genutzt werden mußten. In den Anfangsjahren reichte es, wenn der jeweilige russische Kommandant einer polnischen Werkstatt die Reparatur bestätigte, damit die PKP Geld dafür erhielt. Doch im Mai 1949 befahl Oberst Morossow angesichts der hohen Rechnungen: „... Das Lokpersonal ist anzuweisen, alle Instandsetzungsarbeiten möglichst selbst auszuführen und die Hilfe der in Polen gelegenen Betriebswerkstätten nur in unumgänglichen Fällen in Anspruch zu nehmen. Nach jeder Fahrt muß vom Kolonnenführer berichtet werden, ob irgendwelche Ausbesserungsarbeiten in Polen vorgenommen worden sind." Vorsorge wurde in der Art getroffen, daß die Brigaden alle möglichen Ersatzteile während der Fahrt im Wohnwagen oder auf der Lok mitnahmen.

Ein Zug mit abgebauten Oberleitungsmasten im Haltepunkt Kade (Strecke Magdeburg – Berlin) im Sommer 1946.
Repro aus: Reichsbahn ohne Reich, Band 1

„Für jede Kolonnenlok ist für die Unterbringung der Brigaden ein Wohnwagen vorzusehen, der im ordnungsgemäßen Zustand, heizbar und für den Aufenthalt und die Übernachtung der Mannschaften eingerichtet sein muß. Als Wohnwagen können außer kleineren (zweiachsigen) Personenwagen notfalls auch Güterwagen verwendet werden", lautete im Dezember 1945 eine Anordnung der SMAD. Dafür wurden die unterschiedlichsten Wagenbauarten eingesetzt, vorwiegend Güterwagen, wie eine Zählung 1947 ergab. Auf Befehl Nr. 116 vom 23. Juni 1948 mußten bis zum 1. August 1948 alle vierachsigen Reisezugwagen, die bei den Güterzugkolonnen für Wohnzwecke genutzt wurden, gegen zweiachsige oder gar Güterwagen ausgetauscht werden, weil für Schnellzüge Fahrzeuge benötigt wurden. Bei Touren bis zu fünf Wochen waren die Männer erheblichen Strapazen ausgesetzt. In einem schlecht abgedichteten Güterwagen am Zughaken einer unruhig laufenden 52er im Doppelstockbett auf einem Strohsack zu schlafen, ist heute kaum vorstellbar. Kochen auf dem eisernen Ofen war nur bei Stillstand möglich, da während der Fahrt nichts im Topf blieb. Für die Körperpflege dienten Eimer und Waschschüsseln, die Notdurft wurde in der freien Natur verrichtet. Erst 1951 beschaffte die DR neu aufgebaute Brigadewagen mit einer von der Lok beheizbaren Duschgelegenheit. Auch die sowjetische Begleitmannschaft – ein Offizier und fünf bis sechs Soldaten – war in einem Güterwagen, im sogenannten Kommandantenwagen untergebracht, der hinter dem Brigadewagen lief.

Die schlechten hygienischen Bedingungen und die sanitäre Betreuung begünstigten Wanzen, Läuse und auch Krankheiten, mitunter Todesfälle. Oftmals war die Desinfektion der Begleiterwagen aufgrund der kurzen Wendezeiten nicht möglich. Und dann griff der Geruch des Desinfektionsmittels noch Tage später die eingelagerten Lebensmittel an. Auf Kritik der Transportverwaltung der SMAD 1947 versprach die DR bauliche Verbesserungen (Trennung von Schlaf- und Kochraum, Einbau von Aborten, Beschaffung von Kleiderschränken), doch fehlten geeignete Wagen. Dr. Fitzner behauptete sogar: „Infektionskrankheiten sind nicht häufiger als bei dem in der Heimat befindlichen Personal." In der Anfangszeit des Kolonnendienstes war auf polnischem Gebiet kaum mit medizinischer Hilfe zu rechnen, erst später konnte in dringenden Fällen ein Arzt in Anspruch genommen werden.

Die Diensteinteilung war unterschiedlich: Bei vielen Lokpersonalen waren acht Stunden Dienst und 16 Stunden Ruhe üblich, hin und wieder wurde gewechselt, damit nicht immer Dienst zur gleichen Tageszeit war. Manche bevorzugten sechs Stunden Dienst und 12 Stunden Ruhe, einige berichteten auch über 12-Stunden-Dienste und 24 Stunden Ruhe. Die tatsächlichen Ruhezeiten waren oft länger, weil bei langen Standzeiten nur ein Mann auf der Lok verblieb. Das Zugpersonal wechselte in der Regel nach acht Stunden Dienst. Der Wagenmeister trat bei Bedarf in Aktion. Sämtliche Schreibarbeiten, einschließlich Führen des Lokdienstzettels und der Leistungsabrechnung in der Heimatdienststelle gehörte zu den Aufgaben des Zugführers. Mit Einführung des 12er-Systems ab 1953 gingen nur jeweils zwei Lokführer, Heizer, Zugführer und Zugschaffner auf die weite Reise, während die dritte Besetzung für die Dauer einer Fahrt – also etwa einer Woche – Heimaturlaub hatte [12].

Die Kolonnen-Eisenbahner erhielten offiziell Zusatzverpflegung von den Sowjets, die aber nicht vollständig und nur

Der Schmuggel blüht

Es gab wohl keinen Briagdefahrer, der nicht in irgendeiner Weise geschmuggelt hätte. Das war verständlich, so lange dies zur Verbesserung der eigenen Versorgung und der Familie diente. Bestimmte Waren wurden in Polen an geschäftstüchtige Leute, die sich immer an den Haltepunkten einfanden, gegen Geld angeboten und verkauft. Dafür wurde in der Hauptsache Speck, Kaffee, Butter, Margarine erworben, zum Teil auf dem Wochenmarkt in Lublin.

Beispielsweise hatte ein Lokführer aus Wustermark einen schriftlichen Vertrag mit einem Händler aus Spandau West, der Ware vorschoß. Bei Rückkehr erhielt dieser als Gegenleistung einen Teil der eingetauschten Produkte. Mitunter kamen die Händler bis in die auf Bahnhofsgleisen abgestellten Wohnwagen. 340 Mundharmonikas, Chiffontücher, 1000 Nähmaschinennadeln und vieles andere mehr. Dafür wurden in Polen u. a. etwa 30 kg Speck sowie 30 bis 40 Liter Olivenöl gekauft bzw. eingetauscht. Mit dem Erlös aus dem Verkauf verbesserte die ganze Brigade ihr Einkommen. Verlief der Handel ohne Komplikationen durch den Zoll, brachte das etwa 10 000 Mark pro Fahrt ein, während das Einkommen des Brigadeführers mit allen Zuschlägen etwa 1200 Mark betrug. Natürlich flossen aus diesem gemeinsamen Topf auch die Mittel, um Zöllner, Kohlenlader und andere zu bestechen, um in Polen illegal ausgeführte Reparaturen zu finanzieren und um in der Heimatdienststelle die zu bezahlen, die Verstecke in Führerstand und Tender oder Wohnwagen einbauten. Da die Zöllner relativ schnell dahinter kamen, mußten immer wieder neue Möglichkeiten erdacht und realisiert werden.

Beliebte Aufbewahrungsorte waren Hohlräume der Innenverkleidung der Brigadewagen, bei 3.-Klasse-Abteilwagen auch solche im Fußboden und über der Zwischendecke auf dem Führerstand der Lok. Für wärmebeständige Produkte war Platz hinter der Kesselverkleidung. Hin und wieder waren Gegenstände an einer Schnur befestigt, damit sie wieder aus Hohlräumen herausgezogen werden konnten. Bei alten Wagen wurden die Kessel der früheren Gasbeleuchtung entsprechend präpariert, oder ein Luftbehälter der Lok blind verflanscht. Doppelte Schrankrückwände und die Strohsäcke der Betten dienten als Versteck. Speck und andere Lebensmittel wurden oft an die Verstrebungen im Wassertender angebunden. Soweit diese Nahrungsgüter nicht wasserdicht verpackt waren, mußten sie im oberen Bereich befestigt werden, und die Fahrt über die Grenze konnte nur mit teilweiser Tenderfüllung angetreten werden. Nicht selten bauten Schweißer in der Heimatdienststelle gegen entsprechende Vergütung Verstecke im Tender ein. Zugänge zum Versteck vom Tenderumlauf tarnte man mit Kohleresten. Uhren und Devisen (Rubel) wurden u.a. in den Unterkästen deponiert (dazu mußten sie abgeschraubt werden) oder in der Oberschmierung der Laufachse im Öl, verpackt in Kunststoff- oder Gummibeutel, in hohlgebohrten Schrauben vom Rauchkammerträger oder in ausgehöhlten Broten [11].

Dieser Tauschhandel über die Grenzen hinweg war allgemein bekannt. Auch ein Befehl Nr. 272 der Abteilung Transportwesen der SMAD vom Juni 1948 oder ab Januar 1951 die aktenkundige Belehrungen in den Heimatdienststellen konnten diesen Schmuggel nicht unterbinden.

unregelmäßig einging. Im Oktober 1945 präsentierte Generaldirektor Shaworonkow der DR die Rechnung über rückwirkend ab 1. September 1945 für 9600 „Verpflegungsköpfe" 4,48 Rubel oder 8,96 RM pro Tag und Kopf. Bei einem täglich Betrag von 1,50 RM pro Kopf, die vom Brigadepersonal von der Aufwandsentschädigung einbehalten wurden, war das für die DR eine Belastung von 2 148 480 RM pro Monat.

Die Rationen wurden in der Regel für 10 Tage gegen vorher bezahlte Schecks an den Standorten der Lokkolonnen ausgegeben, wie Brot, Wurst, Butter, Fleisch, Zucker, Mehl, Nudeln, Öl, Salz, Seife und Waschmittel usw. sowie Obst- und Gemüsekonserven. Noch 1946/47 gab es in Poznań, Warszawa Wschodnia, Siedlce und Brest russische Verpflegungsstellen. Manche Brigaden holten die Lebensmittel für die gesamte Mannschaft ab, andere nahmen sie vor der Fahrt nach Hause in Empfang.

Ein Brigademitglied war für das Kochen zuständig. Aus Zeitgründen war es meistens einer vom Zugbegleitpersonal oder der Wagenmeister. Gingen die Lebensmittel aus, konnten ab Anfang der fünfziger Jahre solche in Polen gekauft werden, weil das dortige Angebot wieder reichlicher war, das sich dennoch die Ärmsten in Polen nicht leisten konnten. An der russischen Grenze wurde die Kartoffelkiste verplombt, da die Einfuhr von Gemüse aller Art verboten war. Dauerte dort der Aufenthalt zu lange, schraubte das Personal einfach die Scharniere ab, um etwas kochen zu können. Es gab auch Fälle, daß bei Rückstau in Polen die mitfahrenden, mit MPi bewaffneten sowjetischen Soldaten die Kartoffeln erntenden Kolonnen-Mitglieder vor den aufgebrachten polnischen Bauern schützten. Im übrigen blühte das Tauschgeschäft: Kämme, Nähnadeln usw. oder gar Dienstleistungen wie z. B. Haare schneiden, wechselten gegen Lebensmittel den Besitzer, um den Speisezettel abwechslungsreicher zu gestalten. Dieser Tauschhandel war der Generaldirektion der DR ein Dorn im Auge.

An den Grenzen waren nach wie vor Kontrollen die Regel. Die Grenzausweise sammelte der Zugführer ein, bewahrte sie im Brigadewagen auf und legte sie geschlossen den Kontrollorganen vor. Ab 1951 übergab die Ausweisstelle des Transit-Bw Frankfurt (Oder) die Dokumente geschlossen dem Zugführer, der sie nach dem Einsatz wieder abliefern mußte. Zur Grenzkontrolle mußten sich alle Mitglieder in einer Reihe aufstellen, auch die, die nach anstrengender Schicht schlafen wollten. Nachdem die Ausweise mit den anwesenden Personen verglichen waren, wurden sie abgestempelt. Ebenso wurden mehrsprachig ausgefüllte Vordrucke über mitgeführte persönliche Gegenstände kontrolliert. Gerade an der russischen Grenze waren die Kontrollen sehr scharf, hauptsächlich wurde nach Devisen (Rubel) gesucht. Um ein Durchwühlen der Schränke und Betten zu vermeiden, wirkten eine Flasche „Hochprozentiger" oder ein paar Spiegeleier mit Speck auf dem Tisch Wunder. Vom Zug durften sich die Deutschen auf russischem Gebiet nicht entfernen. Die Gleisanlagen in Brest, auf denen Lokomotiven und Brigadewagen abgestellt wurden, waren umzäunt, gut beleuchtet und bewacht. Trotz dieser strengen Sitten kamen mitunter nachts die Wachposten und baten um Essen oder Zigaretten. Selten wurde dagegen in der Sowjetunion mit einfachen Produkten getauscht. Polnische Lok und Personale wurden nicht in die sowjetischen Bahnhöfe gelassen. Vielfach wurden die Brigadelokomotiven deshalb als Zubringer zwischen polnischen und russischen Grenzbahnhöfen eingesetzt, so daß sich die Rückkehr ins Heimat-Bahnbetriebswerk verzögerte. Zurückkehrende Leerzüge genossen nicht den Vorrang wie beladene Züge, auch fehlte das sowjetische Begleitkommando, falls es sich nicht um eine Transporteinheit der Sowjetarmee handelte.

5.4
Das Ende der Lokkolonnen 1954

„Von den im Juni 1950 noch einsatzbereiten 376 Lokomotiven des Kolonnenparkes werden 100 kalt abgestellt", berichtete am 27. Juni 1950 Direktor Richter der DR in einer Besprechung bei der Sowjetischen Kontrollkommission (SKK) in der DDR. Oberstleutnant Kalabuschkin verlangte eine Vorschrift für die Kolonnenleiter, „weil die sowjetischen Offiziere von den Kolonnen weggehen. Diese ... verlieren aber noch nicht ihre Selbständigkeit. Die Praxis zeigte, daß die Kolonnenleiter bisher sorglos gearbeitet haben. Sie verließen sich auf die sowjetischen Offiziere. Es muß jemand für die Kolonnen verantwortlich sein", forderte er. Doch bereits seit 1. Aril 1949 regelte die „Vorläufige Dienstanweisung für die Lokomotiv-Kolonnenleiter (DA 003)" seine Befugnisse und Unterstellung. Als Dienstvorsteher sollte er „für den ordnungsgemäßen und betriebstüchtigen Zustand der ihm zur Betreuung zugewiesenen Lok und Brigade-Wohnwagen persönlich verantwortlich" sein. Doch hatte er viele Vorgesetzte und mußte „den Anordnungen der Offiziere der Transportabteilung der SMAD im Rahmen seines Aufgabenbereiches unverzüglich nachkommen." Außer für das gesamte Personal zeichnete er vor allem für den Ausbesserungsstand verantwortlich, und damit hatte er oft Probleme [11].

Mit Verfügung vom 12.Juli 1950 löste das Ministerium für Eisenbahnwesen (MfE) die ersten Lokkolonnen auf. Bis 17. August 1950 waren abgestellt die Lokkolonnen
3 (Berlin-Pankow) in Rüdnitz (b Bln),
6 (Pasewalk) in Ducherow,
7 (Berlin-Karlshorst) in Beeskow,
9 (Cottbus) in Uckro,
12 (Angermünde) und
13 (Seddin) in Tantow
(später sind diese Standorte verändert worden) [11, 45].

Die Personale entließ man in die Heimatdienststellen, doch sollten sich 600 Eisenbahner für zwei Lokkolonnen für einen plötzlichen Einsatz in Bereitschaft halten. Obwohl die benachbarten Bahnbetriebswerke (Bw) die Kontrolle und damit die Unterhaltung dieser Maschinen übernehmen sollten, schob die DR die Hauptverantwortung wiederholt dem Bw Frankfurt (Oder) Vbf zu. Buchmäßig waren alle diese abgestellten Lokomotiven diesem Bw als MfE-Reserve zugeordnet.

Im Juli 1951 waren von den bei der DR 7202 vorhandenen Maschinen 5420 im Betriebspark (2640 waren für den Betrieb nur erforderlich), 376 gehörten noch zum Kolonnenpark und weitere 210 standen zeitweise in kalter Bereitschaft.

Die formelle Übergabe der Kolonnen 10 (Cottbus) und 11 (Hoyerswerda) an das Bw Frankfurt (Oder) Vbf stand im Dezember 1951 noch bevor. Das speziell für den Kolonnenverkehr aufgebaute Bw in Frankfurt (Oder) Vbf – später als Transit-Bw bezeichnet – war noch immer nicht fertig und ständigen Veränderungen unterworfen. Da für die geplanten 390 Züge pro Monat 160 Lokomotiven ausreichen würden, schlug das Bw Frankfurt (Oder) Vbf am 1. Dezember 1951 selbst vor, die Kolonne 11 zum 1. Januar 1952 aufzulösen. Obwohl das auch geschah, „lebte" diese Kolonne bis 1953 weiter: zwei nicht-transitfähige 52er (409 und 719) rangierten bis September 1953 im damaligen Hüttenkombinat „J. W. Stalin" (heute Eisenhüttenkombinat Ost/EKO).

Nachteilig war, daß die Kolonne 10 in Cottbus ihre Aufträge von Frankfurt (Oder) erhielt, aber überwiegend den Grenzübergang Guben nutzte. Wegen des vom Generaldirektor der DR geforderten Neubaus des Bw Guben ebenfalls als Transit-Bw – 1952/53 begannen hier die Planierungsarbeiten für das Gelände – riet die Rbd Cottbus von einer Zentralisierung in Frankfurt (Oder) ab. Schließlich entschied das Reichsbahnamt Berlin 7, die Kolonne 10 wirtschaftlich von Frankfurt (Oder) zu trennen, weil das Bw Frankfurt (Oder) Vbf als Eingangs- und Ausgangstor des Transitverkehrs mit der UdSSR und den Volksdemokratien dienen würde und das „nur dem Auslandsverkehr dient und mit 130 Betriebslok und 165 Lok der GD-Reserve nur diesen Hauptzweck erfüllt." Spätestens Anfang 1953 war sicher, daß es kein Transit-Bw Guben geben wird. Die weiträumig angelegten Teilobjekte stellte man zwar nach und nach fertig, und das Bw Guben wurde am 30. Dezember 1954 offiziell eingeweiht, aber große Aufgaben brauchte es nicht erfüllen.

52 6265 der Kolonne 12 und 52 4926 der Kolonne 14 fuhren am 29. Januar 1946 wegen falscher Weichenstellung durch den Kleinlokschuppen des Bahnhofs Gröditz und entgleisten. Die erste Maschine stürzte dabei in den anschließenden Bach. Später wurde sie aus dem Kolonnenpark aussortiert.
Foto: Sammlung M. Reimer, Berlin

Auch das Bw Frankfurt (Oder) Vbf klagte am 29. April 1952 über Schäden an den abgestellten Maschinen: Von den „203 Lokomotiven (sind) 52 Prozent betriebsfähig abgestellt, 36 Prozent im Einsatz und in Konservierung und 12 Prozent im Raw und Warten Raw". Obwohl die abgestellten Maschinen von einer kleinen Mannschaft bewacht wurden, traten immer wieder Beschädigungen durch herumgewirbelte Kohlen vorbeifahrende Züge oder Verschmutzungen durch Dünger usw. auf. In regelmäßigen Abständen wurden deshalb einige Lokomotiven „umgewälzt", d. h. nach dem Anheizen für eine Probefahrt oder eine kurze Einsatzzeit genutzt und dann wieder konserviert abgestellt.

Ab 1. Januar 1954 zahlte die DDR nach den Verhandlungen in Moskau und auch in Warschau offiziell keine Reparationsleistungen mehr an die Sowjetunion. Statt dessen wurden Warenaustausche vereinbart. Die bisherigen SAG-Betriebe kaufte die DDR zurück und wurden volkseigen (Ausnahme: SDAG-Betrieb Wismut). Besondere Brigadekolonnen waren deshalb nicht mehr erforderlich. Zum 1. Juli 1954 kehrten 792 Zugbegleiter und 831 Lokpersonale in ihre Heimatdienststellen zurück. Im Bw Frankfurt (Oder) Vbf befanden sich 86 Maschinen der BR 50 und 209 der BR 52, in Cottbus waren es 58 Maschinen der BR 52. 72 Lokomotiven der BR 52 gab das Bw Frankfurt (Oder) Vbf leihweise für ein Jahr an die PKP ab, damit diese alle Züge bespannen konnte, weitere 28 verblieben für besondere Aufgaben. Die übrigen Triebfahrzeuge kehrten in die einzelnen Direktionen zurück:

Rbd Berlin	40 Lok der BR 52,
Rbd Cottbus	37 Lok der BR 52,
Rbd Greifswald	20 Lok der BR 52,
	10 Lok der BR 50,
Rbd Magdeburg	36 Lok der BR 50,
Rbd Schwerin	40 Lok der BR 50,
Rbd Halle	70 Lok der BR 52.

Beginnend am 15. Juni 1954 übernahm die PKP jeweils sechs Lokomotiven vom Bw Frankfurt (Oder), die als Leerfahrt Rzepin erreichten. Vorrangig waren die 72 Maschinen im Depot Poznań Franowo eingesetzt.

Ein besonderer Verhandlungspunkt waren die Transit-Militärzüge der Sowjetarmee. Für diese waren auf den Strecken der DR unverzüglich Lokomotiven und Zugbegleitpersonal bereitzustellen. Die 20 Lokomotiven der Kolonne 42 (BR 01 für die Militärreisezüge der Sowjetarmee) wurden mit Protokoll „an die Bahn der UdSSR" übergeben, Heimat-Bw war nun Brest. Mit ihrem Schreiben vom 11. März 1955 meldete die Hauptverwaltung Maschinenwirtschaft, daß „alle 20 Lok der BR 01 von der ehem. Kol. 42 mit Übernahmeprotokoll (vom 14. bis 23. Februar) in Frankfurt/O." von der DR wieder übernommen" wurden. Das Kapitel „Kolonne" war damit endgültig beendet.

Nur selten brachten Lokkolonnen ehemalige Kriegsgefangene aus der Sowjetunion zurück in die Heimat, wie hier 1948 auf dem Schlesischen (heute Ost-) Bahnhof in Berlin. Foto: Sammlung R. Garn, Hamburg

6. Truppentransporte der Sowjetarmee

6.1 Umgruppierungen in den Fernen Osten – Kriegsgefangene in die Heimat – Demobilisierungen

Nach Kriegsende ging es der Sowjetunion nicht nur um Trophäen- und Reparationstransporte aus der sowjetisch besetzten Zone Deutschlands. Noch während der Berliner Operation bereitete die Sowjetarmee gemäß den mit den Alliierten in Jalta getroffenen Vereinbarungen den Kampf gegen die japanischen Truppen im Fernen Osten und in der Mandschurei vor. Sofort nach Einnahme der zerstörten Reichshauptstadt verlegte die Rote Armee (seit 1946 Sowjetarmee) viele ihrer Truppen und besonders Panzerverbände mit der Bahn rasch an die Front im Osten. Hartnäckig hält sich das Gerücht, für die Rückkehr der Panzer sei die S-Bahn-Strecke Berlin – Erkner platt gewalzt worden ...

Mit dem Vorrücken der Sowjetarmee befreite sie aus deutscher Kriegsgefangenschaft sowjetische Soldaten. Von ihren Sammelpunkten transportierte man sie in geschlossenen Zügen bis zur sowjetischen Grenze bzw. in mit Stacheldraht gesicherte Prüf- und Filtrationslager. In diesen wurden die Kriegsgefangenen von einem Stab von Untersuchungsrichtern und Einssatzkräften verhört, ob sie freiwillig oder ungewollt in Gefangenschaft gerieten, ob sie Überläufer waren, mit den Deutschen zusammenarbeiteten und gar gegen die Sowjetunion kämpften [46, Seite 119 – 128].

Für den Transport von derart Beschuldigten von der sowjetischen Grenze in die über das ganze Land verstreute Lager stellte man aus breitspurigen Güterwagen, von Solschenizyn als „rote Karawanen" bezeichnete Transporte zusammen. Diese bestanden aus 25 Wagen für je 40 Häftlinge sowie aus über den Zug verteilte Plattformwagen für die mit Maschinengewehren und Suchscheinwerfern ausgerüsteten Wachtposten sowie einem Stabswagen mit bequemen Abteilen oder mindestens aus einem besser eingerichteten beheizbaren Güterwagen für den Konvoichef, für den Sonderbevollmächtigten und die Wachmannschaft sowie Küchenwagen für Wachen und Häftlinge [46, Seite 119 – 128]. Wände, Böden und Decken der unbeheizten Güterwagen mußten so dicht und stabil, Fensterluken vergittert und das im Boden eingelassene Abflußrohr mit einem nagelbeschlagenen Blechschutz gesichert sein, damit jegliche Ausbruchsversuche zwecklos waren.

Die in den Wintern 1944/45 und 1945/46 in der Sowjetunion eintreffenden Häftlingstransporte aus dem Baltikum, aus Polen und aus Deutschland führten regelmäßig ein bis zwei Wagen voller Leichen mit. Erst 1948 fuhren die letzten ehemaligen russischen Auswanderer aus Deutschland, aus der Tschechoslowakei, aus Österreich und weiteren Ländern zurück in die „Heimat", 1949 folgten die letzten „roten Züge" aus den von der Sowjetunion besetzten europäischen Ländern in die Lager [46, Seite 187 – 189 und 192/193].

Am 23. Juni 1945 erließ die UdSSR das Gesetz „Über die Entlassung älterer Jahrgänge des Personalbestandes aus der aktiven Armee". Damit waren rund 33 Jahrgänge aus dem Truppendienst herauszulösen. Allein in Deutschland wurden rund 50 Divisionen bis 1948 aufgelöst, und Soldaten und Unteroffiziere in die Heimat entlassen [47, Seite 24 – 40]. Die demobilisierten Mannschaften sammelten sich besonders auf den Bahnhöfen Berlin-Lichtenberg in Richtung Küstrin-Kietz und Erkner über Frankfurt (Oder). In Erkner bestand noch bis Herbst 1945 der Vorteil, sowohl für das Verlegen als auch für das Demobilisieren von Truppen und deren Technik die Breitspur nutzen zu können. Wahrscheinlich bildete sich deshalb Erkner zeitweise als Sammel- und Verteilerpunkt für die Sowjetarmee heraus (siehe auch Abschnitt 7.2).

Für diesen Militärgüterverkehr durften nach Kriegsende die Güterwagen der DR freizügig in Richtung Polen und Sowjetunion verwendet werden, nicht aber im öffentlichen internationalen Verkehr, sofern überhaupt möglich.

Das Verlegen der sowjetischen Truppen in den Fernen Osten, der Rücktransport der sowjetischen Kriegsgefangenen in die Sowjetunion, die anlaufenden Reparationstransporte aus der sowjetisch besetzten Zone (SBZ), die ersten Demobilisierungen der Sowjetarmee, die deutschen Flüchtlingstransporte aus dem Osten, der zaghaft anlaufende Berufsverkehr in den Ballungsgebieten, die Hamsterfahrten der Stadtbevölkerung aufs Land, um mit Tauschgeschäften ihren Lebensunterhalt zu verbessern – das alles stellte die vom Krieg und Demontagen arg gebeutelte Deutsche Reichsbahn unter der Befehlsgewalt der Sowjetarmee vor schier unlösbare Probleme und forderte von allen Eisenbahnern Höchstleistungen ohne Widerspruch. Z. B. waren damals allein für das Verlegen einer einzigen kampfstarken Division rund 180 Güterzüge nötig, von Ende 1945 bis 1948 sind jedoch 50 Divisionen der Sowjetarmee aufgelöst worden. Und das mit zerstörten Anlagen, pioniermäßig von der Sowjetarmee instandgesetzten Brücken und fehlenden Lokomotiven und Fahrzeugen bei der Bahn. Andererseits sorgte die SMAD mit ihrem Befehl Nr. 234 auch bei der DR für ein billiges Werkküchenessen für die Eisenbahner.

Weitere Demobilisierungen folgten in Deutschland im Frühjahr/Sommer 1956 mit rund 33 500 Mann sowie im Winter 1957/58 mit weiteren 42 000 Mann [47, Seite 24 – 40]. Das war für die Sowjetunion ohne militärisches Risiko, weil im Mai 1955 von allen Ostblock-Staaten der Warschauer Vertrag unterzeichnet worden war. In der DDR überführte man die bestehenden Einheiten der Kasernierten Volkspolizei (KVP) in die am 1. März 1956 gegründete Nationale Volksarmee (NVA).

Mit dem Unterzeichnen des „Vertrages über die Beziehungen zwischen der UdSSR und der DDR" im Jahre 1955, der auch die Stationierung sowjetischer Truppen auf dem Territorium der DDR regelte, endete 1955 offiziell das bisherige Besatzungsstatut [47, Seite 24 – 40], in der Praxis nahmen die sowjetischen Truppen ihre Rechte aus dem Besatzungsstatut jedoch in ganz Deutschland bis zum Ende der DDR wahr. Weitere Demobilisierungen in Jüterbog und Lutherstadt Wittenberg waren 1979/80 die Folge der Konferenz für Sicherheit und Zusammenarbeit in Europa (KSZE) in Helsinki. Noch vor der politischen Wende in der DDR sind 1988/89 in Bischofswerda die ersten SS-20-Raketen mit ihren Acht-Rad-Fahrzeugen als mobile Abschußrampe gesammelt und abgefahren worden, weil – so erzählt man sich – E. H. gefordert hat: „Das Teufelszeug muß weg!" [48].

6.2 Woso Frankfurt (Oder) [Военное сообщение = Militärverkehr]

Frankfurt (Oder) war für die Sowjetarmee das Tor nach Deutschland, aber auch in die Heimat. Die von der Wehrmacht von Gleisen beräumte Fläche des Bezirks Fgl des Rangierbahnhofs – um in den letzten Kriegstagen noch einen Flugplatz anzulegen – nutzte die Sowjetarmee zum Verabschieden in die Heimat ihrer 1945 demobilisierten Truppen mit Blasmusik und künstlerischen Vorführungen, aber auch um weitere Plünderungen zu verhindern. Auf dem Ortsgüterbahnhof (Bezirk Fgf) reinigten 60 Beschäftigte die sowjetischen Urlauberzüge bzw. die Mannschaftswagen für die Truppentransporte. Der „Blaue Express" Moskau – Brest – Berlin verkehrte von Anfang Oktober 1945 bis etwa 1949 über den Rangierbahnhof Frankfurt (Oder). Dieser konnte in der Nachkriegszeit nur wenig genutzt werden, weil entweder Anlagen abgebaut waren (siehe oben) oder nur Hilfsbrücken eingelegt waren. Deshalb quartierte sich dort für die Urlauberzüge eine sowjetische Gepäckabfertigung ein, die mit dem geänderten Zuglauf des „Blauen Expresses" in den Eilgüterschuppen des Personenbahnhofs umzog. Die dortigen Wohngebäude wurden als sowjetisches Hotel umfunktioniert, die Eisenbahner-Wohnungen am Kiliansberg belegten sowjetische Familien. Ebenso nutzten Offiziere der Sowjetarmee und deren Familien wegen der nahen Kasernen die Gartensiedlung Paulinenhof [12].

Nach Kriegsende bestand im Gebäude des späteren Reichsbahnamtes Frankfurt (Oder) eine sowjetische Eisenbahntransport-Kommandantur, die anfangs den gesamten, also auch den deutschen Zugverkehr regelte. Später richtete man zusätzlich auf dem Rangierbahnhof im Verwaltungsgebäude Fgm eine solche Kommandantur ein [12]. Diese und weitere in allen Reichsbahndirektionen der SBZ vorhandenen Kommandostellen bezeichnete man mit dem russischen Kürzel Woso von Wojennoje Soobschtschenije (= Militärverkehr).

Die Woso Frankfurt (Oder) war durchgehend besetzt, regelte und kontrollierte die Durchführung aller sowjetischen Truppentransporte einschließlich deren Be- und Entladung, verantwortlich für die eigentlichen Arbeiten und damit berichtspflichtig war jedoch die DR. In Frankfurt (Oder) unterstand ihr ferner eine Fahrkartenausgabe für Militärangehörige im sowjetischen Bahnhof (gegenüber vom Personenbahnhof). Die Woso des Rangierbahnhofs überwachte die Weiterverfügung aller aus bzw. nach dem Osten verkehrenden Militärtransporte der Sowjetarmee. Als 1963 die Kommandantur im Reichsbahnamt aufgelöst wurde, übernahm die Woso auf dem Rangierbahnhof deren Aufgaben bis August 1994 [12].

Einer der schwersten Bahnbetriebsunfälle in der Oderregion ereignete sich auf dem Frankfurter Rangierbahnhof: „Am 4. September 1945 überfuhr der von Frankfurt-Rosengarten kommende, mit Eisenbahnschienen als Reparationsgut beladene Güterzug U17 bei klarem Wetter um 15.25 Uhr das Halt zeigende Einfahrsignal und prallte in voller Fahrt auf den auf Gleis 14 abfahrbereit stehenden Ru 911. Dieser aus G-Wagen bestehende Zug war mit ehemaligen aus der Sowjetunion verschleppten Zwangsarbeitern besetzt, die sich zur Rückkehr in

Militärtransport der Sowjetarmee Dgb 19 432 bei der Durchfahrt durch den Bahnhof Radebeul Ost (16. September 1962). Militärobjekte und -züge zu fotografieren, war zwar verboten, aber mit versteckter Kamera gelang das Bild. Foto: Kuhlmann

die Heimat in Berlin sammeln sollten. Auf der Zuglok 93 263 und der Vorspannlok 38 3333 des Ru 911 befanden sich neben den Lokpersonalen etwa 20 deutsche Reisende. Die Lok **TЭ 52 2758** des U17 und die Vorspannlok entgleisten. Alle drei Maschinen wurden ‚stark beschädigt', 25 Güterwagen ‚teilweise vollständig zerbrochen und zertrümmert'. Der Vorstand des Reichsbahnamtes (Rba) berichtete am 15. Oktober 1945 an die Hauptverwaltung der Deutschen Reichsbahn: ‚Nach ersten Feststellungen waren 26 Personen getötet, 15 schwer und sechs leicht verletzt worden. Sie wurden durch die russische Wehrmacht geborgen und sofort abgefahren. Genaue Zahlen ... konnten wegen der starken Absperrung durch die russischen Stellen nicht ermittelt werden'. Zeitzeugen unter deutschen Überlebenden äußerten später die Vermutung, daß es sich um mehr als 200 Tote gehandelt haben könnte. Genaue Zahlen kamen nie an die Öffentlichkeit. Den materiellen Schaden an Fahrzeugen schätzte das Rba auf 220 000 Reichsmark, sowjetische Protokolle wiesen 98 000 Rubel aus. Die Schuldfrage wurde durch eine Untersuchungskommission der Transportabteilung der SMAD geklärt. Sie stellte fest, ‚daß der Zusammenstoß auf grobe Verletzung der Vorschriften des technischen Betriebes der Eisenbahn und der Signalisierung des Maschinisten der 1. Garde-Eisenbahnbrigade ... und des diensttuenden Oberkondukteurs ... zurückzuführen ist'. Reichsbahnrat Hechler hielt in seinem Bericht fest, ‚daß bei dem 134 Achsen starken Zug U17 am Schluß 52 Achsen nicht an die durchgehende Bremse angeschlossen waren. Ob die Bremsen dieses Zugteiles vorschriftsmäßig besetzt waren, konnte nicht festgestellt werden, da das russische Zugbegleitpersonal sich nicht gemeldet hatte'. Anschuldigungen gegen den Fahrdienstleiter und den Weichenwärter erwiesen sich als haltlos. Sie waren gemeinsam mit dem russischen Lokpersonal des U17 verhaftet worden, konnten aber gegenüber den Sowjets nachweisen, weder den Auftrag für die Einfahrt des Zuges gegeben, noch das Einfahrsignal gezogen zu haben. Der Weichenwärter konnte sich dabei auf den mit ihm diensttuenden russischen Weichenwärter berufen. Beide wurden am nächsten Tag ‚von den russischen Behörden' wieder entlassen ... Der Unfall führte zu einer scharfen Reaktion des Stellvertreters des Oberbefehlshabers der SMAD gegenüber den eigenen Eisenbahntruppen. Mit Befehl Nr. 17 verbot Armeegeneral Sokolowski den Zugverkehr bei der Deutschen Reichsbahn unter Leitung von Sowjetpersonal, ordnete die Übergabe der sich bei den sowjetischen Eisenbahnabteilungen befindlichen Lokomotiven und den für den Betrieb bestimmten Strecken der deutschen Eisenbahnen an und rügte den Kommandeur der 1. Garde-Eisenbahnbrigade wegen fehlender und mangelhafter Kontrolle der Arbeit seiner Brigade." [12, Seite 133/134].

Bahnbetriebsunfälle, von denen die Sowjetarmee betroffen war, gab es trotz aller Vorkehrungen immer wieder. Gefährlich war es am 18. Juni 1983 auf dem Frankfurter Personenbahnhof, als um 9.25 Uhr wegen eines defekten Steuerventils ein mit Munition der Sowjetarmee beladener Güterwagen in Brand geriet und explodierte; der Bahnhof war bis gegen 18 Uhr gesperrt. Am 16. September 1987 fuhr auf dem Bahnhof Oderbrücke wegen falscher Weichenstellung der Güterzug 47417 auf den auf Gleis 7 stehenden und mit Militärlastkraftwagen der Sowjetarmee beladenen 47407 auf [12]. Bei Militärtransporten traten häufig Betriebsstörungen auf: Trotz Belehrungen und gelber Warnzettel bestiegen sowjetische Soldaten oft Wagendächer bzw. ihre mitgeführte Technik unter der Fahrleitung; tödliche Stromschläge waren die Folge. Störungen an Fahrleitungen und Signalen verursachte auch das unerlaubte Turmdrehen der Panzer während der Fahrt. Am 19. Januar 1988 prallte D 716 Leipzig – Stralsund in Forst Zinna mit einem auf den Gleisen stehenden sowjetischen Panzer zusammen, der in unerlaubter Weise die Gleise überquerte; sechs Tote und 35 Verletzte waren zu beklagen.

Die DR war verpflichtet worden, für Militärtransporte alle Ausrüstungen vorrätig zu halten, nicht nur Nägel und Draht, sondern auch transportable Öfen, Eimer, Liegen, Bänke, Kerzen, Laternen usw. Auf dem Personenbahnhof in Frankfurt (Oder) wurde für das Ausrüsten der Kommandanten- und Mannschaftswagen der Sowjetarmee der aus dem Jahre 1908 stammende Güterschuppen genutzt, der 1990 wegen Baufälligkeit abgerissen wurde. Foto: L. Meyer, Frankfurt (Oder)

6.3
Auf ins Manöver!

Nach Maßgabe der DDR-Führung und ihrer parteipolitisch bestimmenden Kräfte waren aus den einstigen Gegnern Freunde geworden. Kontakte beschränkten sich jedoch auf offizielle Anlässe sowie auf die Führung beider Armeen. Die Sowjets schotteten trotzdem ihre Soldaten von den DDR-Bürgern weitgehend ab. Zwar werden militärische Angaben in jedem Land geheim gehalten, doch bestand seitens der Sowjetarmee stets ein Mißtrauen gegenüber der DDR und der Nationalen Volksarmee (NVA). Wenn nur irgend möglich, unterlief die Sowjetarmee geschlossene Vereinbarungen oder Festlegungen im möglichen Rahmen. Sie ließ sich von den Deutschen nicht in die Karten schauen und nutzte die Macht des Siegers aus. Selbst das Stationieren der sowjetischen SS-20-Raketen (mit möglichem Atomsprengkopf) Mitte der achtziger Jahre soll – erzählt man sich in militärischen Kreisen – gegen den Willen der DDR und selbst von Erich Honecker geschehen sein. Dafür mußte die DDR Elektroenergie liefern (für Funkmeßdienste, Steuerung der Raketenbasen und deren Pumpstationen, neue Unterkünfte usw.): Das hätte den Neubau eines weiteren Großkraftwerkes bedingt, für das es nicht mal einen Planansatz gab (deshalb und wegen der steigenden Ölpreise begann damals die verstärkte Braunkohleförderung) [48].

Bei der DR bestanden seit 1949 im Ministerium, in den Reichsbahndirektionen und Reichsbahnämtern Büros des Ministers, des Präsidenten und des Amtsvorstandes, in denen der Militärverkehr koordiniert und die Verteidigungsfähigkeit der DR (Zivilverteidigung, militärische Vorhaben der Leistungs- und Lieferverordnung, kurz LVO-Vorhaben genannt) ausgebaut wurde. Alle Anforderungen der Woso der Sowjetarmee und später der Eisenbahntransportkommandatur der NVA liefen über diese Büros, die später in Hauptabteilungen I (in den Reichsbahnämtern in Abteilung I) und ab 1. Juli 1986 in Hauptabteilung bzw. Abteilung für Spezielle Transport- und Bauaufgaben (HA STBA) umbenannt wurden.

Monatlich fand beim Staatssekretär im Ministerium für Verkehrswesen (MfV) der DDR eine Koordinierungsberatung mit der Sowjetarmee und der NVA statt. Von Seiten der Bahn nahmen die Hauptabteilung I und Vertreter der Hauptdispatcherleitung (Hdl) teil, später im Hauptstab für die operative Betriebsleitung der DR (HBL DR) aufgegangen. Für die geplanten Truppenbewegungen übergab die Sowjetarmee ihre Transportvorschau für den Folgemonat: In Form einer Matrix war eingetragen, welche Wagengattungen, wieviel Züge zwischen den einzelnen Bezirken der Reichsbahndirektionen geplant waren. Für konzentrierte Transportbewegungen, z. B. bei größeren Manövern, mit mehr als zehn zu beladenden Zügen pro Tag und Rbd war dagegen eine Fahrplankonferenz einzuberufen. Die Sowjetarmee unterlief aus Tarnungsgründen und wegen ihres ständigen Mißtrauens diese Vorschrift, um bis zu neun Züge täglich über mehrere Tage hinweg verkehren zu lassen, so daß keine Fahrplankonferenz nötig war [48].

Die Hauptabteilung des MfV stimmte mit dem Oberkommando der Sowjetarmee an Hand der übergebenen Transportanmeldungen die Verkehrstage sowie nach Möglichkeit die Be- und Entladebahnhöfe ab. Es waren zur Tarnung viele Schein-Bestellungen darunter. Vielfach bestellte die Sowjetarmee Güterwagen kurzfristig ab, um sie am nächsten Tag ganz woanders dringend haben zu wollen (Nachbedarf). Für den Militärverkehr mußten die Güterwagen stets vorrangig bereitgestellt werden. Und das betraf meistens die vierachsigen Sa-Wagen, die für Schwertransporte, wie für Brammen, Coils und Baustoffe, dringend benötigt wurden. Schlimmer war das im Sommer, wenn wegen niedrigen Wasserstandes der Flüsse Massengüter (Baustoffe!) auf die Schiene zu verlagern waren. Vom Oberkommando der Sowjetarmee gab es in dieser Hinsicht kein Pardon oder gar Einsicht in die schwierige wirtschaftliche Lage der DDR an dieser Nahtstelle zwischen den beiden mächtigsten Militärblöcken der Welt, denn Befehl war Befehl. Selbst der Nationale Verteidigungsrat der DDR konnte nicht helfen, zumindestens bis zur Mitte der achtziger Jahre [48].

Für den Militärverkehr war das Netz der DR eingeteilt in Haupt-Eisenbahnlinien (HEL), die meistens in West-Ost-Richtung verliefen, in Neben-Eisenbahnlinien (NEL), die die HEL miteinander verknüpften, und die Rochade-Eisenbahnlinien (ROL) als Ausweichstrecken. Entsprechend diesen Strecken-Kategorien mußte die DR vorrangig die Gleise instandhalten

In Stendal werden die Panzer auf die Züge verladen. Repro aus: [70]

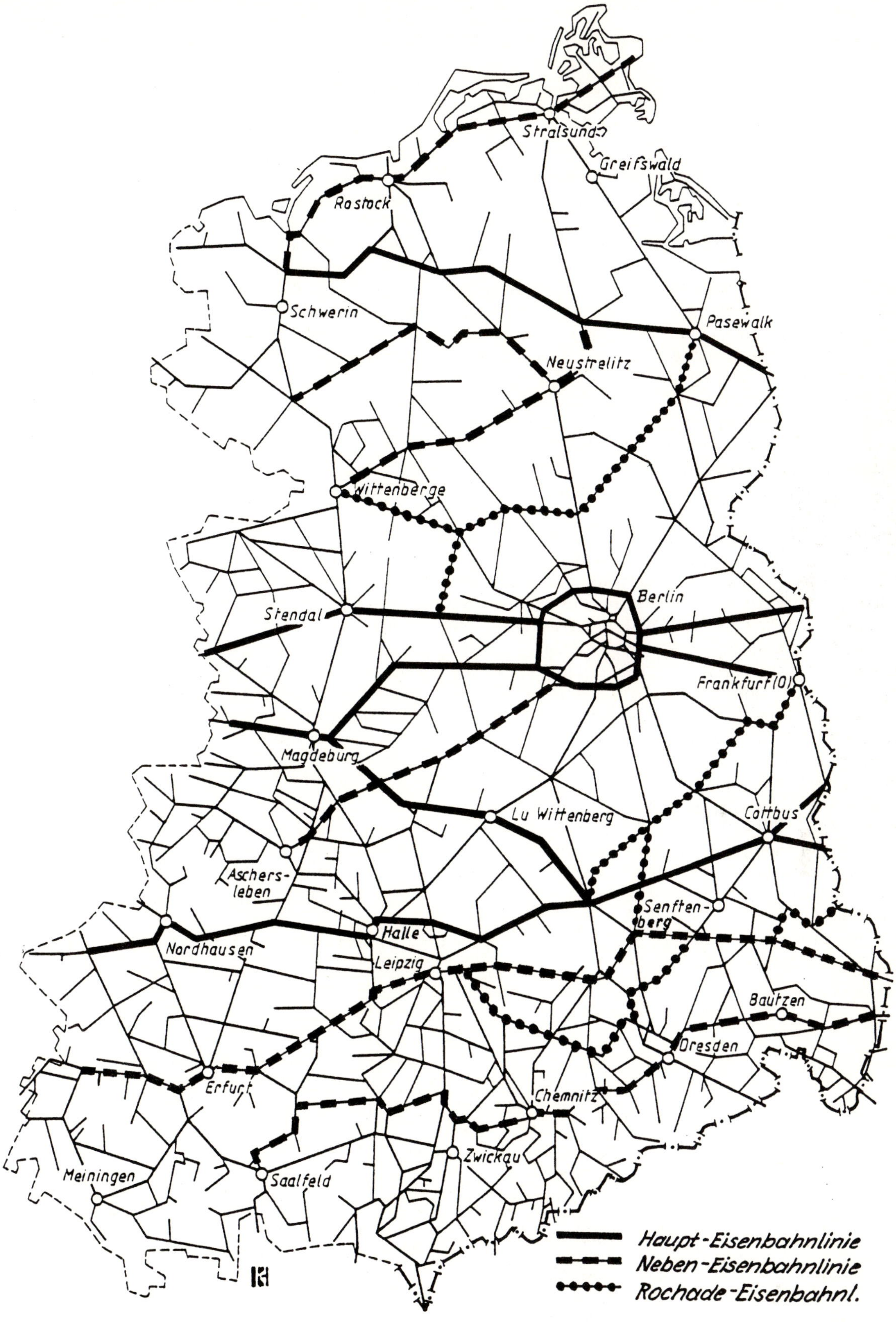

Auszugsweiser Überblick über die Haupt-Eisenbahnlinien (HEL), Neben-Eisenbahnlinien (NEL) und Rochade-Eisenbahnlinien (ROL) für den Militärverkehr im Netz der DR. Die Einträge wurden aus dem Gedächtnis vorgenommen und sind deshalb lückenhaft. [48] Zeichnung: Kuhlmann

und sogar Brücken-Doublierungen anlegen (siehe Auswahl am Schluß) [48].

Um Krisensituationen transportseitig bewältigen zu können, fanden zweimal in fünf Jahren in den MfV-Häusern Voßstraße oder Französische Straße von Freitag abend bis Montag früh hinter verschlossenen Türen sogenannte Stabsübungen mit der NVA und der DR statt. Die Vorgaben für derartige Übungen kamen aber von der Sowjetarmee, die sich bei solchen Aktionen im Hintergrund hielt. Dabei sollten nicht nur die vorhandenen Unterlagen auf Aktualität geprüft werden, sondern in einer Art Sandkastenspiel unter einem angenommenen Spannungsfall Handlungen vorbereitet und deren mögliche zeitliche Dauer eingeschätzt werden. Um es vorweg zu nehmen: Niemals wurden Angriffspläne gegen die NATO durchgespielt, denn solche gab es nach übereinstimmenden Aussagen der Teilnehmer nicht! [48].

Für eine solche Stabsübung wurden Alarmpläne und weitere Verfügungen vorbereitet. Nach der Weisung Nr. 27 (Behandeln von Fremdwagen aus dem nichtsozialistischen Währungsgebiet in der DDR) durften beispielsweise Flachwagen fremder Bahnen nicht zurückgegeben werden, weil sie „gegnerischen" Militärtransporten dienlich sind. Die in der DDR vorhandenen Güterwagen – insbesondere gedeckte und Flachwagen – waren gattungsrein zu sammeln und nach Osten an die Grenze zur Sowjetunion leer abzufahren – bis zu 40 Züge am Tag –, um dann Nachschubtransporten aus der Sowjetunion in die DDR zu dienen. Gedeckte Güterwagen allerdings sollten zusammen mit Reisezugwagen Evakuierungstransporten der sowjetischen Familien und Zivilangestellten mit deren Hausrat dienen. Bei solch massivem Zugbetrieb war der Reiseverkehr innerhalb der DDR drastisch einzuschränken; zwischen den Bezirksstädten der DDR sollte nur morgens und abends je ein Schnellzugpaar fahren. Bei solchen Übungen ging man davon aus, daß am dritten Tag Truppen der NATO etwa bis zur Linie Schwerin – Leipzig – Chemnitz (damals Karl-Marx-Stadt) vorgedrungen waren. Ebenfalls an diesem dritten Tag wäre der erste Nachschub aus der Sowjetunion an der Oder-Neiße eingetroffen. Doch an diesem Tag hätte die DR bereits keine Betriebsmittel mehr gehabt. Fazit: In den militärischen Auseinandersetzungen zwischen Ost und West wäre nur die DDR mit ihren Menschen zwischen den Großmächten zerrieben worden [48].

Die in der DDR stationierten sowjetischen Truppen führten regelmäßig ihre mehr oder weniger großen Manöver auf Truppenübungsplätzen aus, nicht immer mit der NVA der DDR gemeinsam. Das blieb meistens den großen Truppenübungen zur See, zu Lande und in der Luft vorbehalten, z. B. vom 9. bis 15. September 1963 das Manöver „Quartett" im Süden der DDR, vom 16. bis 24. Oktober 1965 das Manöver „Oktobersturm" in Thüringen sowie ab 1970 den im Zehn-Jahres-Rhythmus in der gesamten DDR vorgesehenen Manövern „Waffenbrüderschaft" (1990 fiel aus bekannten Gründen aus).

Manöver waren stets mit dem Transport schwerer Panzer und anderer Technik verbunden, für den geeignete Güterwagen bereitzustellen waren, überwiegend gerade die von der Montanindustrie für den Brammen- und Baustofftransport benötigten vier- und sechsachsigen Rlmmp- bzw. Salmmp-Wagen (für 60 bzw. 83 Tonnen Ladegewicht). Beladeausfälle in der volkseigenen Wirtschaft waren deshalb vorprogrammiert. Um die DDR-Wirtschaft nicht zu lähmen, legte der Hauptstab für die operative Betriebsleitung der DR (HBL DR) solche Bedarfsanmeldungen für Güterwagen über die Hauptabteilung I dem Nationalen Verteidigungsrat der DDR zum Genehmigen vor. Während früher die Forderungen der Sowjetarmee bedingungslos zu erfüllen waren, verwies E. H. ab Mitte der achtziger Jahre auf die volkswirtschaftlichen Möglichkeiten und verlegte gar Manövertermine [48].

Im Militärverkehr der DR waren Panzer, Selbstfahrlafetten, Schützenpanzerwagen, Lkw aller Typen, Mobilkrane, Zugma-

Bezeichnung: T 54, T 54 A, Gerät 155, Gerät 155 A

Gesamtlänge:	9000	mm	Radlast, max.:		kp
Breite, max.:	3270	mm	Radstände:		mm
Höhe, max.:	2750	mm	Auflagelänge		
Masse:	36500		der Ketten:	3840	mm
- leer		kg	Kettenbreite:	580	mm
- beladen		kg	Bodendruck:	0,81	kp/cm²
Anzahl der Räder:		St.	Spurweite:	2640	mm
Anzahl der Achsen:		St.	- vorn		mm
			- hinten		mm

Geeignete Wagen:

Kbkm Kklm	Klm-(z)	Ks-(z)	Rlmmp	R-z	Sa	Salp
-	-	-	x	-	xx	x

Besondere Bestimmungen für die Verladung und Befestigung:

LÜ-Nr.: 201 Kategorien: 300

Zulässige Überschreitung, einschließlich 40 mm Verladedifferenz, bei

Wagenbodenhöhe	mm	Wagenbodenhöhe 1300	mm
Breite ab Wagenmitte in mm	Höhe über SO in mm	Breite ab Wagenmitte in mm	Höhe über SO in mm
		1675	1300 ... 2800

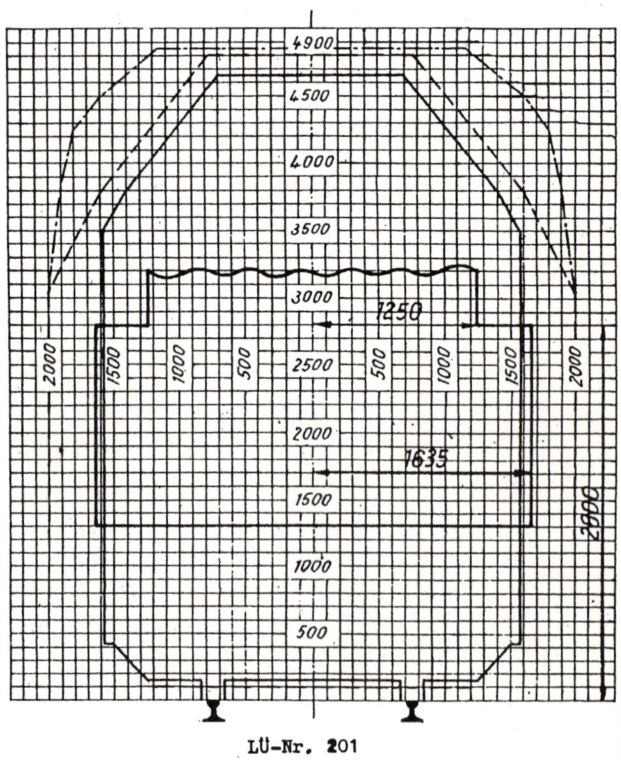

Blatt aus dem Katalog für Lademaßüberschreitungen in Militärtransporten, hier zum Verladen von Panzern T 54. Sammlung R. Malcherek, Königs Wusterhausen

Für Militärtransporte bevorzugte Güterwagen-Gattungen [nach 49 und 55]

1	2	3	4	5	6	7
Gedeckte Güterwagen						
Gl	101 00 ... 19	2	10 000/9240	21,0		
Gl	101 40 ... 42	2	–/10890	25,0		
Gklm	111 80 ... 112 29	2	9600/9240	16,0		
Gklm	112 30 ... 89	2	9600 ... 9800/9100 ... 9300	17,5		
Gklm	112 90 ... 113 79	2	9600/9300	17,5		
Gbkl	118 40 ... 49	2	12 800/12 100	17,5		als Küchenwagen geeignet
Gbs	150 00 ... 79	2	–/14020	26,0	100	innen mit Sprelacart bzw. Holz ausgekleidet
Gagms-v [r]	197 00 ... 49	4	16 500/15 800	52,0	100	
Gagrs-v	199 00 ... 19	4	–/16520	57,0	100	
Gagrs-v	199 20 ... 39	4	–/16520	57,0	100	
Hk-t (r, s)	205 00 ... 89	2	9800/9100	17,5	80	fest eingebaute, klappbare Liegen, beschränkt einsatzfähig
Hk-t (r, s)	215 00 ... 19	2	9800/9100	17,5	100	fest eingebaute, klappbare Liegen, beschränkt einsatzfähig
Flachwagen						
Kp	305 50 ... 79	2	9300 ... 14 400	17,5 ... 21,0		
Kkp	306 00 ... 19	2	9300 ... 14 400	17,5 ... 21,0		
Kmp (-u)	310 90 ... 99	2	9300 ... 14 400	17,5 ... 21,0		
Kkmp (-u)	320 80 ... 99	2	9300 ... 14 400	17,5 ... 21,0		
Kkmmp (-u)	325 50 ... 59	2	9300 ... 14 400	17,5 ... 21,0		
Klm (s, -z)	313 00 ... 19	2	12 000 ... 12 800	21,0 ... 25,5		
Klm	313 42 ... 99	2	12 000 ... 12 800	21,0 ... 25,5		
Klms (-z)	434 00 ... 59	2	12 000 ... 12 800	21,0 ... 25,5	100	
Ks	330 00 ... 11	2	–/14 230	27,5	100	
R	380 00 ... 09	4	–/22 240	53,0		abklappbare Stahlrungen, umklappbare Stirnwände
Rlmmp	389 00 ... 19	4	13 500 ... 23 800	32,0 ... 52,0		
Rmp	384 10 ... 19	4	18 800 ... 20 100	40,0 ... 42,0		
Rkp, Rp	382 00 ... 59	4	13 500 ... 23 800	32,0 ... 52,0		
Rlmmp	389 00 ... 09	4	10 800 ... 11 550	52,0 ... 60,0		ohne Rungen
Sa	480 00 ... 49	6	–/15840	88,0		
Salp	480 40 ... 79	6	–/13200	83,0		auch zum Transport von Pontonbrücken
Offene Güterwagen						
El-u	510 00 ... 99	2	10 800/10 100	24,5 ... 25,5		
El-u	556 00 ... 19	2	10 800/10 100	24,5 ... 25,5		
Es-u	552 00 ... 99	2	10 500/10 000	27,5 ... 29,5	100	
El-u	556 30 ... 99	2	10 100/10 000	27,5		
Eals	591 20 ... 29	4	14 400 /14 040	59,0 ... 59,5	100	
Eals	592 08 ... 39	4	14 400/14 040	59,0 ... 59,5	100	
Kühlwagen						
Ibcor (s)	800 90 ... 93	2	12 400 ... 12 800/11 700	16,0	100	
Ichrs (q, s)	806 30 ... 34	2	–/11 740	16,5 ... 19,5	100	
Ichrs (q, s)	806 40 ... 42	2	–/11 740	16,5 ... 19,5	100	
Iacrs [r]	837 40 ... 43	4	16 330/–	30,5 ... 35,0	100	
Iacrs [r]	837 50 ... 52	4	16 330/–	30,5 ... 35,0	100	
Kesselwagen						
Uh	070 90	2	9 500/–	27,0		beheizbarer Kessel, für Erdölprodukte
Uah	075 00	4	12 390/–	48,0		beheizbarer Kessel, für Erdölprodukte und brennbare Flüssigkeiten
Uah	076 03	4	12 390/–	48,0		beheizbarer und isolierter Kessel, für Bitumen/Pech
Uah	728 22	4	12 340/–	43,0		beheizbarer Kessel, für Erdölprodukte
Uah	075 45	4	12 340/–	43,0		beheizbarer Kessel, für Erdölprodukte

Legende: 1: Gattung, **2:** Gattungs-Nr., **3:** Achszahl, **4:** Länge über Puffer [mm], mit/ohne Handbremse,
5: Höchste Lastgrenze [t], **6:** Höchstgeschwindigkeit [km/h], **7:** Bemerkungen

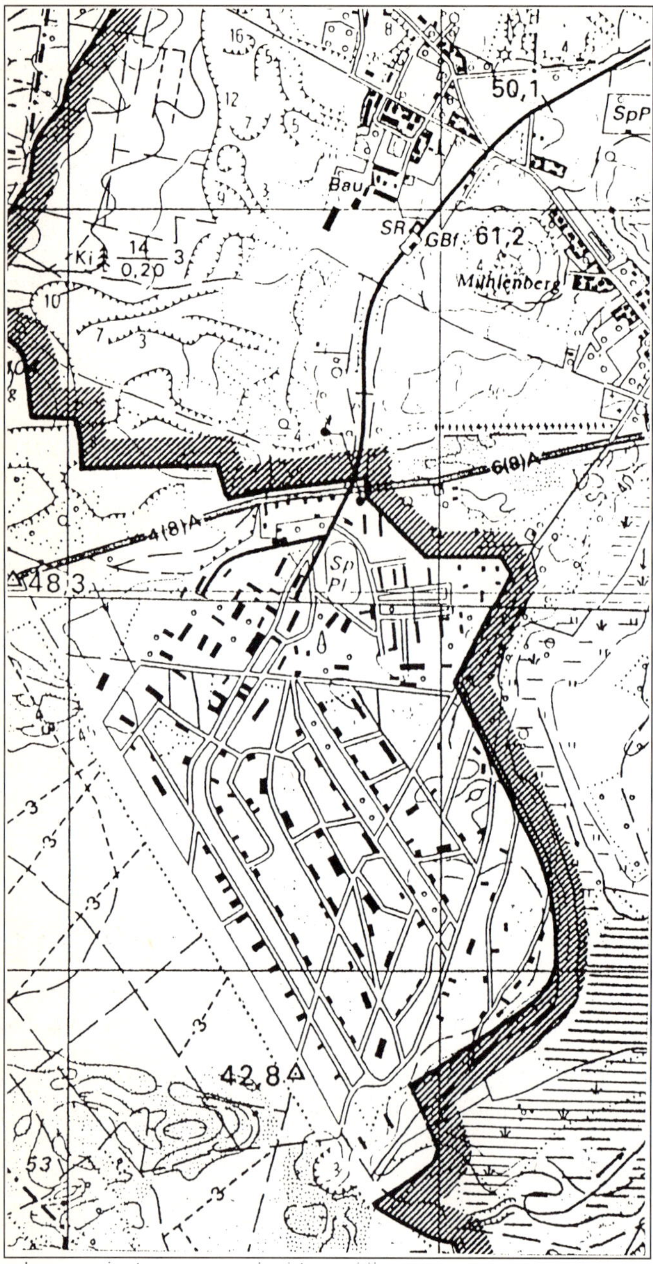

Auszug aus einem Meßtischblatt von 1987 mit dem Munitionslager der Sowjetarmee in Töpchin. Selbst den Vermessern des Militärkartographischen Dienstes des Ministeriums für Nationale Verteidigung wurde der Zugang verwehrt, denn sie konnten nur zwei kurze Gleise darstellen.
Sammlung Kuhlmann

⇩ Die Sowjetarmee hatte der Hauptabteilung I der Rbd Berlin diese Gleisplanskizze ihrer Anschlußbahn des Munitionslagers Töpchin übergeben. Die nachgetragenen Zahlen an den Gleisen geben vermutlich die Gleislänge zwischen den Weichen an, zumal eine Gleislänge von insgesamt 10 899 m vermerkt ist. Die Sowjetarmee hatte hier zwei V 10 B eingesetzt, die im Lokschuppen auf Gleis 9 im ersten der drei Sicherungsbereiche abgestellt waren. Der Gleisplan läßt sich annähernd in das Meßtischblatt übertragen. Zwischen dem Bahnhof Töpchin und dem Zugangstor an der Straße gab es außerdem eine zweigleisige Wagenübergabestelle, die mit einer Gleissperre am Bahnhof Töpchin abgesichert war (wegen 15 Promille Neigung und wegen Gefahrguttransporten der Sowjetarmee).
Sammlung Kuhlmann

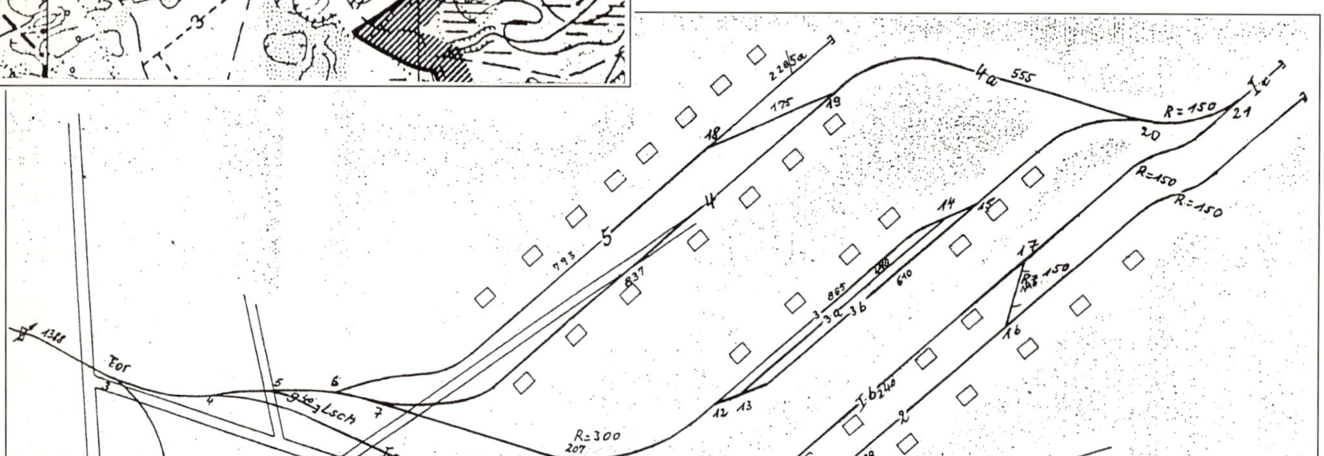

Zum Truppenabzug wurden 1991 im Lager Töpchin die letzten Munitionskisten in die Waggons verladen ...

... die zum Schluß verplompt wurden. Repros aus [70]

schinen, Planierraupen, Straßenbaumaschinen, Betontransportmischer, Sattelzüge, Busse, selbst Feldbacköfen, mobile Funkmeßwerkstätten, Dusch- und Desinfektionsanlagen, Bugsierboote usw. zu befördern, die wegen ihrer ungewöhnlich großen Abmessungen Lademaßüberschreitungen (LÜ) waren. Dafür gab es eine „Dienstanweisung über den Katalog für Lademaßüberschreitungen bei Militärtransporten – LÜ-Katalog (LÜK)" [49]. Dieses ständig aktualisierte Handbuch stammt zwar aus dem Ministerium für Nationale Verteidigung der DDR (MfNV), doch hatten Sowjetarmee und NVA im wesentlichen die gleiche Technik. Ausgerüstet mit diesen Katalogblättern war es den DR-Wagenmeistern leichter, vor Abfahrt das exakte Verladen der Technik zu überprüfen [49, 50].

Die Eisenbahn war kurioserweise verpflichtet worden, für Militärtransporte Keile, Vorlegeklötzer, Nägel, Draht usw. vorzuhalten, ebenso Laderampen. Deshalb entwickelte die DR den Einheitsvorlegekeil und zerlegbare Laderampen (ZLR) für Streckenentladungen, die bei allen Armeen des Warschauer Paktes Eingang fanden. Dafür bestand u. a. in Knappenrode ein riesiges Lager [48]. Auch auf dem Personenbahnhof von Frankfurt (Oder) befand sich zwischen den Gleisen 201 und 206 der sogenannte Ausrüstungsschuppen mit einer Grundfläche von 92 x 11 Meter. Nach Kriegsende lagerte dort bis 1990 das Material zum Ausrüsten der sowjetischen Kommandanten- und aller Mannschaftswagen für Truppentransporte [12].

Militärtransporte führen auch Sprengstoffe und Munition mit sich. Dafür durften nur gedeckte Güterwagen gestellt werden, die mit Rollenachslager ausgerüstet waren (keine Gefahr durch Heißläufer!), federnde Zug- und Stoßvorrichtungen und Funkenschutzbleche besaßen und bei denen Türen und Luken dicht schlossen. Solche Wagen kennzeichnete man nur bei Einzeltransporten mit Pulverflagge (Signal Fz 3 der DR), nicht aber in Militärzügen [50].

Außerdem mußte die DR für die sowjetischen Truppen in der DDR sogenannte EVR-Pendel(züge) auf Bedarf vorhalten, die auf festgelegten Bahnhöfen abgestellt waren. Diese waren für Transporte zur **E**inberufung und **V**ersetzung in die **R**eserve der sowjetischen Truppen vorbehalten, entweder als Militärzüge zwischen der DDR und der UdSSR (EVR-Pendel) oder nur innerhalb der DDR (EVR-Inlandspendel). Für die Zugbildung galt folgende Reihung [51]:

1 Wagen mit Bremserhaus,
1 Schutzwagen,
1 offener Wagen mit 9 Tonnen Briketts (auch für Küchenheizung), ohne an die Türen zu laden,
20 Mannschaftswagen mit Sonderausrüstung (zwei Bänke oder sechs lose Bretter, eine Laterne, ein Wassereimer) und Heizeinrichtung (Ofen),
3 als Küchenwagen ausgestattete gedeckte Güterwagen mit mindestens 2 Meter Türbreite,
1 gedeckter Güterwagen für Lebensmittel,
1 Kühlwagen (bedarfsweise von den sowjetischen Streitkräften beeist);
19 Mannschaftswagen mit Sondereinrichtung und Heizeinrichtung (Ofen),
1 offener Wagen mit 9 Tonnen Briketts im Winter,
2 bzw. im Winter 1 Schutzwagen,
1 Wagen mit Bremserhaus.

Die Fahrzeuge – nur zweiachsige Güterwagen waren zugelassen – mußten gewaschen und desinfiziert, technisch für den grenzüberschreitenden Verkehr geeignet und entsprechend ausgerüstet sein. Nach dem Zusammenstellen eines solchen Pendels war der Wagenzug von den sowjetischen Truppen abzunehmen, ggf. waren Nachbesserungen nötig. Ferner war vor jedem Einsatz der Wagenzug von der DR dem sowjetischen Zugkommandanten mit Ausrüstungsliste sowie 1000 Kerzen zu übergeben. Die Rückgabe des Zuges am vereinbarten Ort sollte jeweils besenrein und mit allen Ausrüstungsgegenständen sein. Festgestellte Verluste und Beschädigungen waren bei der Rückgabe von beiden Seiten unterschriftlich zu quittieren [51]. Dann klappte oft die bis dahin so gute Verständigung nicht mehr, gerade wenn die eisernen Öfen als Heizung in den Unterständen von den sowjetischen Soldaten zweckentfremdet wurden.

Fahrpläne für die EVR-Pendel waren für die jeweilige Aktion (immer Frühjahr und Herbst) als uneingeschränkte und jederzeit verfügbare Bedarfstrassen in den Fahrplan einzuarbeiten.

Im voraus waren auch Verpflegungsbahnhöfe festzulegen, auf denen aus den Küchenwagen Essen gefaßt werden konnte. Dort waren von der DR Trinkwasseranschlüsse, Abfallbehälter, Behelfstoiletten und ausreichende Beleuchtung vorzuhalten. Gerade die Eisenbahner des Rangierbahnhofs Frankfurt (Oder) können ein Lied davon singen, daß die vorgesehenen Toiletten niemals ausreichten ...

Auf den Be- und Entladebahnhöfen waren jeweils sogenannte Verantwortliche für Militärtransporte (VMT) einzusetzen, meistens die Leiter der Bahnhöfe oder die Schichtleiter. Diese sollten zusammen mit dem Transportleiter (TL) der Streitkräfte für das rechtzeitige Bereitstellen der Güterwagen und damit das Be- oder Entladen einschließlich Ladegeräte, Befestigungsmittel, Schilder für Lademaßüberschreitungen (LÜ) sowie Ausrüstungsgegenstände sorgen. Dessen Aufschreibungen, wie auch Teil-Fahrpläne ohne Abgangs- und Zielbahnhöfe, waren einzuziehen und unter Zeugen zu vernichten. Ebenso durften Wagenzettel bzw. Wagenlisten keinen Abgangs- und Zielbahnhof enthalten. Militärzüge sollten auf Unterwegsbahnhöfen höchstens vier, mindestens zwei Stunden vor dem Verkehren bekannt sein, auf Be- und Entladebahnhöfen sowie Verpflegungsbahnhöfen höchstens 48 Stunden [51].

Für das Be- und Entladen auf freier Strecke gab es die o. g. zerlegbaren Laderampen oder auch Behelfsrampen, die die Pioniertruppen aus Schwellen und Schienen errichteten. Ausnahme war das sogenannte Panzerspringen ohne Rampe: Der Panzer drehte sich auf dem Güterwagen aus der Längs- in die Querrichtung, und mit Vollgas fuhr bzw. sprang er vom Fahrzeug. Besonders in der Kurve zwischen Knappenrode und Knappenrode Süd übten das anfangs Sowjetarmee und NVA. Dieses Panzerspringen überstanden zwar die legendären T 34 und die Selbstfahrlafetten aus der Zeit des zweiten Weltkrieges, aber das elektronische Innenleben der modernen Panzer nahm bei solchen Sprüngen Schaden. Auch die Güterwagen litten unter solchen Kapriolen: herausgerissene Bodenbretter waren das geringste Übel, meistens sprangen die Fahrzeugrahmen aus den Drehgestellpfannen. Diese „Entladeweise" wurde deshalb bald aufgegeben [48].

Fahrpläne für Militärzüge – selbst die Lochstreifen des Fernschreibers – waren entweder der Hauptabteilung zu übergeben oder unter Zeugen mit Protokoll zu vernichten. Alle Anforderungen der Eisenbahntransportkommandanturen der NVA als auch der Woso der Sowjetarmee liefen über diese Hauptabteilung im Ministerium und in den Reichsbahndirektionen, die dann das Bereitstellen der benötigten Wagen zur Be- und Entladung und die Zugfahrten selbst bei den einzelnen Fachbereichen bestellte, aber auch überwachte. Grundsätzlich war im § 3 (3) der DV MT [51] aus Geheimhaltungsgründen festgelegt: „Über Maßnahmen und Aufgaben bei Truppentransporten sind nur die unmittelbar Beteiligten schriftlich bzw. mündlich und nur in dem Umfang, wie das zur Erfüllung der jeweiligen Aufgabe unbedingt nötig ist, zu unterrichten." In dieser Dienstvorschrift war auch vorgeschrieben, daß Militäreinzeltransporte nicht über den Rangierbahnhof Oebisfelde und über den Abschnitt Schönhauser Allee – Berlin-Pankow an der Grenze zu West-Berlin zu leiten waren.

Rollten die sowjetischen Militärtransporte auf den Schienen der DR, waren sofort die alliierten Militärs mit Kameras zur Stelle. Das MfS der DDR, das stets an den Planungsbesprechungen für Militärtransporte teilnahm, vermutete deshalb undichte Stellen bei den Hauptabteilungen oder im Dispatcherdienst, konnte das angebliche Loch nicht finden. Erst nach der politischen Wende beim Abzug der Sowjetarmee aus Deutschland wurde bekannt, daß sich alle Alliierten in Deutschland gegenseitig über ihre eigenen Truppenbewegungen und die von NVA und Bundeswehr unterrichteten ... [48].

Die geheimsten Züge der Sowjetarmee waren die Transporte von SS-20-Raketen. Diese trafen ohne mobile Abschußrampe in vierachsigen gedeckten Güterwagen der SŽD im Einzellauf in Frankfurt (Oder) ein. Gleich vier bis fünf Züge verkehrten nur in der Nacht bzw. bei Dunkelheit (deshalb „Dunkelmänner" genannt). Jedem eintreffenden Wagen stellte man auf dem Grenzbahnhof insgesamt neun gleichartige Güterwagen zum Tarnen bei, so daß von außen nicht zu erkennen war, in welchem sich die Rakete befindet. Transportbegleitung und militärischer Schutz waren selbstverständlich [48].

Viele Standorte der Sowjetarmee in der DDR besaßen Anschlußbahnen. Nur in seltenen Fällen wurden dort Truppentransporte zum Be- oder Entladen bereitgestellt. Es handelte sich vielfach um Nachschub- oder Verpflegungslager, die Güterwagen erhielten, wie z. B. in Wünsdorf. Meistens bediente die DR solche Anschlußbahnen. Doch gab es auch sowjetische Einheiten, die neben Brechstange und Muskelkraft eigene Betriebsmittel hatten: in Niedergörsdorf besaß die Sowjetarmee drei Lokomotiven der DDR-Bauart V 15 und eine kleine sowjetische Diesellokomotive mit SŽD-Kennzeichnung, im großen Munitionslager Töpchin rangierten dagegen nur zwei V 10 B aus Hennigsdorf.

ВРЕМЕННЫЙ ПРОПУСК
№ 000081 *
Предъявитель Хильдебранд Кристина
Паспорт № 2675121040
1993 г.
действителен по предъявлению паспорта!
Gültig beim Vorzeigen des Personalausweises!

ВРЕМЕННЫЙ ПРОПУСК
Действителен по 31. 12. 1993 31. 03. 1994 13 06 1994
с 6 по 16 час.
Через КПП
Машина № DB-7-5677
Начальник гарнизона
передача пропуска запрещена!
Die Übergabe des Passierscheins ist verboten!
Зак. 5Д

Nach der Einheit Deutschlands und dem Zusammenbruch der Sowjetunion öffneten sich leichter die Kasernentore der Sowjetarmee. Für die Garnison Wünsdorf erhielt ein Mitarbeiter der Bahn die Berechtigung, mit dem Pkw das abgesperrte Areal zu befahren. (Originalgröße 88 x 110 mm, Vorder- und Rückseite). Sammlung Hildebrandt, Neuruppin

Schiffsbrückengerät SBG-66 als schwimmende Pontonbrücke über die Elbe.
Foto: G. Kerber

Technische Daten:

Länge der Brücke		*ab 20 m*	
Rastermaß		*6,0 und 8,5 m*	
Breite der Brücke			
einspurig	*5,0 m*	*der Fahrbahn*	*4,0 m*
zweispurig	*8,0 m*	*der Fahrbahn*	*7,0 m*
zulässige Geschwindigkeit			
für Lkw	*15 km/h*		
für Züge	*10 km/h*		

Die in der DDR übliche und notwendige Wagenumlaufbeschleunigung war der Sowjetarmee vollkommen fremd. Sie mißbrauchte die Güterwagen als Lager. Standgeldrechnungen waren für die Sowjets ohne Wert, wurden einfach nicht bezahlt. Wenn wieder einmal Millionenhöhe erreicht war, machte sich der Staatssekretär des MfV oder der Generaldirektor der DR mit dem Bearbeiter auf den Weg ins sowjetische Hauptquartier nach Wünsdorf. Dort regelten beide Seiten das Problem zugunsten des „großen Bruders“, aber gezahlt wurde nicht [48].

Nachschubprobleme der Sowjetarmee zeigten sich im Zweiten Weltkrieg beim Vorrücken nach Westen immer dann, wenn Eisenbahnbrücken über breite Flüsse so zerstört waren, daß Umgehungsstrecken und Behelfsbrücken gebaut werden mußten. Das war aufwendig und zeitraubend, wie die Beispiele von 1945 in Frankfurt (Oder) und Küstrin-Kietz belegen. Diese Zeitverluste wollten die Sowjetarmee und die mit ihr im Warschauer Pakt vereinigten Armeen bei einem angenommenen Angriff oder gar Vormarsch in Richtung Westen nicht mehr hinnehmen.

Als grenzüberschreitende Reservestrecken für Truppen- und Nachschubtransporte über Oder und Neiße waren vorhanden und wurden betriebsfähig vorgehalten:

- zwischen Neurüdnitz und Siekierki (Zäckeritz-Alt Rüdnitz), die Oderbrücke war 1955 wieder aufgebaut worden,
- zwischen Guben und Gubinek, die anläßlich von Bauarbeiten bei den PKP 1997/98 auch von regulären Güterzügen befahren wurde,
- zwischen Bad Muskau und Łęknica (Lugknitz), deren Neißebrücke im Krieg zerstört, aber bis 1955 von den Polen wieder aufgebaut wurde,
- zwischen Lodenau und Sanice der ursprünglich durchgehenden Privatbahn von Horka über Rothenburg (Lausitz) nach Przewóz (Priebus), nach Kriegsende verblieben die Pfeiler und Fundamente der alten, aber gesprengten Neißebrücke, die für einen raschen Brückenbau genutzt werden konnten; Anfang der siebziger Jahre wurde eine solche Brücke montiert, von Zügen befahren und danach zurückgebaut.

Zusätzlich wurden über die Oder-Neiße-Grenze in der Nähe der vorhandenen Eisenbahnbrücken einige Umgehungsstrecken gebaut, die im Bedarfsfall über den Fluß mit Brückengeräten K oder RW, mit der Eisenbahn-Gerüstbrücke REM-500 der Sowjetarmee, Schwimmbrücken, u. a. des neueren Schiffsbrückengerätes SBG-66 der NVA, mit Hilfe des sowjetischen Konsolkranes SRK-50 geschlossen werden können [52].

Über Oder und Neiße bestanden auf DDR-Gebiet bis zur Stillegung am 22.April 1993 folgende strategische Umfahrungsstrecken für Brücken und Knoten [53]:

- zwischen Neurüdnitz und Siekierki (Zäckeritz) südlich der vorhandenen Eisenbahnbrücke: während eines Manövers Ende der siebziger Jahre bauten die NVA und die polnische Armee über die Oder eine Pontonbrücke für die Bahn mit paralleler Straße, die von mit Panzern beladenen Zügen und Kraftfahrzeugen befahren wurde [54],
- zwischen Neu Manschnow und Ługi Górzyckie (Göritz Bruch) südlich von Küstrin-Kietz: während eines Manövers war eine Brücke über die Oder gebaut worden,
- zwischen Abzweig Wiesenau – Aurith (Kunitzer Loose) und Kunice (Kunitz) an der Strecke von Kunowice (Kunnersdorf) südlich des Knotens Frankfurt (Oder): für ein Manöver 1979 baute man eine Eisenbahngerüstbrücke REM-500 auf, die von zwei mit Panzern beladenen Zügen befahren wurde und die am nächsten Tag zurückgedrückt wurde [53],
- zwischen Guben und Gubinek südlich der Neißebrücke in Richtung Lubsko (Sommerfeld), während eines Frühjahrsmanövers von einem mit Panzern beladenen Zug von Gubin (Polen) über Guben wieder nach Polen befahren,
- zwischen Charlottenhof (OL) und Lasów (Lissa) nördlich von Görlitz als Reserve für die Neißebrücke bei Bielawa Dolna (Nieder-Bielau); während eines Manövers entstand hier eine Kombination von sowjetischer Eisenbahngerüstbrücke REM-500 und Eisenbahn-Straßenbrücke ESB-16 der NVA, unbekannt ist, ob diese befahren wurde.

Konstruktionsschema des sowjetischen Brückengerätes REM-500

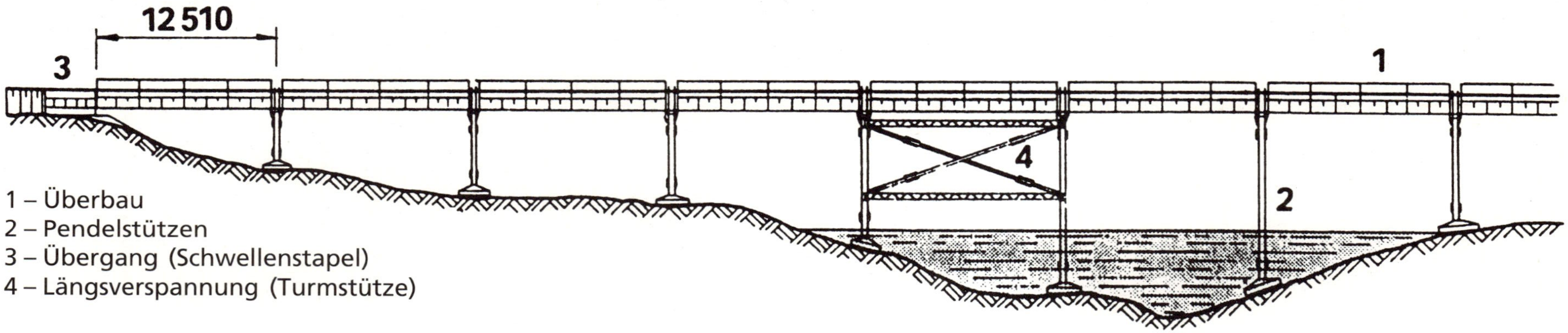

1 – Überbau
2 – Pendelstützen
3 – Übergang (Schwellenstapel)
4 – Längsverspannung (Turmstütze)

Technische Daten:

Länge eines Überbauteiles (maximal 40 Teile für eine Länge von 500 m)	*12,5 m*
maximale Höhe der Stützen (über SO)	*14,0 m*
minimale Höhe der Stützen (über SO)	*4,3 m*
Wassertiefe	*bis 7,0 m*
zulässige Stromgeschwindigkeit	*bis 1,2 m/s*
längenbezogene Last der Brückenkonstruktion	*1,5 t/m*
maximale Zuggeschwindigkeit bei gerade geführter Brücke	*30 km/h*

Das Brückengerät REM-500 kann sowohl ein Bahngleis aufnehmen als auch mit zusätzlichen Fahrbahnelementen als Straße genutzt werden. Diese Gerüstbrücke ist kombinierbar mit anderen Typen, wie z. B. der ESB-16 der Nationalen Volksarmee. Das Brückengerät REM-500 fand nach dem Krieg überwiegend an Oder und Neiße sein Einsatzfeld. Zeichnung: G. Kerber

Funktionsschema des ESB-KA

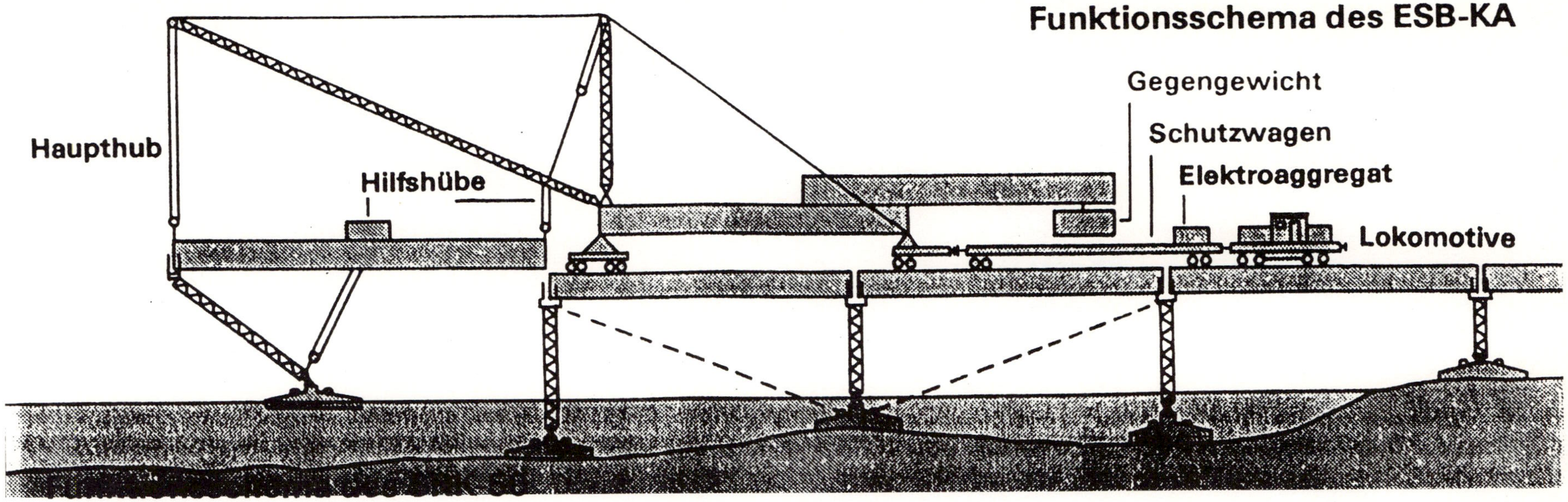

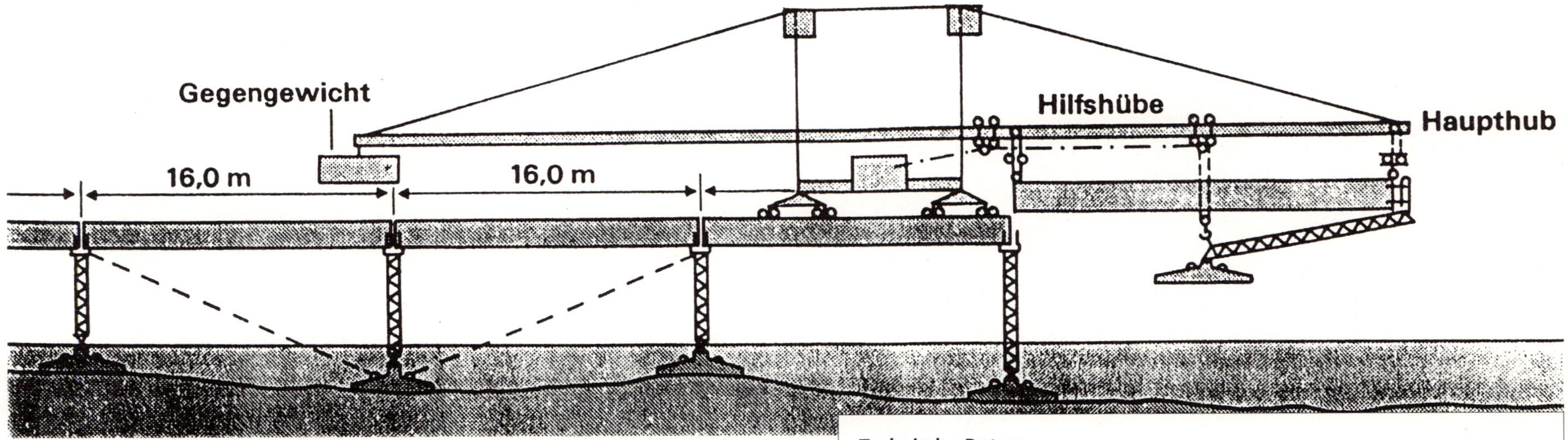

Montageschema der Eisenbahn-Straßenbrücke ESB-16

Die ESB-16 wurde in der DDR entwickelt und mit dem von der Deutschen Reichsbahn (DR) entwickelten Hebezeug ESB-KA bzw. mit dem sowjetischen Konsolkran SRK-50 eingesetzt. Die Spurweite läßt sich durch Umstecken der Bolzen in einfacher Weise zwischen 1435 mm und 1520 mm ändern. Zeichnung: G. Kerber

Technische Daten:

Länge eines Überbauteiles (maximal 12 Teile für eine Länge von 192 m)	*16,0 m*
maximale Höhe der Stützen (über SO)	*12,6 m*
minimale Höhe der Stützen (über SO)	*2,8 m*
zulässige Stromgeschwindigkeit	*1,5 m/s*
maximale zulässige Geschwindigkeit für Bahn/Lkw	*30 km/h*

Eine Diesellokomotive der BR 346 mit dem Aggregatwagen schiebt 1980 bei einer Übung der NVA das Hebezeug ESB-KA mit einem Brückenfeld ESB-16 zur Elbeüberquerung zwischen Prettin und Dommitzsch. Foto: G. Kerber

Ein von einer Dampflokomotive der Baureihe 52 gezogener Militärzug überquert 1968 auf einem ESB-16 die Oder zwischen Ługi Górzyckie (Göritz Bruch) und Neu Manschnow. Foto: G. Kerber

6.4
Truppen und Kriegsgerät ziehen ostwärts

Mit den neuen politischen Verhältnissen in der DDR, die nach dem Unterzeichnen des sogenannten 2-plus-4-Vertrages („Vertrag über die endgültige Regelung der Beziehungen im Verhältnis zu Deutschland") vom 12. September 1990 zum Anschluß der DDR an die BRD am 3. Oktober 1990 führten, war die Stationierung der Sowjettruppen in Deutschland vertraglich neu zu regeln und deren Abzug bis Ende 1994 zu realisieren. Am 12. Oktober 1990 unterzeichneten in Bonn Vertreter beider Regierungen den „Vertrag zwischen der Bundesrepublik Deutschland und der Union der Sozialistischen Sowjetrepubliken über die Bedingungen des befristeten Aufenthaltes und die Modalitäten des planmäßigen Abzuges der sowjetischen Truppen aus dem Gebiet der Bundesrepublik Deutschland". Die BRD verpflichtete sich, teilweise die Kosten für den zeitweiligen Aufenthalt der sowjetischen Truppen in Deutschland und deren Abzug in Höhe von 12 Milliarden DM zu übernehmen (1 Milliarde DM Transportkosten, 3 Milliarden DM für den Unterhalt, 7,8 Milliarden DM für den Wohnungsbau in Rußland und 200 Millionen DM für die Umschulung der in die Reserve zu versetzenden Soldaten). Auf der Basis dieses Vertrages konstituierte sich am 27. November 1990 eine Gemischte deutsch-sowjetische Kommission, die das praktische Umsetzen des Abzuges kontrollierte und dabei auftretende Fragen klärte [47, Seite 282 – 290].

Der erste ausgearbeitete Abzugsplan mußte auf Weisung des Oberkommandierenden der Westgruppe, Burlakow, geändert werden. Ursprünglich sollten 1991 nur rund zehn Prozent des Bestandes abgezogen werden, nun waren die Raten

Die 77. Panzerdivision zieht aus Jena ab und wird verabschiedet. „Wir treffen uns, Heimat" wissen die sowjetischen/russischen Soldaten. Repro aus [70]

Abzug der sowjetischen/russischen Truppen aus Deutschland in Zahlen Aus: [47, Seite 205]

	Plan 1991–1994	Abgezogen 1991	1992	1993	Summe 1991–1993	Plan 1994
Personal	546 200	165 000	164 500	148 274	477 774	68 426
– Soldaten	338 800	110 000	101 356	95 159	306 515	32 285
– Zivilbeschäftigte/Familienangehörige	207 400	55 000	63 141	53 115	171 256	36 141
Waffen und Gerät [Stck.]	122 678	34 500	38 381	32 371	105 252	17 426
– Panzer	4 288	1 514	1 457	826	3 797	491
– gepanzerte Kampftechnik	8 208	2 314	1 581	2 940	6 835	1 373
– Geschütze und Mörser	3 664	1 313	1 235	856	3 404	260
– anderes Gerät	105 144	29 111	33 558	27 445	90 114	15 030
– Flugzeuge	691	130	189	241	560	131
– Hubschrauber	683	118	361	63	542	141
Material [t]	2 602 000	781 000	783 950	820 707	2 385 657	216 343
– davon Munition	677 000	317 500	193 910	150 030	661 440	15 060

Chronik des sowjetischen/russischen Truppenabzugs

Auszüge aus: [47, Seite 193 – 204]

31. 12. 1990	Übergabe des Abzugsplanes der Westgruppe 1991 bis 1994, des Abzugsplanes für 1991 und des Zeitplanes für das I. Quartal 1991 an den OvD des Korps- und Territorialkommandos Ost der Bundeswehr
18. 02. 1991	Besuch des Oberbefehlshabers der Westgruppe bei Generalleutnant Schönbohm in Strausberg. Unterzeichnung des sowjetisch-deutschen Abkommens über die Regelung der Nutzung des Luftraums durch sowjetische Truppen im Aufenthaltsgebiet der BRD
26. 02. 1991	2. Sitzung der Gemischten Deutsch-sowjetischen Kommission in Bonn; Hauptthema: Transit durch Polen
19. 03. 1991	Abzug der 207. Mot-Schützen-Division aus Stendal (9838 Mann, 3963 Stück Gerät)
28. 05. 1991	3. Sitzung der Gemischten Kommission; Hauptthema: Stand des Truppenabzugs
15. 07. 1991	Abzug der 12. Panzer-Division aus Neuruppin (11 448 Mann, 4452 Stück Gerät)
22. 07. 1991	Abzug der 27. Mot-Schützen-Division aus Halle (Saale) (10 684 Mann, 4173 Stück Gerät)
31. 08. 1991	Abzug des Kommandos der 6. Jagdflieger-Division aus Merseburg (410 Mann, 206 Stück Gerät)
02. 10. 1991	Auf Ersuchen des Bundesverteidigungsministeriums Besichtigung der Kernwaffendepots in Torgau und Zeithain durch Vertreter der Bundeswehr unter Leitung von Oberst Kujad
22. 10. 1991	4. Sitzung der Gemischten Kommission; Schwerpunkte: sowjetische Kernwaffen in Deutschland, Verwertung der Immobilien der Westgruppe
02. 11. 1991	Abzug der 33. Mot-Schützen-Division aus Krampnitz (10 784 Mann, 4112 Stück Gerät)
02. 11. 1991	„Tag der offenen Tür" in 236 Garnisonen der Westgruppe
17. 03. 1992	5. Sitzung der Gemischten Kommission; Hauptfragen: Abstimmung des Abzugplanes für 1992, Unterstellung der Westgruppe unter die Jurisdiktion Rußlands, Vernichtung gepanzerter Technik gemäß KSZE-Vertrag
30. 04. 1992	Abzug der 79. Panzer-Division aus Jena (11 483 Mann, 4393 Stück Gerät)
13. 06. 1992	„Tag der offenen Tür" in Garnisonen der Westgruppe
16. 06. 1992	6. Sitzung der Gemischten Kommission in Berlin; Hauptfragen: Stand des Truppenabzugs, Wohnungsbau in Rußland, Verwertung von Liegenschaften der Westgruppe
30. 06. 1992	Abzug der 9. Panzer-Division aus Riesa (11 520 Mann, 4432 Stück Gerät)
25. 08. 1992	Abzug des Kommandos der 126. Jagdflieger-Division aus Zerbst (418 Mann, 218 Stück Gerät)
31. 08. 1992	Abzug der 11. Panzer-Division aus Dresden (11 413 Mann, 4426 Stück Gerät)
30. 09. 1992	Abzug der 57. Mot-Schützen-Division aus Naumburg (Saale) (9928 Mann, 4128 Stück Gerät)
20./21. 11. 1992	Feierliche Verabschiedung der 8. Armee aus Thüringen
10. 12. 1992	Abzug des Kommandos der 8. Gardearmee aus Nohra (1430 Mann, 292 Stück Gerät)
27. 01. 1993	7. Sitzung der Gemischten Kommission in Berlin; Hauptfragen: Konsequenzen aus der Gemeinsamen Erklärung von Präsident Jelzin und Bundeskanzler Kohl am 16. 12. 1992 in Moskau, Wohnungsbau für abziehende Angehörige der Westgruppe, Abzugsplan für 1993
28. 02. 1993	Abzug der 20. Mot-Schützen-Division aus Grimma (8255 Mann, 3756 Stück Gerät)
30. 03. 1993	8. Sitzung der Gemischten Kommission in Berlin; erörtert wurden Fragen des Wohnungsbaus, der Übergabe von Liegenschaften, der Verwertung von Metallschrott
27./28. 04. 1993	Feierliche Verabschiedung der 94. Mot-Schützen-Division in Schwerin (Meckl)
28. 05. 1993	Abzug der 94. Mot-Schützen-Division aus Schwerin (Meckl) (9274 Mann, 2647 Stück Gerät)
30. 06. 1993	9. Sitzung der Gemischten Kommission in Bonn; Hauptfragen: Stand des Truppenabzugs, Lage um die Garnisonen der Westgruppe, Probleme des Umweltschutzes
30. 06. 1993	Abzug der 90. Panzer-Division aus Bernau (b Bln) (11 395 Mann, 4398 Stück Gerät)
15. 07. 1993	Abzug des Kommandos der 125. Jagdbomberflieger-Division aus Rechlin (408 Mann, 203 Stück Gerät)
10. 08. 1993	Abzug des Kommandos der 105. Jagdbomberflieger-Division aus Großenhain (412 Mann, 207 Stück Gerät)
31. 08. 1993	Abzug der 16. Panzer-Division aus Neustrelitz (11 060 Mann, 4193 Stück Gerät)
30. 09. 1993	Abzug des Kommandos der 2. Gardepanzer-Armee aus Fürstenberg (Havel) (1921 Mann, 347 Stück Gerät)
08. 10. 1993	10. Sitzung der Gemischten Kommission in Berlin; Themen: Stand des Abzuges der Westgruppe, rechtswidrige Handlungen gegen Angehörige der Westgruppe, Wohnungsbau
30. 10. 1993	Abzug des Kommandos der 16. Jagdflieger-Division aus Ribnitz-Damgarten (420 Mann, 210 Stück Gerät), Abzug des Kommandos der 16. Luftarmee in den Militärbezirk Moskau
18. 01. 1994	11. Sitzung der Gemischten Kommission in Bonn; Schwerpunkte: Ergebnisse des Abzugs in den letzten drei Jahren, Abgeltung von Schäden, Zahlungsausgleich
22. 04. 1994	12. Sitzung der Gemischten Kommission in Berlin; Hauptfragen: Abzugsbilanz bis zum I. Quartal 1994, Wiedereingliederung der Truppen, Vorbereitung der feierlichen Verabschiedung, Zahlungsausgleich, Verletzung von Steuer- und Zollvorschriften durch Westgruppe
30. 05. 1994	Abzug der 47. Panzer-Division aus Hillersleben (3699 Mann, 2460 Stück Gerät)
31. 05. 1994	Abzug der 34. Artillerie-Division aus Potsdam (1729 Mann, 1293 Stück Gerät)

Abzug der Westgruppe der sowjetischen/russischen Truppen mit der Bahn mit Ausrüstungen, Kampfmitteln, Munition usw. in Güterwagen zwischen 1991 und 1994

Jahr	Abtransport über				Summe	Wagen/Tag
	Polen	Tschechien	Fähre Mukran	Seehäfen*		
1991	13 502	205	23 370	8 037	45 114	123,60
1992	19 636	2 170	16 816	3 308	41 930	114,88
1993	19 872	1 956	14 895	880	37 603	103,02
bis 11. Aug 1994	10 881	1 678	7 476	316	20351	91,26
Summe	63891	6 009	62 557	12 541	144 998	110,01
proz. Anteil	44,06	4,15	43,14	8,65	100,00	

* vornehmlich Rostock

von 1991 bis 1993 auf je 25 bis 30 Prozent zu erhöhen und 1994 auf schließlich zehn bis 15 Prozent zu senken. In der Gemischten deutsch-sowjetischen Kommission bestand eine Arbeitsgruppe Transport unter Leitung von Oberst Pljuta. Ihr gehörten u. a. an das Mitglied des Vorstandes der DB/DR, Peter Münchschwandner, der Leiter der Hauptabteilung Betriebsführung der DR, Eberhard Krauß, und der Leiter der Transportleitstelle der Bundeswehr, Oberst Budde. Burlakow forderte auch, alle materiellen Werte aus den Unterkünften in die neuen Stationierungsorte mitzunehmen, weil man dort alles gebrauchen konnte. Und was nicht für die eigenen Bedürfnisse benötigt werde, könne getauscht werden, wie z. B. Betonmaste für Straßenbeleuchtung gegen Schweine aus dem Umland. Aber auch in Deutschland machte z. B. die 3. Armee in Sachsen-Anhalt ein gutes Geschäft, weil das gesamte Fernmeldenetz und dessen Einrichtungen an deutsche Geschäftsleute verkauft werden konnte [47, Seite 24, 27/28, 124/125/126].

Am 1. Januar 1991 gehörten zur Westgruppe 337 800 Soldaten und Offiziere sowie 208 000 Familienangehörige und Zivilangestellte, davon 90 000 Kinder. Insgesamt waren 115 000 Technik-Einheiten (davon 4197 Panzer, 11 500 gepanzerte Kampffahrzeuge, 3716 Artilleriegeschütze) und mehr als 2,5 Milo. Tonnen materiell-technischer Vorräte (davon 677 000 Tonnen Munition) aus Deutschland abzuziehen. Der deutschen Seite waren zu übergeben:

- 777 Wohnsiedlungen, davon 505 vor 1940 für die Wehrmacht gebaut,
- 47 Flugplätze, davon 27 vor 1940 gebaut,
- 15 Truppenübungsplätze, davon 7 bis 1940 angelegt,
- 15 178 deutsche Gebäude,
- 21 111 Gebäude, die Eigentum der russischen Föderation sind [47, Seite 282 – 290, 70, Seite 26].

Für den Truppenabzug aus Deutschland bildete die Westgruppe einen speziellen Stab mit sechs Arbeitsgruppen für allgemeine Planung, Planung der Ausfuhr von Technik und Bewaffnung, Planung der Abfuhr von Material, Einbeziehen der zwischenstaatlichen Vereinbarungen, Auswertung der Informationen und Kontrolle, Organisation des Kommandantendienstes [70, Seite 25].

Im Dezember 1992 beschlossen der Präsident Rußlands Boris Jelzin und Bundeskanzler Helmut Kohl, den Abzug der (seit 4. März 1992) russischen Truppen zu beschleunigen und statt am 31. Dezember bereits am 31. August 1994 zu beenden. Das bedeutete, 1993 rund 5000 Technik-Einheiten und 120 000 Tonnen Material zusätzlich abzufahren. Damit Schritt halten mußte der vereinbarte Wohnungsbau in Rußland. Dafür stellte die BRD weitere 550 Millionen DM bereit, so daß bis Ende 1993 statt 5700 insgesamt 9600 Wohnungen fertiggestellt wurden [47, Seite 282 – 290].

Bis April 1993 waren 3134 Panzer (76,1 Prozent), 2766 Artilleriesysteme (77,3 Prozent), 432 Flugzeuge (69,3 Prozent) aus Deutschland abgezogen. Das geschah hauptsächlich mit der Bahn [47, Seite 282 – 290].

1991 behinderte Polen den sowjetischen Truppenabzug, weil es überhöhte Tarife für die Bahn-Beförderung verlangte. Deshalb mußten Mannschaften und Material überwiegend über den Seeweg abgezogen werden (Rostock, Mukran, Wismar). Für 1992 senkte Polen die Tarife um 41 Prozent. Ebenso erhöhte 1991 der Rostocker Seehafen mit Beginn der Seeverladung (aus marktwirtschaftlichen Gründen?) seine Transporttarife um zehn Prozent. Die Sowjetarmee verlagerte deshalb die Verladung aus Kostengründen nach Wismar, bis Rostock seine alten Tarife wieder in Kraft setzte [70, Seite 47/48].

Den Abzug verdeutlicht die obenstehende Tabelle; weitere rund ein Prozent wurden auf dem Luftweg verlegt und sind darin nicht enthalten. Die Kosten für den Abzug betrugen

- 39,20 DM je Tonne (plus 15 Prozent unter Winterbedingungen) für den Transport über Ro-Ro-Schiffe,
- 1440 DM je Güterwagen in Deutschland,
- 1774 DM je Güterwagen in Polen,
- 1784 DM je Güterwagen in Tschechien und in der Slowakei,
- 80 000 bis 90 000 Rubel je Güterwagen in der Ukraine,
- 70 000 Rubel je Güterwagen in Belorußland,
- 82 000 Rubel je Güterwagen in Litauen.

Bereits bis zum 24. Juni 1991 war jegliche atomare Munition aus dem Ostteil Deutschlands über den Seeweg Mukran – Klaipeda zurückgezogen worden [47, Seite 282 – 290].

Alle abziehende Militärtransporte auf der Schiene überwachte das Oberkommando der Westgruppe der sowjetischen Streitkräfte. Täglich wurden ihm die Standorte und der Zustand jedes fahrenden und abfahrbereiten Miltärgüterzuges in den neuen Bundesländern übermittelt. Auf der Basis der verbleibenden Technik und Munition plante man die nächsten Züge [47, Seite 282 – 290].

Bis zum 11. August 1994 waren im wesentlichen alle Militäreinheiten mit ihrer Technik abgezogen. Die noch verbliebenen wenigen rückwärtigen Dienste folgten ihnen in den nächsten Tagen. Der gesamte Abzug der Westgruppe war eine beispiellose militärische Operation, die alle bisherigen Truppenverlegungen im und seit dem Zweiten Weltkrieg in den Schatten stellt.

Im Oktober 1992 wird in Weimar die 8. Gardearmee verabschiedet. Repro aus [70]

An der Rampe von Frankfurt (Oder) Pbf wurden die Militärtransporte verladen und zusammengestellt. Foto: L. Meyer

⇧ *Ein russischer Truppentransport wartet in Frankfurt (Oder) Pbf Ostteil auf die Rückfahrt in die Heimat. Foto: L. Meyer, Frankfurt (Oder)*

Nach Hause, zur Heimat, in der Mutter, Schwestern, Brüder warten, fahren die Soldaten mit ihren Selbstfahrlafetten aus Stendal. Repro aus [70]

Dem Zug in Halle (Saale) werden mit einer Kleinlokomotive die Begleitwagen zugestellt. Repro aus [70]

Standorte von Truppenverbänden und Truppenteilen der Westgruppe der sowjetischen Truppen auf dem Gebiet der ehemaligen DDR

Nach [70]

Die Bezeichnung der Truppen wandelte sich im Laufe der Zeit:
- Gruppe der sowjetischen Besatzungstruppen in Deutschland (GSBTD),
- Gruppe der sowjetischen Streitkräfte in Deutschland (GSSD) seit 1954,
- Westgruppe der Truppen (WGT) seit Juni 1989.

1945 waren stationiert:

1. Gardepanzerarmee in Radebeul
2. Gardepanzerarmee in Fürstenberg (Havel)
4. Gardepanzerarmee in Eberswalde
2. Stoßarmee in Schwerin (Meckl)
3. Stoßarmee in Stendal
5. Stoßarmee im Olympischen Dorf
8. Gardearmee in Weimar
47. Armee in Woltersdorf (bei Schöneiche)
Rotbanner-Dnepr-Flottille mit Standorten in Oranienburg, Oderberg und Fürstenberg (Havel)

Am 1. Januar 1991 waren stationiert:

● 1.	**Rotbanner-Garde-Panzerarmee (Dresden)**	
20.	**Rotbanner-Garde-Mot-Schützendivision**	**(Grimma)**
29.	Rotbanner-Garde-Mot-Schützenregiment	(Plauen/Vogtl.)
67.	Rotbanner-Garde-Mot-Schützenregiment	(Grimma)
242.	Rotbanner-Garde-Mot-Schützenregiment	(Wurzen)
576.	Rotbanner-Garde-Mot-Schützenregiment	(Glauchau/Sachs)
944.	Rotbanner-Garde-SFL-Artillerieregiment	(Leisnig)
358.	Rotbanner-Garde-Fla-Raketenregiment	(Leisnig)
9.	**Rotbanner-Panzerdivision**	**(Riesa)**
1.	Rotbanner Garde-Panzerregiment	(Zeithain)
1321.	Rotbanner-Mot-Schützenregiment	(Jüterbog)
70.	Rotbanner-Garde-Panzerregiment	(Zeithain)
302.	Mot-Schützenregiment	(Riesa)
96.	SFL-Artillerieregiment	(Borna b Lpz)
11.	**Rotbanner-Garde-Panzerdivision**	**(Dresden)**
7.	Rotbanner-Garde-Panzerregiment	(Meißen)
40.	Rotbanner-Garde-Panzerregiment	(Königsbrück)
44.	Rotbanner-Garde-Panzerregiment	(Königsbrück)
249.	Rotbanner-Garde-Mot-Schützenregiment	(Dresden)
841.	Rotbanner-Garde-SFL-Artillerieregiment	(Chemnitz)
1018.	Rotbanner-Fla-Raketenregiment	(Meißen)
225.	Selbständiges Hubschrauberregiment	(Altstadt?)
485.	Selbständiges Hubschrauberregiment	(Brandis)
181.	Raketenbrigade	(Kochstedt)
432.	Raketenbrigade	(Wurzen)
308.	Artilleriebrigade	(Zeithain)
53.	Fliegerabwehrbrigade	(Altenburg)
41.	Versorgungsbrigade	(Dresden)
253.	Selbständiges Fernmeldetechnisches Regiment	(Merseburg)
68.	Pontonbrückenregiment	(Dresden)
3.	Sonder-Nachrichtenregiment	(Dresden)
● 2.	**Rotbanner-Garde-Panzerarmee (Fürstenberg/Havel)**	
21.	**Rotbanner-Mot-Schützendivision**	**(Perleberg)**
239.	Mot-Schützenregiment	(Perleberg)
240.	Rotbanner-Mot-Schützenregiment	(Ludwigslust)
283.	Rotbanner-Garde-Mot-Schützenregiment	(Hagenow)
568.	Mot-Schützenregiment	(Parchim)
1054.	Rotbanner-SFL-Artillerieregiment	(Rathenow)
1079.	Fla-Raketenregiment	(Perleberg)
94.	**Garde-Mot-Schützendivision**	**(Schwerin/Meckl)**
204.	Rotbanner-Garde-Mot-Schützenregiment	(Schwerin/Meckl)
286.	Rotbanner-Garde-Mot-Schützenregiment	(Schwerin/Meckl)
288.	Rotbanner-Garde-Mot-Schützenregiment	(Wismar)
74.	Rotbanner-Garde-Panzerregiment	(Schwerin/Meckl)
199.	Rotbanner-Garde-SFL-Artillerieregiment	(Wismar)
896.	Fla-Raketenregiment	(Schwerin/Meckl)
207.	**Rotbanner-Mot-Schützendivision**	**(Stendal)**
33.	Mot-Schützenregiment	(Stendal)
41.	Mot-Schützenregiment	(Gardelegen)
400.	Mot-Schützenregiment	(Mahlwinkel)
591.	Rotbanner-Garde-Mot-Schützenregiment	(Staats)
693.	Rotbanner-SFL-Artillerieregiment	(Stendal)
75.	Garde-Fla-Raketenregiment	(Stendal)
16.	**Rotbanner-Garde-Panzerdivision**	**(Neustrelitz)**
47.	Rotbanner-Garde-Panzerregiment	(Neustrelitz)
65.	Rotbanner-Garde-Panzerregiment	(Neustrelitz)
60.	Rotbanner-Mot-Schützenregiment	(Ravensbrück)
723.	Rotbanner-Garde-SFL-Artillerieregiment	(Neustrelitz)
724.	Garde-SFL-Artillerieregiment	(Neustrelitz)
66.	Garde-Fla-Raketenregiment	(Neustrelitz)
172.	Sonder-Hubschrauberregiment	(Damm?)
439.	Sonder-Hubschrauberregiment	(Damm)
290.	Artilleriebrigade	(Schweinrich)
112.	Raketenbrigade	(Henzrode?)
458.	Raketenbrigade	(Neustrelitz)
61.	Fla-Raketenbrigade	(Staats)
118.	Versorgungsbrigade	(Ravensbrück)
250.	Sonder-Fernmeldetechnisches Regiment	(Stendal)
69.	Pontonbrückenregiment	(Rathenow)
5.	Sonder-Nachrichtenregiment	(Ravensbrück)
● 3.	**Rotbanner-Truppenarmee (Magdeburg)**	
7.	**Rotbanner-Garde-Panzerdivision**	**(Roßlau/Elbe)**
55.	Rotbanner-Garde-Panzerregiment	(Lutherstadt Wittenberg)
56.	Rotbanner-Garde-Panzerregiment	(Zerbst)
79.	Rotbanner-Garde-Panzerregiment	(Roßlau/Elbe)
40.	Mot-Schützenregiment	(Brandenburg)
670.	Garde-SFL-Artillerieregiment	(Kochstedt)
287.	Garde-Fla-Raketenregiment	(Roßlau/Elbe)
10.	**Rotbanner-Garde-Panzerdivision**	**(Altengrabow)**
61.	Rotbanner-Garde-Panzerregiment	(Altengrabow)
62.	Rotbanner-Garde-Panzerregiment	(Altengrabow)
63.	Rotbanner-Garde-Panzerregiment	(Altengrabow)
248.	Rotbanner-Garde-Mot-Schützenregiment	(Schönebeck/Elbe)
744.	Garde-SFL-Artillerieregiment	(Altengrabow)
359.	Garde-Fla-Raketenregiment	(Altengrabow)
12.	**Rotbanner-Garde-Panzerdivision**	**(Neuruppin)**
48.	Rotbanner-Garde-Panzerregiment	(Neuruppin)
332.	Rotbanner-Garde-Panzerregiment	(Neuruppin)
353.	Rotbanner-Garde-Panzerregiment	(Neuruppin)
200.	Rotbanner-Garde-Mot-Schützenregiment	(Burg b Magdeburg)
117.	SFL-Artillerieregiment	(Mahlwinkel)
933.	Fla-Raketenregiment	(Burg b Magdeburg)
47.	**Rotbanner-Garde-Panzerdivision**	**(Hillersleben)**
26.	Panzerregiment	(Hillersleben)
153.	Rotbanner-Panzerregiment	(Hillersleben)
197.	Rotbanner-Garde-Panzerregiment	(Halberstadt)
245.	Rotbanner-Garde-Mot-Schützenregiment	(Halberstadt)
99.	Rotbanner-Garde-SFL-Artillerieregiment	(Mahlwinkel)
1009.	Fla-Raketenregiment	(Hillersleben)
178.	Sonder-Hubschrauberregiment	(Borstel b Stendal)
440.	Sonder-Hubschrauberregiment	(Borstel b Stendal)
36.	Raketenbrigade	(Altengrabow)
448.	Raketenbrigade	(Born b Haldensleben)
49.	Fliegerabwehr-Raketenbrigade	(Planken b Haldensleben)
385.	Artilleriebrigade	(Planken b Haldensleben)
42.	Versorgungsbrigade	(Magdeburg)
254.	Sonder-Fernmeldetechnisches Regiment	(?)
36.	Pontonbrückenregiment	(Magdeburg)
105.	Sonder-Nachrichtenregiment	(Magdeburg)

● **8.**	**Garde-Truppenarmee (Nohra b Weimar)**	
27.	**Rotbanner-Garde-Mot-Schützendivision**	**(Halle/Saale)**
68.	Rotbanner-Garde-Mot-Schützenregiment	(Halle/Saale)
243.	Rotbanner-Garde-Mot-Schützenregiment	(Halle/Saale)
244.	Rotbanner-Garde-Mot-Schützenregiment	(Schlotheim)
28.	Rotbanner-Panzerregiment	(Halle/Saale)
54.	Rotbanner-Garde-SFL-Artillerieregiment	(Halle/Saale)
286.	Garde-Fla-Raketenregiment	(Halle/Saale)
39.	**Rotbanner-Garde-Mot-Schützendivision**	**(Ohrdruf)**
117.	Rotbanner-Garde-Mot-Schützenregiment	(Meiningen)
120.	Rotbanner-Garde-Mot-Schützenregiment	(Ohrdruf)
172.	Rotbanner-Garde-Mot-Schützenregiment	(Gotha)
585.	Rotbanner-Garde-Mot-Schützenregiment	(Ohrdruf)
915.	Fla-Raketenregiment	(Ohrdruf)
87.	Rotbanner-Garde-SFL-Artillerieregiment	(Gotha)
57.	**Garde-Mot-Schützendivision**	**(Naumburg/Saale)**
170.	Rotbanner-Garde-Mot-Schützenregiment	(Naumburg/Saale)
174.	Rotbanner-Garde-Mot-Schützenregiment	(Weißenfels)
241.	Rotbanner-Garde-Mot-Schützenregiment	(Leipzig)
51.	Rotbanner-Garde-Panzerregiment	(Zeitz)
128.	Rotbanner-Garde-SFL-Artillerieregiment	(Zeitz)
901.	Fla-Raketenregiment	(Naumburg/Saale)
79.	**Rotbanner-Garde-Panzerdivision**	**(Jena)**
17.	Rotbanner-Garde-Panzerregiment	(Saalfeld/Saale)
45.	Rotbanner-Garde-Panzerregiment	(Weimar)
211.	Rotbanner-Panzerregiment	(Jena)
247.	Rotbanner-Garde-Mot-Schützenregiment	(Weimar)
172.	Rotbanner-Garde-SFL-Artillerieregiment	(Rudolstadt)
1075.	Fla-Raketenregiment	(Weimar)
336.	Sonder-Hubschrauberregiment	(Nohra b Weimar)
486.	Sonder-Hubschrauberregiment	(Jüterbog Altes Lager)
11.	Raketenbrigade	(Weißenfels)
449.	Raketenbrigade	(Arnstadt)
18.	Fla-Raketenbrigade	(Gotha)
116.	Versorgungsbrigade	(Altenburg)
390.	Artilleriebrigade	(Ohrdruf)
119.	Sonder-Panzerregiment	(Bad Langensalza)
65.	Pontonbrückenregiment	(Merseburg)
194.	Sonder-Fernmeldetechnisches Regiment	(Weimar)
91.	Sonder-Nachrichtenregiment	(Weimar)

● **20.**	**Rotbanner-Garde-Truppenarmee (Eberswalde-Finow)**	
35.	**Rotbanner-Mot-Schützendivision**	**(Krampnitz b Potsdam)**
62.	Rotbanner-Mot-Schützenregiment	(Potsdam)
64.	Rotbanner-Mot-Schützenregiment	(Potsdam)
69.	Rotbanner-Mot-Schützenregiment	(Wünsdorf)
83.	Garde-Mot-Schützenregiment	(Krampnitz b Potsdam)
219.	Rotbanner-Panzerregiment	(Elstal, Olympisches Dorf)
283.	Rotbanner-Garde-SFL-Artillerieregiment	(Elstal)
200.	Rotbanner-Fla-Raketenregiment	(Krampnitz b Potsdam)
90.	**Rotbanner-Garde-Panzerdivision**	**(Bernau b Berlin)**
6.	Rotbanner-Garde-Panzerregiment	(Bad Freienwalde)
68.	Rotbanner-Garde-Panzerregiment	(Bernau b Berlin)
215.	Rotbanner-Garde-Panzerregiment	(Bernau b Berlin)
81.	Rotbanner-Garde-Schützenregiment	(Eberswalde-Finow)
400.	Rotbanner-Artillerieregiment	(Bernau b Berlin)
288.	Garde-Fla-Raketenregiment	(Bernau b Berlin)
6.	Sonder-Garde-Mot-Schützenbrigade	(Berlin-Karlshorst)
337.	Sonder-Hubschrauberregiment	(Mahlwinkel)
487.	Sonder-Hubschrauberregiment	(Preslau?)
27.	Raketenbrigade	(Jüterbog)
464.	Raketenbrigade	(Fürstenwalde/Spree)
67.	Fla-Raketenregiment	(Elstal)
117.	Versorgungsbrigade	(Eberwalde-Finow)
387.	Artilleriebrigade	(Jüterbog Altes Lager)
264.	Sonder-Funktechnisches Regiment	(Neidenbritz?)
44.	Pontonbrückenregiment	(Frankfurt/Oder)
6.	Sonder-Nachrichtenregiment	(Eberswalde)

● **16.**	**Rotbanner-Luftarmee (Wünsdorf)**	
6.	**Rotbanner-Garde-Jagdfliegerdivision**	**(Merseburg)**
296.	Fliegerregiment der Jagdbomber	(Großenhain)
31.	Rotbanner-Garde-Jagdfliegerregiment	(Falkenberg/Elster)
85.	Rotbanner-Garde-Jagdfliegerregiment	(Merseburg)
968.	Jagdfliegerregiment	(Kobitz?)
139.	Fliegertechnisches Regiment	(Merseburg)
16.	**Rotbanner-Garde-Jagdfliegerdivision**	**(Ribnitz-Damgarten)**
33.	Jagdfliegerregiment	(Wittstock)
773.	Jagdfliegerregiment	(Ribnitz-Damgarten)
787.	Jagdfliegerregiment	(Eberswalde)
126.	**Rotbanner-Fliegerdivision**	**(Rechlin)**
35.	Jagdfliegerregiment	(Zerbst)
833.	Jagdfliegerregiment	(Jüterbog Altes Lager)
125.	Rotbanner-Fliegerdivision der Jagdbomber	(Rechlin)
19.	Garde-Fliegerregiment der Jagdbomber	(Lärz)
20.	Fliegerregiment der Jagdbomber	(Groß Dölln)
105.	**Fliegerdivision der Jagdbomber**	**(Großenhain)**
296.	Fliegerregiment der Jagdbomber	(Großenhain)
559.	Fliegerregiment der Jagdbomber	(Brand(NL)
911.	Fliegerregiment der Jagdbomber	(Brand/NL)
11.	Rotbanner-Sonder-Flieger-Aufklärungsregiment	(Welzow)
226.	Gemischtes Sonder-Fliegerregiment	(Sperenberg)
357.	Selbständiges Sonder-Erdhauptfliegerregiment	(Brandis)
368.	Selbständiges Sonder-Erdhauptfliegerregiment	(Tutow)

● **Dem Stab der Westgruppe waren am 1. Januar 1991 unmittelbar unterstellt:**

157.	Fliegerabwehr-Raketenbrigade	(Priemerwald)
164.	Raketenbrigade	(Drachhausen)
175.	Raketenbrigade	(Oschatz)
133.	Fliegerabwehr-Raketenbrigade	(Jüterbog)
202.	Fliegerabwehr-Raktenbrigade	(Magdeburg)
40.	Funktechnische Brigade	(Wittstock)
45.	Funktechnische Brigade	(Merseburg)
1.	Ingenieur-Pionierbrigade	(Brandenburg)
118.	Rotbanner-Nachrichtenbrigade	(Wünsdorf)
119.	Nachrichtenbrigade	(Leipzig)
132.	Nachrichtenbrigade	(Treuenbrietzen)
34.	Artilleriedivision	(Potsdam)
286.	Rotbanner-Haubitzen-Artilleriebrigade	(Potsdam)
288.	Rotbanner-Schwer-Haubitzen-Artilleriebrigade	(Chemnitz)
303.	Rotbanner-Garde-Kanonen-Artilleriebrigade	(Altengrabow)
307.	Raketen-Artilleriebrigade	(Chemnitz)
122.	Panzerabwehr-Artilleriebrigade	(Königsbrück)
64.	Autobrigade	(Kummersdorf Gut)
65.	Autobrigade	(Fürstenwalde/Spree)
27.	Pontonbrückenregiment	(Lutherstadt Wittenberg)
272.	Sonder-Nachrichtenregiment	(Frankfurt/Oder)
29.	Sonder-Regiment für den funkelektronischen Kampf	(Schönwalde b Falkensee, Lübben, Tangerhütte, Wandlitz, Vorpommern?)
67.	Fla-Raketenbrigade	(Elstal)
163.	Fla-Raketenbrigade	(Leipzig)
252.	Fla-Raketenbrigade	(Gera)
239.	Rotbanner-Garde-Sonder-Hubschrauberregiment	(Oranienburg)

● **Ferner bestanden für die Sowjetarmee:**

- Militärstaatsanwaltschaft
- Militärgerichtshof
- Militärtribunal (bis 1992)
- Standesamt in Potsdam
- Militärhospitale und Sanatorien, u. a. in Beelitz Heilstätten, Bad Saarow-Pieskow
- Radiosender „Wolga" und Fernsehzentrum (seit 1979) mit 6 Rundfunk- und Fernsehstudios in allen Garnisonen
- 97 allgemeinbildende Schulen
- Pressezentrum mit eigenen Zeitungen und Druckereien

Die in der Aufstellung genannten aus dem Russischen übertragenen Ortsangaben Damm (Damme/Uckerm?), Henzrode (Gernrode?), Neidenbritz (Neiden b Torgau?) Preslau (Prenzlau?), Kobitz (Köblitz b Cunewalde?) und Schönwalde konnten nicht identifiziert werden.

7. Der Militärreiseverkehr der Sowjetarmee

7.1 Der »Blaue Express« und die Lokkolonne 42

Kaum, daß die Sowjetarmee ihre vereinbarte Zone in Deutschland besetzt hatte, fuhr am 8. Juli 1945 der erste Urlauberzug von Lutherstadt Wittenberg über Jüterbog Altes Lager nach Fürstenwalde (Spree). Hier bestand sicherlich Anschluß an die direkten breitspurigen Züge in die Sowjetunion. Nur wenig später, am 26. Juli 1945, nahm bei der Reichsbahndirektion Halle (Saale) eine spezielle Transportgruppe ihre Arbeit auf, um Züge für die Besatzungsmacht vorzubereiten, einzulegen und deren Fahrten zu überwachen [71].

Mit dem Befehl Nr. 21 vom 18. September 1945 ordnete die Transportabteilung der Sowjetischen Militäradministration in Deutschland (SMAD) an, für den täglichen Personenverkehr zwischen Berlin und Brest entsprechende Reisezugwagen der Deutschen Reichsbahn (DR) zur Verfügung zu stellen, und zwar den ersten Wagenpark bereits am 21. September 1945 [22] und weitere sieben Wagenzüge bis zum 28. September 1945 [17]. Ein solcher Zug bestand aus 15 normalspurigen Schlaf- und Speisewagen sowie einem unmittelbar hinter der Lokomotive laufenden Wohnwagen für die Lokpersonale und im Winter zusätzlich aus einem am Schluß laufenden Heizkesselwagen, also aus 64 bzw. 68 Achsen. Die Wagen für den „Blauen Express" – nach ihrem hellblauen Anstrich erhielt er seinen Namen – rekrutierten sich aus den wenigen vorhandenen, nicht zerstörten Schnellzug-, Schlaf- und Speisewagen der DR, der MITROPA und der ISG (Internationale Schlaf- und Speisewagen-Gesellschaft) neuester Bauart sowie aus 1946 beginnenden Neubauten (sogenannte Schürzenwagen).

Im Dezember 1945 galt folgender Fahrplan [17]:

	D1			D2	
1.Tag	8.50	↓	Brest	↑ 9.00	3.Tag
2.Tag	11.12/11.32		Frankfurt (Oder)	3.37/4.02	2.Tag
2.Tag	14.50		Berlin Schlesicher Bf	23.35	1.Tag

Befördert wurde der „Blaue Express" zunächst von der Lokkolonne 2 des Bahnbetriebswerkes Berlin-Karlshorst, aus der im März 1946 die Lokolonne 42 in Berlin-Rummelsburg entstand (kurzzeitig auch als „Ru" bezeichnet). Anfangs gehörten nur Dampflokomotiven der Baureihe (BR) 42 dazu (daher Kolonne 42?). Die im Sommer 1946 verfügten Maschinen der Baureihe 03 genügten nicht den Ansprüchen, so daß im August 1946 die ersten 01er zur Kolonne 42 eingezogen wurden [11]. Das Personal für die Lokomotiven stellten die SŽD, bis ab 1947 zum Teil auch deutsche Lokpersonale eingesetzt wurden

Im Oktober 1945 brachte auf Normalspur die 42 845 (mit dem Kennzeichen der sowjetischen Militäreisenbahn) sowjetische Militärangehörige zum Berliner Ostbahnhof. Foto: Sammlung Prof. L. Demps

[56]. Im Juli 1953 erhielt das Bw Frankfurt (Oder) Pbf vier Lokomotiven der BR 01 (036, 118, 152 und 153). Mit diesen wurden sowjetische Militär-Reisezüge zwischen Frankfurt (Oder) und Brest bespannt (u. a. Ru 7116). Auf polnischem Gebiet fuhr diesen Zügen – sicherlich auch anderen Militär-Reisezügen – im Blockabstand eine einzeln fahrende Lokomotive als „Minenräumer" voraus, um etwaige Hindernisse aufzuspüren [12].

Der „Blaue Express" endete und begann auf dem Schlesischen Bahnhof in Berlin. Entgegen [22] wurde der Zug spätestens ab Herbst 1949 auf dem Bahnhof Berlin-Köpenick geteilt. Der Stammzug D 1/2 verkehrte über Eichgestell – Altglienicke – Schönefeld (Kr Teltow) – Lichtenrade (GAR) – Teltow – Großbeeren – Saarmund – Michendorf – Seddin – Ferch-Lienewitz nach Wildpark (die Havelbrücke bei Caputh-Geltow war erst am 19. März 1949 instandgesetzt worden). Der andere Zugteil fuhr als Flügelzug D 101/102 nach dem Schlesischen Bahnhof.

In Wildpark kam der alte Kaiserbahnhof zu neuen Ehren. Wie in alten Zeiten mußte ein roter Teppich ausgerollt werden und der deutsche Bahnhofsvorsteher anwesend sein [57, 58]. Zum Ein- und Aussteigen nutzten die sowjetischen Offiziere und ihre Familienangehörigen kleine Holztreppen. Im Kaiserbahnhof war Betrieb wie früher: Fahrkartenausgabe, Gepäckabfertigung, Handgepäckaufbewahrung und Casino waren mit sowjetischem Personal besetzt. Ebenso gab es Gepäckträger und eine russische Bahnhofskommandantur [59]. Zugang zum Bahnsteig hatten nur sowjetische Bürger sowie die deutsche Aufsicht und der Bahnhofsvorsteher [58].

Allerdings verkehrte der „Blaue Express" nur bis Ende 1950/Anfang 1951 nach Wildpark [59]. Das sowjetische Hauptquartier befand sich seit 1946/47 in der ehemaligen Direktion des Roten Kreuzes, der späteren Hochschule für Staat und Recht in Griebnitzsee [57, 58, 60]. Trotzdem wurden die näheren Bahnhöfe Griebnitzsee oder Potsdam (Stadt) vom „Blauen Express" nicht angefahren [24]. Die Sowjetarmee verlegte 1951/52 ihr Hauptquartier nach Wünsdorf [57, 58].

Die Zugförderung mit den 01-Maschinen der Lokkolonne 42 endete in Berlin-Köpenick, als der Stammzug nach und von Wildpark, der Flügelzug weiterhin nach und von Berlin fuhr. Den Zugteil zum Schlesischen Bahnhof beförderte dann eine Lokomotive der Baureihe 38^{10-40}. Nach Wildpark fuhren dagegen anfangs Maschinen der Baureihe 52, auch knallgrüne Lokomotiven der Baureihe 42 wurden beobachtet [61]. Bald darauf ist der „Blaue Express" auch nach und von Wildpark mit einer Baureihe 01 der Lokkolonne 42 mit sowjetischem Personal und deutschem Lotsen bespannt worden, gelegentlich war die Baureihe 03 eingesetzt [59, 62]. Nach Ankunft in Wildpark fuhr der Zug leer nach Seddin zurück. Dort wurden die Wagen gereinigt und beladen sowie die Lokomotive untersucht, gewartet und mit Betriebsstoffen aufgefüllt, bevor sie am nächsten Tag zum erneuten Einsatz nach Wildpark zurückkehrten [24, 62].

Ab 1952, als die Sowjetarmee in Wünsdorf ihr Hauptquartier eingerichtet hatte, fuhr der „Blaue Express" über den Berliner Ostbahnhof nach Wünsdorf (nicht nach Forst Zinna, wie in [22] behauptet wird). Er bildete damit den Vorläufer für den ab 1954 verkehrenden D 403/404 bzw. D 1090/1091 bzw. D 1190/1191 bzw. Dm 38 940/38 941.

„Die mit sowjetischem Personal besetzten Maschinen der Kolonne 42 haben im Raw Meiningen auf Forderung der Besatzungsmacht anstelle des Oberflächenvorwärmers und der Kolbenspeisepumpe eine nichtsaugende Dampfstrahlpumpe Bauart Friedemann erhalten ... Der Lichtmaschinen- und Luftpumpenabdampf, der nun nicht mehr in den Vorwärmer strömen konnte, wurde am Schornstein ins Freie geleitet. Der Luftpumpenabdampf entwich, weithin hörbar, mit lautem, zischendem Knall. Die Lokomotiven der Kolonne 42 hatten, weil

Blick auf die Ost- und Nordfront des Berliner Ostbahnhofs im Juni 1947. Die S-Bahn fährt bereits wieder, wenn auch noch viele Scheiben in den Fenstern fehlen. Foto: Sammlung Prof. L. Demps

D 1 (15,5) 2., 3. Klasse
(Brest-Litowsk)—**Frankfurt (Oder)—Berlin Schlesischer Bf**

Höchstgeschwindigkeit 80 km/h S 36.20 — Last 750 t — Mindestbremshundertstel 61

1 Entfernung km	2 Beschränkung der Höchstgeschw. im Gefälle km/h	3 Betriebsstellen	4 Ankunft	5 Aufenthalt Min	6 Abfahrt	7 Planmäßige Fahrzeiten Min	8 Kürzeste Fahrzeiten Min	9 Summe der planm. Fahrzeit / Kürzest. Fahrzeit Min	10 Kreuzung mit Zug	11 Überholung durch Zug
		Brest-Litowsk			11,35					
		Frankfurt (Oder) Pbf	6,35	70	7,45					
2,9		Bk Nuhnen	—	—	52	7	4,0			
2,4		Rosengarten/ Frankfurt (O) Pbf	—	—	57	5	3,0			
5,1		Pillgram	—	—	8.03	6	5,2	37 / 28,1		
3,2		Jakobsdorf (Mark)	—	—	07	4	3,2			
5,1		Briesen (Mark)	—	—	13	6	5,1			
8,0		Berkenbrück	—	—	22	9	7,6			
7,3		Fürstenwalde/Spree	—	—	30	8	7,2			
		Bk Neuland	—	—	—					
6,3		Bk Heidehaus	—	—	37	7	6,1			
3,8		Hangelsberg	—	—	41,5	4,5	3,7	34 / 29,3		
3,6		Bk Grünheide	—	—	46	4,5	3,5			
3,0		Fangschleuse	—	—	49	3	2,8			
6,3		Erkner	—	—	56	7	6,0			
5,1		Rahnsdorf	—	—	9,02	6	4,9			
4,6		Bln-Friedrichshagen	—	—	07	5	4,3			
2,9		Berlin-Köpenick	—	—	10	3	2,8			
1,6		Abzw Stadtforst	—	—	12	2	1,6			
1,3		Abzw Ostendgestell	—	—	13,5	1,5	1,1	29 / 23,5		
1,7		Karlshorst	—	—	15,5	2	1,7			
1,0		Bk Rgo	—	—	17	1,5	0,9			
1,0		Bk Rga	—	—	18,5	1,5	0,9			
1,4		Abzw Vnk	—	—	20	1,5	1,2			
1,2		Bk Oko	—	—	21,5	1,5	1,0			
2,6		Bln Schlesischer Bf	9.25	—	—	3,5	1,0			
81,4				70		100	80,9			

Von Schl nach Rga als Lp 1001: Schl ab 10,25, Schga 29, Vnk 32, Rga an 10,36

D 2 (15,5) 2., 3. Klasse
Berlin Schlesischer Bf—Frankfurt (Oder)—(Brest-Litowsk)

Höchstgeschwindigkeit 80 km/h S 36.20 — Last 750 t — Mindestbremshundertstel 61

1	2	3	4	5	6	7	8	9	10	11
		Bln Schlesischer Bf	—	—	11,08					
1,7		Bk Schga	—	—	12	4	2,3			
2,1		Abzw Vnk	—	—	14,5	2,5	1,9			
1,4		Bk Rga	—	—	16	1,5	1.5			
1,0		Bk Rgo	—	—	17,5	1,5	1,0			
1,0		Karlshorst	—	—	19	1,5	1,0			
1,7		Abzw Ostendgestell	—	—	21	2	1,7	31,5 / 24,1		
1,3		Abzw Stadtforst	—	—	22.5	1,5	1,1			
1,6		Berlin-Köpenick	—	—	24,5	2	1,6			
2,9		Bln-Friedrichshagen	—	—	28	3,5	2,8			
4,6		Rahnsdorf	—	—	33	5	4,3			
5,1		Erkner	—	—	33.5	6,5	4,9			
6,3		Fangschleuse	—	—	47	7,5	6,0			
3,0		Bk Grünheide	—	—	51	4	2,4			
3,6		Hangelsberg	—	—	55.5	4,5	3,4	35,5 / 27,9		
3,8		Bk Heidehaus	—	—	12.00	4,5	3,2			
		Bk Neuland	—	—	—					
6,3		Fürstenwalde/Spree	—	—	07	7	5,7			
7,3		Berkenbrück	—	—	15	8	7,2			
8,0		Briesen (Mark)	—	—	24,5	9.5	7.6			
5,1		Jakobsdorf (Mark)	—	—	30	5,5	5,1			
3,2		Pillgram	—	—	34	4	3,2	33 / 28,1		
5,1		Rosengarten/ Frankfurt (O) Pbf	—	—	40	6	5.2			
2,4		Bk Nuhnen	—	—	43	3	3.0			
2,9		**Frankfurt (Oder) Pbf**	12,48	60	13,48	5	4.0			
81,4				60		100	80,1			
		Brest-Litowsk	7,45							

Von Rga nach Schl als Lp 1002: Rga ab 9,53, Vnk 57, Oko 10,00, Schl an 10,04

Buchfahrplanseite für D 1/2 vom 2. Oktober 1949 mit Leerfahrten nach und von Berlin-Rummelsburg. Sammlung P. Bley

sie mit Dampfpfeifen sowjetischer Bauart ausgerüstet waren, einen Signalton, der dem Klang einer Schiffssirene glich" [56].

„Auffallend waren die Maschinen der Kolonne 42 auch durch ihre stahlblaue Kessellackierung. Kesselzierbänder, Waschlukendeckel und Handräder waren verchromt. Das Lauf- und Triebwerk leuchtete signalrot, Radreifen und Außenkanten des Laufbleches waren weiß. Rauchkammer und Schornstein blieben schwarz lackiert. An der Rauchkammertür trugen einige Lokomotiven einen roten Sowjetstern. Die Reichsbahnnummern hatte man entfernt, nur an den Führerhausseitenwänden war außer dem Eigentumsmerkmal CCCP der SŽD und der Bezeichnung Kolonne 42 noch die alte Reichsbahnnummer angeschrieben. Die 01 117 und wahrscheinlich noch andere Maschinen hatte man mit dem Tender 2' 2' T 26 der Baureihe 50 gekuppelt. Wahrscheinlich fühlte sich das Personal durch die Rückwand des Tenders besser geschützt. Waren alle Lokomotiven der Kolonnen ohnehin in ausstellungsreifem Zustand, so wurden sie doch noch von der 01 184 (nach anderen Angaben 01 186) übertroffen. Diese Lokomotive stand längere Zeit in ständiger Betriebsbereitschaft mit einigen Salonwagen im Bahnhof Wildpark bei Potsdam und war die Sonderzuglokomotive des sowjetischen Marschalls Sokolowski" [56].

„Die Lokomotiven mit sowjetischen Personalen waren dreimännig besetzt; es fehlte weder an Zeit noch an Arbeitskräften zur Pflege und Wartung. Die sogenannten Heimstoffe, die während des Krieges anstelle der Buntmetalle getreten waren, wurden entfernt ... Die Aufarbeitung im Raw Meiningen überwachten sowjetische Militärs und Personale, die z.T. während des gesamten Raw-Aufenthaltes in Meiningen blieben ... Erst wenn auch die letzte und kleinste Nacharbeit zur Zufriedenheit erledigt war, galt die Lokomotive als abgenommen" [56].

Mit dem Befehl Nr. 107 vom 11. Dezember 1945 beauftragte General-Direktor des Verkehrs und zugleich stellvertreten-

Strecke	Zug Nr	Änderung
50, 145	D 1/2	verkehren über Köpenick Güteraußenring bis und ab Wildpark in folgenden Plänen:
	D 1	Köpenick an :9.10, ab :10.00, Wildpark an :11.44.
	D 2	Wildpark ab :8.43, Köpenick an :10.35, ab :11.43, weiter wie bisher.
		zu D 1/2 verkehren als Flügelzüge D 101/102:
	D 101	Köpenick ab :10.10, Berlin Schles Bf an :10.27.
	D 102	Berlin Schles Bf ab :10.03, Köpenick an :10.20.
	D 1303	Berlin Schles Bf an :10.34, sonst unverändert.

Mitteilung zum veränderten Laufweg des D1/2 vom 31. Oktober 1949. Sammlung P. Bley

Db 1 (15,5) 2. 3. Klasse
(Brest-Litowsk)—Frankfurt/O—Bln-Köpenick—Wildpark

Höchstgeschwindigkeit 50 km/h | Last 500 t | Mindestbremshundertstel 61

1	2	3	4	5	6	7	8	9	10	11
		Bln-Köpenick	13,55	25	14,20					
1,6		Abzw Stadtforst .	—	—	23	3	2,0			
1,5		Abzw Eichgestell.	—	—	26	3	2,0			
2,5		Bk Wendenheide ..	—	—	30	4	3,0			
1,9		Abzw Adlergestell	—	—	33	3	2,0			
1,8		Altglienicke	—	—	36	3	2,0			
3,3		Schönefeld (Kr Teltow)	—	—	41	5	4,0			
4,1		Groß Ziethen	—	—	47	6	5,0			
3,2		Lichtenrade (Gor) .	—	—	52	5	4,0			
0,9		Abzw Ltw	—	—	54	2	1,5			
7,0		Teltow	—	—	15,03	9	8,0			
3,6		Großbeeren	—	—	08	5	4,0			
3,8		Genshagener Heide	—	—	13	5	4,5			
4,1		Ahrensdorf	—	—	18	5	4,5			
12,5		Michendorf	—	—	32	14	13,0			
4,2		Seddin	—	—	38	6	5,0			
2,0		Abzw Bla	—	—	41	3	2,5			
1,1		Abzw Lia	—	—	43	2	1,5			
2,7		Ferch Lienewitz ...	—	—	47	4	3,5		635	
4,3		Schwielowsee	—	—	53	6	5,0			
1,1		Caputh Geltow ...	—	—	56	3	2,0			
5,8		Wildpark	16,04	—		8	7,0			
73,0						104	86,0			

Db 2 (15,5) 2. 3. Klasse
Wildpark—Bln-Köpenick—Frankfurt/O—(Brest-Litowsk)

Höchstgeschwindigkeit 50 km/h | Last 500 t | Mindestbremshunderts:

1	2	3	4	5	6	7	8	9	10
		Wildpark	—	—	11,52				
5,8		Caputh Geltow ...	—	—	12,00	8	7,0		628
1,1		Schwielowsee	—	—	03	3	2,0		
4,3		Ferch Lienewitz ...	—	—	09	6	5,0		
2,7		Abzw Lia	—	—	13	4	3,5		
1,1		Abzw Bla	—	—	15	2	1,5		
2,0		Seddin	—	—	18	3	2,5		
4,2		Michendorf	—	—	24	6	5,0		
12,5		Ahrensdorf	—	—	38	14	13,0		
4,1		Genshagener Heide	—	—	43	5	4,5		
3,8		Großbeeren	—	—	48	5	4,5		
3,6		Teltow	—	—	53	5	4,0		
7,0		Abzw Ltw	—	—	13,02	9	8,0		
0,9		Lichtenrade (Gor) .	—	—	04	2	1,5		
3,2		Groß Ziethen	—	—	09	5	4,0		
4,1		Schönefeld(KrTeltow)	—	—	15	6	5,0		
3,3		Altglienicke	—	—	20	5	4,0		
1,8		Abzw Adlergestell	—	—	23	3	2,0		
1,9		Bk Wendenheide ..	—	—	26	3	2,0		
2,5		Abzw Eg	—	—	30	4	3,0		
1,5		Abzw Sst	—	—	33	3	2,0		
1,6		Bln-Köpenick	13,36	30	14,06	3	2,0		
73,0						104	86,0		

Lp 102 (15,2)
Seddin—Wildpark

Höchstgeschwindigkeit 50 km/h | Last 500 t | Mindestbremshundertstel 61

1 Entfernung km	2 Beschränkung der Höchstgeschw. im Gefälle km/h	3 Betriebsstellen	4 Ankunft	5 Aufenthalt Min	6 Abfahrt	7 Planmäßige Fahrzeiten Min	8 Kürzeste Fahrzeiten Min	9 Summe der planm. Fahrzeit / Kürzest. Fahrzeit Min	10 Kreuzung mit Zug	11 Überholung durch Zug
		Seddin	—	—	9,50					
2,0		Abzw Bla	—	—	53	3	2,5			
1,1		Abzw Lia	—	—	55	2	1,5			
2,7		Ferch-Lienewitz ...	—	—	59	4	3,5			
4,3		Schwielowsee	—	—	10,05	6	5,0			
1,1		Caputh-Geltow ...	—	—	07	2	1,5			
5,8		Wildpark	10,15	—	—	8	7,0			
17,0						25	21,0			

Lp 101 (15,2)
Wildpark—Seddin

Höchstgeschwindigkeit 50 km/h | Last 500 t | Mindestbremshundertstel 61

		Wildpark	—	—	17,28					
5,8		Caputh-Geltow ...	—	—	36	8	7,0			
1,1		Schwielowsee	—	—	38	2	1,5			
4,3		Ferch-Lienewitz ...	—	—	44	6	5,0			
2,7		Abzw Lia	—	—	48	4	3,5			
1,1		Abzw Bla	—	—	50	2	1,5			
2,0		Seddin	17,53	—	—	3	2,5			
17,0						25	21,0			

Buchfahrplanseite für D 1/2 vom 14. Mai 1950 nach Wildpark mit Leerfahrten nach und von Seddin. Sammlung P. Bley

der Chef der Transportabteilung der SMAD, Trunow, den Präsidenten der (deutschen) Zentralverwaltung Verkehr Dr. Fitzner, zwei weitere Personenwagenparks bereitzustellen. Jeder bestand aus 14 Schnellzugwagen, davon ein Heizkesselwagen. Der erste Zug verließ nach Trunows Befehl am 14. Dezember 1945 Berlin in Richtung Brest und künftig zweimal in der Woche [11].

Diese als P 502/501 bezeichneten Züge, die sicherlich nur unteren Offiziersrängen vorbehalten waren, beförderten Dampflokomotiven der Baureihe 52 (ab 1948 auch Baureihen 01 und 03) der Kolonne 1, die im Bahnbetriebswerk Frankfurt (Oder) stationiert war [11].

Die Züge P 502/501 bestanden im Oktober 1945 noch aus gedeckten Güterwagen (siehe Tz. 7.2). Es ist zu vermuten, daß mit dem Einsatz von Schnellzugwagen die Züge für Mannschaftstransporte andere Zugnummern erhielten. Beide Züge dürften sicherlich Ende 1947/Anfang 1948, als Erkner als Sammel- und Verteilerbahnhof zugunsten von Frankfurt (Oder) aufgegeben wurde, bis hierher zurückgezogen worden sein, zumal die zuständige Lokkolonne 1 erst 1950 in der Kolonne 42 aufging.

Zur Lokkolonne 42 gehörten etwa 20 Maschinen: zeitweilig u. a. 01 005, 023, 025, 036, 116, 117, 144, 152, 153, 162, 165, 175, 184, 186, 219 und 226 sind nachgewiesen, ferner evtl. auch 01 069, 114, 156, 185, 191, 208 und 224. Vom 14. bis 23. Februar 1955 hat die Sowjetunion die – wie die Hauptverwaltung Maschinenwirtschaft sie bezeichnete – „angemieteten" 20 Maschinen der Kolonne 42 zurückgegeben. Zuletzt waren das folgende Lokomotiven, die man auf folgende Reichsbahndirektionen verteilte:

Das einzige bisher bekannte Foto einer 01 vor dem „Blauen Express" wurde am 26. April 1951 in Berlin-Lichtenrade aufgenommen. Das Zugpaar D1/2 war etwas besonderes, wie das anhand der Beigaben an der Rauchkammertür zu erkennen ist. Foto: Sammlung R. Garn, Hamburg

In allen Zügen, wie auch im P322 bei der Ausfahrt aus Eberswalde, war der erste Wagen hinter der (heizenden) Lokomotive nur für Angehörige der Sowjetarmee reserviert, die üblicherweise die damalige 2. Klasse beanspruchte. Noch lachen die „Trittbrettfahrer", doch ernst wurde es in Bahnhöfen bei einem ebenso besetzten Gegenzug, tödliche „Abstreifungen" waren die Folge. Foto: Sammlung R. Garn, Hamburg

- Magdeburg: 01 005, 014, 023, 025, 036, 069, 114, 191, 224, 226,
- Schwerin (Meckl): 01 157, 162, 186, 208,
- Erfurt: 01 116, 144, 175, 184, 185, 219. [56]

Unbekannt ist, ob weitere solche Züge nach dem Vorbild der ab 1954 eingesetzten speziellen Militärreisezüge bereits früher auf dem Gebiet der SBZ/DDR begannen und endeten. Frankfurt (Oder) wurde erst 1947/48 zum Sammel- und Verteilerpunkt für die Sowjetarmee. Schließlich war in den nach Kriegsende verkehrenden wenigen Schnellzügen grundsätzlich der erste hinter der Lokomotive laufende Personenwagen für Angehörige der Besatzungsmacht freizuhalten, während deutsche Reisende sich Zulassungskarten besorgen mußten. Auch in Personenzügen war der erste Wagen bzw. waren die ersten Abteile der Sowjetarmee vorbehalten (wegen der besseren Heizung im Winter). Je nach Mentalität der sowjetischen Offiziere duldeten sie stillschweigend, auch einladend, deutsche Reisende auf ihren Plätzen und Abteilen oder warfen sie hinaus.

7.2
Ru-, BP- und Pb-Züge in der SBZ/DDR

Ausschließlich für Zwecke der Sowjetarmee verkehrten auf dem Gebiet der SBZ weitere Züge, die für den öffentlichen Verkehr gesperrt waren. Dabei war der Bahnhof Erkner ein Knoten im Verkehr der Sowjetarmee, auf dem an den einzelnen Verkehrstagen in alle Richtungen umgestiegen werden konnte. Nach [33] verkehrten mit Stand vom 10.Oktober 1945:

Ru 61/62 Wismar – Erkner und zurück,
Ru 63/64 Wittenberge – Erkner und zurück,
Ru 71/72 Halle (Saale) – Erkner und zurück,
Ru 81/82 Magdeburg – Erkner und zurück,
Ru 83/84 Erfurt – Erkner und zurück,
sowie als Anschluß an die Sowjetunion
P 502/501 Erkner – Brest für Truppentransporte mit 45 gedeckten Güterwagen, drei Wagen 3. Klasse und einem Gepäckwagen.

1946 verkehrte kurzzeitig aller zwei Tage ein Personenzug zwischen Berlin-Lichtenberg über Kostrzyn – Gorzów Wlkp. – Krzyż und Poznań für Angehörige der Sowjetarmee.

Im Buchfahrplan vom 15. Juni 1946 [63] sind folgende Verbindungen aufgeführt, von denen die nach Dresden-Neustadt neu ist, andere ein neues Ziel erhielten oder entfallen sind:

Ru 31/32 Dresden-Neustadt – Cottbus – Frankfurt (Oder) – Erkner und zurück (an So, Di, Do bzw. Fr),
Ru 61/62 Schwerin (Meckl) – Neubrandenburg – Oranienburg – Berlin-Rummelsburg – Erkner (an So, Di, Do bzw. Fr),
Ru 81/82 Magdeburg-Buckau – (weiterer Laufweg unklar) Halbe – Berlin-Rummelsburg – Erkner (an So, Di, Do bzw. Mo, Mi, Sa),
Ru 83/84 Weimar – (weiterer Laufweg unklar) Halbe – Berlin-Rummelsburg – Erkner (an So, Di, Do bzw. Fr).

Spätestens Ende 1947 ist Erkner als Sammel- und Verteilerbahnhof zugunsten von Frankfurt (Oder) entfallen, denn im Februar 1948 verkehrten folgende Züge [33]:

Ru 31/32 Frankfurt (Oder) – Dresden und zurück,
Ru 61/62 Schwerin (Meckl) – Frankfurt (Oder) und zurück,
Ru 81/82 Magdeburg – Frankfurt (Oder) und zurück,
Ru 83/84 Erfurt – Frankfurt (Oder) und zurück,
ferner – wahrscheinlich als Truppentransporte mit gedeckten Güterwagen –
100/101 Frankfurt (Oder) – Dresden-Friedrichstadt und zurück,
102/103 Frankfurt (Oder) – Weimar und zurück.

Sicherlich verkehrten weitere Züge für Zwecke der Sowjetarmee, die bis heute nicht überliefert sind, ebenso wie lange sie verkehrten. Dennoch bildeten sich im Laufe der Zeit bestimmte Standard-Verbindungen heraus.

Im zweiten, ab November 1947 gültigen Nachkriegs-Kursbuch der DR findet sich außer der Zuggattung Ru auch noch BP, die beide in den Vorbemerkungen nicht erläutert sind [64]. Diese trugen nur zwei Zugpaare:

Ru 61 So, Di, Do	zwischen Schwerin (Meckl) und Neubrandenburg beschränkt für den öffentl. Verkehr freigegeben	**Ru 62** Mo, Mi, Sa
6.45 ↓	Schwerin (Meckl) Hbf	↑ 14.07
8.51/9.30	Güstrow	11.27/12.05
12.01/12.31	Neubrandenburg	7.35/8.30
14.27/14.32	Fürstenberg (Havel)	5.34/5.49
16.17 ↓	Oranienburg	3.43

BP 345	nur auf besondere Anordnung	**BP 344**
18.00 ↓	Schwerin (Meckl) Hbf	↑ 10.37
19.32/19.44	Güstrow	8.37/8.53
22.09/22.50	Neubrandenburg	5.50/6.05
0.15 ↓	Pasewalk	4.27

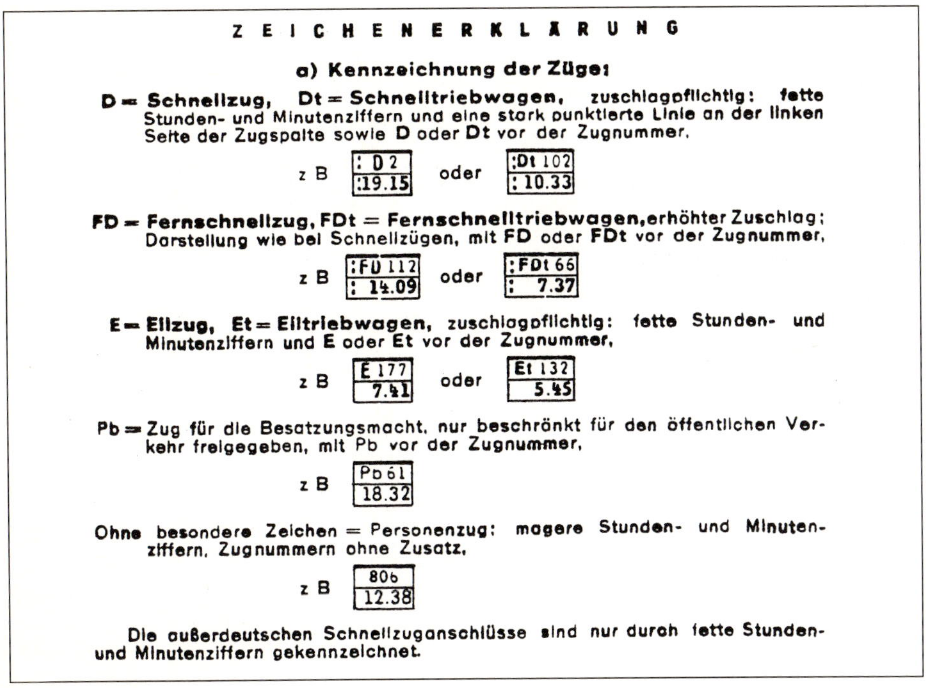
Z E I C H E N E R K L Ä R U N G

a) Kennzeichnung der Züge:

D = Schnellzug, Dt = Schnelltriebwagen, zuschlagpflichtig: fette Stunden- und Minutenziffern und eine stark punktierte Linie an der linken Seite der Zugspalte sowie **D** oder **Dt** vor der Zugnummer.

z B [: D 2 / :19.15] oder [:Dt 102 / : 10.33]

FD = Fernschnellzug, FDt = Fernschnelltriebwagen, erhöhter Zuschlag; Darstellung wie bei Schnellzügen, mit **FD** oder **FDt** vor der Zugnummer.

z B [:FD 112 / : 14.09] oder [:FDt 66 / : 7.37]

E = Eilzug, Et = Eiltriebwagen, zuschlagpflichtig: fette Stunden- und Minutenziffern und **E** oder **Et** vor der Zugnummer.

z B [E 177 / 7.41] oder [Et 132 / 5.45]

Pb = Zug für die Besatzungsmacht, nur beschränkt für den öffentlichen Verkehr freigegeben, mit Pb vor der Zugnummer.

z B [Pb 61 / 18.32]

Ohne besondere Zeichen = Personenzug: magere Stunden- und Minutenziffern, Zugnummern ohne Zusatz.

z B [806 / 12.38]

Die außerdeutschen Schnellzuganschlüsse sind nur durch fette Stunden- und Minutenziffern gekennzeichnet.

Erläuterung der Zuggattungen in den Vorbemerkungen zum Kursbuch vom 8. Oktober 1950. Sammlung Kuhlmann

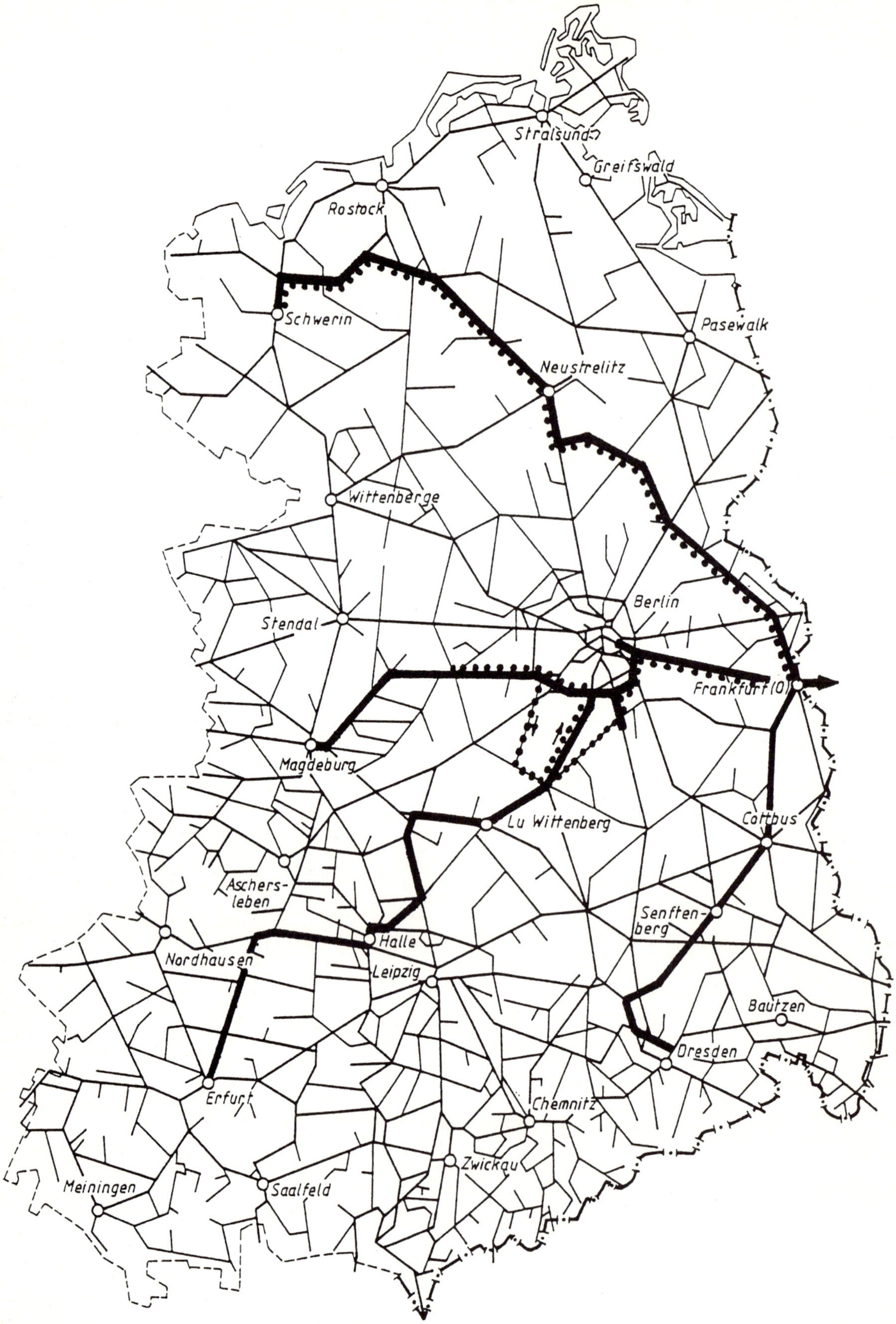

Schematische Darstellung des Militärverkehrs der Sowjetarmee auf den Strecken der DR mit Schnell- und Eilzügen (dicke Linie) und Personenzügen (punktiert) vom Mai 1991. Die Personenzüge stellte man zum 1. Juni 1991 ein. Das Streckennetz zeigt den Stand von 1950 mit späteren Neubauten. Zeichnung Kuhlmann

Erst in den ab 3. Oktober 1948, 15.Mai 1949 und 2. Oktober 1949 gültigen Kursbüchern wird erläutert: Ru = Zug für die Besatzungsmacht, beschränkt für den öffentlichen Verkehr freigegeben. Dagegen blieb die Zuggattung BP (= Besatzer-Personenzug, neue Wortschöpfung eines Fahrplan-Dezernenten?) unerklärlich, die vor dem Krieg für einen beschleunigten Personenzug stand.

Im ab 14. Mai 1950 gültigen Fahrplan ersetzte man die Zuggattung Ru durch Pb: Personenzug der Besatzungsmacht. Bereits seit 1946 wurde dagegen bei den westlichen Alliierten recht konsequent unterschieden, für wen ein Zug eingesetzt war, z. B. DUS (siehe auch Kursbuch ab 4. November 1946) für die amerikanische, DBA für die britische, DFA für die französische, recht selten Ds für die sowjetische Besatzungsmacht. Erst ab 1950 kennzeichnete man alle Züge für die vier Besatzungsmächte gleichermaßen mit dem Zusatz „b" zur Zuggattung, z. B., Db.

Ab 8. Oktober 1950 wurde das bisherige Zugpaar Ru 61/62 Schwerin (Meckl) – Neubrandenburg – Fürstenberg (Havel) – Templin – Eberswalde – Frankfurt (Oder) und zurück als Pb 61/62 für den öffentlichen Verkehr freigegeben. Anfang 1952 ist das bisherige Ru-Zugpaar 81/82 von Magdeburg über Jüterbog – Königs Wusterhausen nach Frankfurt (Oder) und zurück in Pb 81/82 umgewandelt worden. Das waren alles Vorläufer von Personenzügen, die noch bis 1991 für Zwecke der Sowjetarmee verkehrten, im Kursbuch aufgeführt waren und deutschen Reisenden keinerlei Beschränkungen auferlegten. Das waren zuletzt [65]:

P 3101 ↓		P 3102 ↑
2.06	Schwerin (Meckl) Hbf	16.18
3.20/3.32	Güstrow	14.38/15.10
4.19/4.23	Waren (Müritz)	13.27/13.38
4.59/5.10	Neustrelitz	12.40/12.50
5.33/5.47	Fürstenberg (Havel)	11.43/12.18
6.37/7.35	Templin	10.45/10.55
8.52/11.21	Eberswalde	8.47/9.31
13.51	Frankfurt (Oder)	6.04

P 7957 ↓		P 7958 ↑
21.03	Jüterbog	20.36
21.49	Sperenberg	19.53
22.04/22.23	Zossen	19.36/19.37
22.57	Flughafen Berlin-Schönefeld	18.59/19.01
23.57/23.59	Fürstenwalde (Spree)	18.03/18.06
0.37	Frankfurt (Oder)	17.23

(Bis zum Sommerfahrplan 1975 fuhr der damalige P 3458, der spätere P 7959 über Wünsdorf und wieder Zurück nach Zossen.)

P 3457 ↓	P 3457 Magdeburg (Hbf) – Brandenburg täglich außer Sa	P 3458 ↑
16.10	Magdeburg (Hbf)	
16.42/16.45	Burg	
17.10/17.15	Genthin	
17.51/18.14	Brandenburg	2.24
18.41/19.11	Werder (Havel)	1.57/1.58
19.17/19.20	Potsdam Hbf (Pirschheide)	1.43/1.51
19.45/19.47	Beelitz Stadt	
20.18	Treuenbrietzen	
	Luckenwalde	0.42/0.47
20.47	Jüterbog	0.26

Diese nur innerhalb der DR verkehrenden, später nicht mehr als Militärreisezüge bezeichneten Verbindungen bestanden stets aus Personenwagen der DR und fuhren bis 1. Juni 1991.

7.3 Die »Gardinenzüge«

Mit dem Auflösen der Lokkolonnen – auch für die Reparations-, Trophäen- und Beutezüge sowie Demontagezüge – im Frühjahr 1954 ist der Militärreiseverkehr der Sowjetarmee neu organisiert worden. Vorausgegangen war in Brest der Bau von Anlagen für den Drehgestellwechsel zwischen Normal- und Breitspur. Bislang gab es so etwas für den militärischen oder zivilen Reiseverkehr überhaupt nicht, so daß grundsätzlich der Zug gewechselt werden mußte. Jetzt aber brauchten die Reisenden der Militärreisezüge nicht mehr umzusteigen [66]. Allerdings traf der erste von Moskau kommende durchgehende zivile FD-Zug erst am 21. Februar 1955 auf dem Berliner Ostbahnhof ein.

Basis für den neu zu organisierenden Militärreiseverkehr waren die seit 1948 vom Waggonbau Ammendorf (b Halle/Saale) – bis 1952 ein Betrieb der Sowjetischen Aktiengesellschaft (SAG) – als Reparationen hergestellten Weitstreckenwagen. Diese Fahrzeuge mit einer Wagenkastenlänge von 23,4 Meter, später auch 24,5 Meter, wurden in den folgenden 40 Jahren in den vielfältigsten Varianten hergestellt und bestimmen noch heute das Bild des Reisezugverkehrs in der heutigen Gemeinschaft unabhängiger Staaten, der Ukraine, dem Baltikum usw. [60].

Für den Militärreiseverkehr der Sowjetarmee waren hauptsächlich zwei Arten von Schlafwagen eingesetzt. Für die höheren Offiziere und ihre Familien gab es Seitengangwagen mit geschlossenen Abteilen, die sogenannte weiche Klasse (**мягкий** = mjachkij). Die übrigen Reisenden mußten mit der sogenannten harten Klasse (**жёсткий** = shjostkij) vorliebnehmen; das waren Mittelgangwagen mit offenen Abteilen und einem Sitzplatz an der anderen Fensterseite. Diese Geräumigkeit ergibt sich aus der größeren Breite der SŽD-Wagen, die deshalb auf Strecken der DR stets als Lademaßüberschreitung (LÜ) unter besonderen Sicherheitsmaßnahmen verkehrten. Das waren u. a. keine Begegnung mit anderen LÜ auf bestimmten Abschnitten oder Sperrung von Nachbargleisen, wie z. B. im Blankenheimer Tunnel, Abstellen dieser Fahrzeuge mindestens 20 m hinter dem Grenzzeichen von Weichen und Kreuzungen, Befahren von Brücken oder Vorbeifahren an Bahnsteigdächern und -kanten mit 10 oder gar nur 5 km/h usw. Solche Züge verkehrten bei der DR nur mit einer Höchstgeschwindigkeit von 100 km/h, da die Matrossow-Bremse dieser Wagen nur einlösig und oft mit Plastebremssohlen versehen ist. Fallweise ergänzten Gepäck- und Postwagen die Züge, die bis zu 700 t Last hatten [60, 66].

Im Vordergrund der neuen Zugverbindungen stand der Anschluß des Oberkommandos der Sowjetarmee in Wünsdorf, das dort seit 1952 seinen Sitz hatte. Das Zugpaar Moskau – Berlin – Wünsdorf verkehrte deshalb täglich und ist sogar von 1985 bis 1989 zwischen Brest und Wünsdorf (ohne Berlin anzulaufen) doubliert worden. Der Lauf aller anderen Militärreisezüge verband die sowjetischen Garnisonsstädte in der ehemaligen DDR über Frankfurt (Oder) – Poznań Franowo (= Güterbahnhof) – Warszawa Gdańska – Terespol mit Brest oder sogar Moskau.

Unter Berücksichtigung der wechselnden Zugnummern waren folgende Verbindungen eingerichtet worden, die nicht immer täglich als geschlossene Züge oder als Kurswagengruppe verkehrten:

Militärreisezüge zwischen der Sowjetunion und der DDR im Überblick

D 404, ab 1971	**D 1090,** ab 1976	**D 1190,** ab 1992	**Dm 38 940**	→, bis 30. 08. 1994
D 403,	**D 1091,**	**D 1191,**	**Dm 38 941**	←, bis 31. 08. 1994
Moskau – Brest – Frankfurt (Oder) – Berlin Ostbahnhof – Wünsdorf				
D 408,	**D 1092,**	**D 1192,**	**Dm 38 944**	→, bis 28. 06. 1993
D 407,	**D 1093,**	**D 1193,**	**Dm 38 945**	←, bis 30. 06. 1993
Brest – Frankfurt (Oder) – Jüterbog – Halle (Saale) – Sangerhausen – Erfurt				
D 410,	**D 1094,**	**D 1194,**	**Dm 38 946**	→, bis 17. 06. 1994
D 409	**D 1095,**	**D 1195,**	**Dm 38 947**	←, bis 19. 06. 1994
Brest – Frankfurt (Oder) – Brandenburg – Burg – Magdeburg (Hbf) (Die Garnison Magdeburg ist im Dezember 1990 aufgegeben worden. Das Zugpaar verkehrte wegen Halt in Burg und Brandenburg trotzdem nach und von Magdeburg.)				
?	**D 1096,**	**D 1196,**	**Dm 38 949**	→, bis 17. 06. 1994
	D 1097,	**D 1197,**	**Dm 38 948**	←, bis 19. 06. 1994
Moskau – Brest – Frankfurt (Oder) – Eberswalde – Fürstenberg (Havel) – Neustrelitz – Güstrow – Schwerin (Meckl)				
		D 1198		→
		D 1199		←
Brest – Frankfurt (Oder) – Wünsdorf (nicht über Berlin, verkehrte nur 1985 bis 1989)				
E 210,	**E 995,**	**P 4957/E 995,**	**E 3253**	→, bis 27. 08. 1993
E 209,	**E 994,**	**E 994/P 4958,**	**E 3254**	←, bis 28. 08. 1993
Brest – Frankfurt (Oder) – Grunow (NL) – Cottbus – Senftenberg – Ruhland – Dresden-Neustadt				

Sowjetischer Militärreisezug, vom Berliner Außenring kommend, am Abzweig Stadtforst, als die Strecke noch nicht elektrifiziert war (25. Juni 1977). Foto: D. Walczik, Berlin

⇨ Buchfahrplanseite für den E 994 aus dem Jahre 1990. Nur die Abkürzung LÜ und die Fußnote zeigen an, daß sich im Zug sowjetische Weitstreckenwagen befanden. Sammlung Kuhlmann

Abfahrtstafel des Bf Dresden-Neustadt ab 2. Juni 1957: 11.06 Uhr verläßt Ds 109 – nur für sowjetische Staatsangehörige – auf Bahnsteig 4 diesen Bahnhof. Sammlung Kuhlmann

Zeit	Zug-Nr	In Richtung	Bahnsteig
		0–3	
0.12	714	Dresden Hbf 0.23	5
0.23	1678 oG	Meißen 1.01	4
0.31	715	Arnsdorf (b Dresden) 1.11	2
2.44	477	Dresden Hbf 2.56	5
		3–4	
3.13	821	Zittau 7.18	4
3.44	1504★	Döbeln 6.36–Leipzig 8.48	3
		4–5	
4.08	901	Cottbus 7.28 Hält erstmals in Coswig (Bz Dresd)	3
4.21	472	Riesa 5.56–Leipzig 8.41	4
} 4.40 w	615	Görlitz 8.18	1
4.55	1603 oG	Dresden Hbf 5.05	7
: 4.59	D 57 1.2.	**Doberlug-Kirchh 6.03– Berlin Ostbf 8.34**	3
		5–6	
5.07	Tp 1604 oG 1.2.	Meißen 5.33	5
5.08	822	Dresden Hbf 5.19	6
: 5.16	D 94 1.2.	**Leipzig 7.35–Erfurt 10.20**	4
5.16	402	Bad Schandau 7.11– Schöna 7.44	8
5.23	E 357★	**Berlin-Schöneweide 9.27**	2

Zeit	Zug-Nr	In Richtung	Bahnsteig
		10–11	
: 10.01	FDt 54 bG 1.2.	**Bad Schandau 10.47– Praha střed 13.33– Wien 19.44 Vindobona-Expreß.** Nur für internationalen Reiseverkehr	7
: 10.02	D 105 1.2.	**Bischofswerda 10.59– Zittau 12.47**	2
10.10	Tp 1617 oG 1.2.	Dresden Hbf 10.20– Pirna 10.51	6
: 10.12	D 191 1.2.	**Bischofswerda 11.08– Görlitz 12.30– Wroclaw 16.15**	5
{ 10.26 außer Sa	847	Arnsdorf (b Dresden) 11.12– Kamenz (Sachs) 12.11– Senftenberg (N-L) 13.32– Lübbenau (Spreewald) 15.01	2
} 10.44 Sa	847	Arnsdorf (b Dresden) 11.26– Kamenz (Sachs) 12.16– Senftenberg (N-L) 13.32– Lübbenau (Spreewald) 15.01	2
: 10.58	D 1035 1.2.	**Dresden Hbf 11.08** Ab Magdeburg für den allgemeinen Reiseverkehr freigegeben	6
		11–12	
: 11.06	Ds 109	**Frankfurt (O) 11.06– Brest** Nur für sowjet Staatsangehörige	4
11.10	465	Dresden Hbf 11.22	5
11.14	824	Dresden Hbf 11.24 Hält nicht in Dresden Mitte	8

Zeit	Zug-Nr	In Richtung	Bahnsteig
16.17	986	Dresden Hbf 16.27	6
} 16.19 W außer Sa	897	Kamenz (Sachs) 18.35	2
16.26	708	Dresden Hbf 16.37	5
16.33	829	Zittau 21.10	1
{ 16.38 w	1666	Meißen 17.25	4
: 16.40	D 93★	**Dresden Hbf 16.40**	6
		17–18	
} 17.00 w	2751	Königsbrück 18.02	3
{ 17.09 w	1665	Dresden Hbf 17.20	6
17.10	1512 1.2.	Döbeln 19.25–Leipzig 21.34	2
: 17.24	D 108 1.2.	**Dresden Hbf 17.47– Plauen (V) 22.13**	7
: 17.38	D 50★	**Dresden Hbf 17.49**	6
17.41	893	Kamenz (Sachs) 19.47– Senftenberg (Niederl) 21.32	3
} 17.51 Sa	958 1.2.	Dresden Hbf 18.01 Hält nicht Dresden Mitte	6
17.56	641	Görlitz 21.42	3
		18–19	
{ 18.02 W außer Sa	1668	Meißen 18.38	4
18.06	828	Dresden Hbf 18.17	8
}: 18.16 außer Mo	D 172 1.2.	**Dresden Hbf 18.28**	5
: 18.17	D 106	**Riesa 19.07–Leipzig 20.44**	

E 994 (20,1) - Lü - *) **Dresden Neust – Cottbus**

Hg max 100 km/h R/P-Mbr 84
Tfz 132 ○ 500 t

1	2	3	4 (994)	5 (994)	4	5	4	5
0,0	40	(ZFA 62) **Großenhain Cs Bf**	13^{16}	13^{19}				
	90	0,5						
–	95	Rbd-Grenze km 2,3						
11,5	85	Lampertswalde		30				
21,2	95	Ortrand		37				
		32,1						
32,9	50	**Ruhland** (ZFU 64)	45	48				
	60	33,1						
		33,5						
37,9		Bk Skyro		54				
41,8		Brieske (ZFU 73)		56				
	95	42,2 VA ▽ 85 km/h						
45,3		**Senftenberg Stw B 1**	13^{59}	14^{11}				
	40	45,8						
		46,3						
48,3		Senftenberg Stw B 10		13				
49,8		Sedlitz Ost Hp		14				
53,2	95	Abzw Asw (ZF)		17				
54,6		Abzw Asn (ZF)		18				
		59,1 VA ▽ 75 km/h						
59,3		**Neupetershain**		20				
	90							
66,3		Drebkau		25				
	95							
71,4	50	Leuthen		28				
	95	72,2						
		77,3						
77,6	60	(ZFU 62) Cottbus Südwest		14^{34}				
79,7		Cottbus Nords	14^{38}					

*) **Bef. Reisezugwagen sowjetischer Bauart zu Bza 0–1100 mit Lademaßüberschreitung**
Beförderungsbedingungen:
Beförderung nach FV Anhang VI auf zweigleisigen und parallel verlaufenden Streckenabschnitten gemäß Abs. (3) Berta.
Schutzwagen entfallen. Auf Bf Einfahrgleis nach Einfahrt des Zuges und Nachbargleise 20 m vom Grenzzeichen freihalten, ausgenommen Bf Cottbus Gleis 86 Nord.
○ Einfahrt Cs

Die Züge waren mit Schlafwagenschaffnern der SŽD besetzt, z. T. wurden auch Post- und Gepäckwagen begleitet. Den Schaffnern oblag das Heizen der Wagen, die kohlebeheizte Warmwasserheizungen besitzen. Ebenso schenkten die Schaffner, meistens Frauen oder Mädchen, aus dem Samowar Tee aus. Sie sorgten mit ihren typischen Rutenbesen auch für Sauberkeit in Abteilen und Gängen, gaben Bettwäsche aus.

Lange Zeit galten diese Züge in der DDR als exterritoriales Gelände, weil niemand Zugang zu diesen Zügen erhielt. Auf dem Grenzbahnhof Frankfurt (Oder) fanden bis zur staatlichen Einheit Deutschlands keinerlei Grenz- oder Zollkontrollen statt, danach überwiegend von den Polen. Betriebliche Aufgaben hatten die Schaffner auf den Strecken der DR nicht wahrzunehmen. Lediglich das Ein- und Ausschalten der Zugschlußlampen oblag ihnen. Wenn ein DR-Zugführer der russischen Sprache nicht mächtig war, verständigte er sich mit Händen und Füßen, falls er den SŽD-Schaffner zu nachtschlafener Zeit mit Klopfen an der Wagenwand munter bekommen hatte. Trotzdem konnte es während der Fahrt passieren, daß der Zugschluß erlosch, weil entweder die Batterie erschöpft war oder die Lampen versehentlich abgeschaltet wurden. Da die Wagen von innen verriegelt waren, half nur wieder Klopfen.

Probleme gab es immer wieder, wenn der DR-Zugführer in den Wagen mitfahren wollte. Gerade während der Dampflokzeit war es kein Vergnügen, im Führerstand mitzufahren. Sehr oft wurde die Mitfahrt im Zug trotz freier Plätze abgelehnt, genau so oft rückten Offiziere aber für den deutschen Zugführer zusammen und die Schaffnerin brachte Tee. Nachdem Diesellokomotiven die Zugförderung übernommen hatten, fuhr im wesentlichen der Zugführer im Führerstand mit. Zuletzt war schließlich vereinbart worden, daß in jedem Zug das zweite Abteil des zweiten Schlafwagens (die „weichen" Schlafwagen liefen meistens in Zugmitte) als Dienstabteil für den Zugführer freizuhalten ist. Dann nahm keiner mehr Anstoß, wenn ein DR-Zugführer durch diesen angeblich exterritorialen Wagenzug schritt.

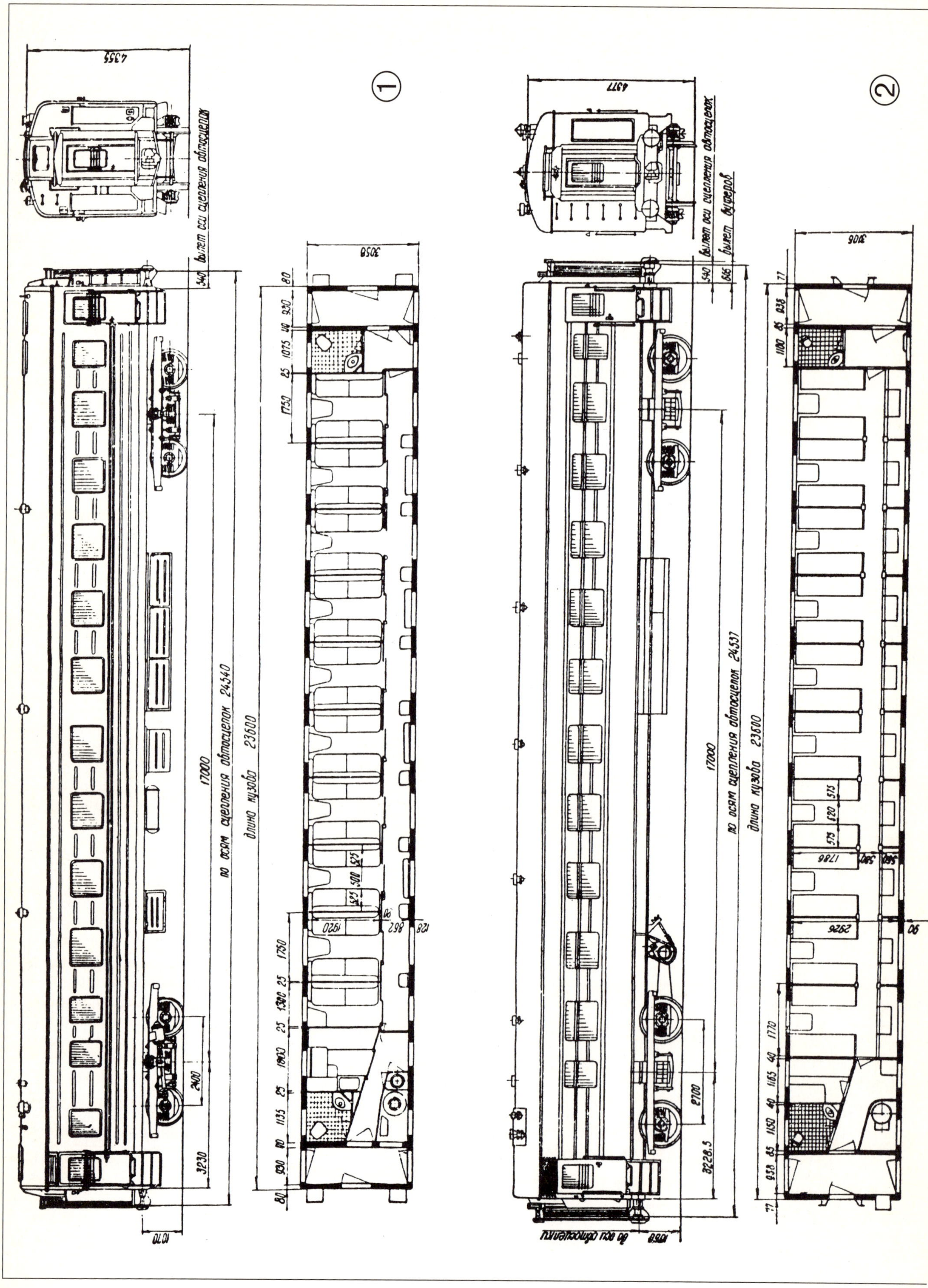

①
②
по осям сцепления автосцепок 24540
длина кузова 23600
по осям сцепления автосцепок 24537
длина кузова 23600
17000

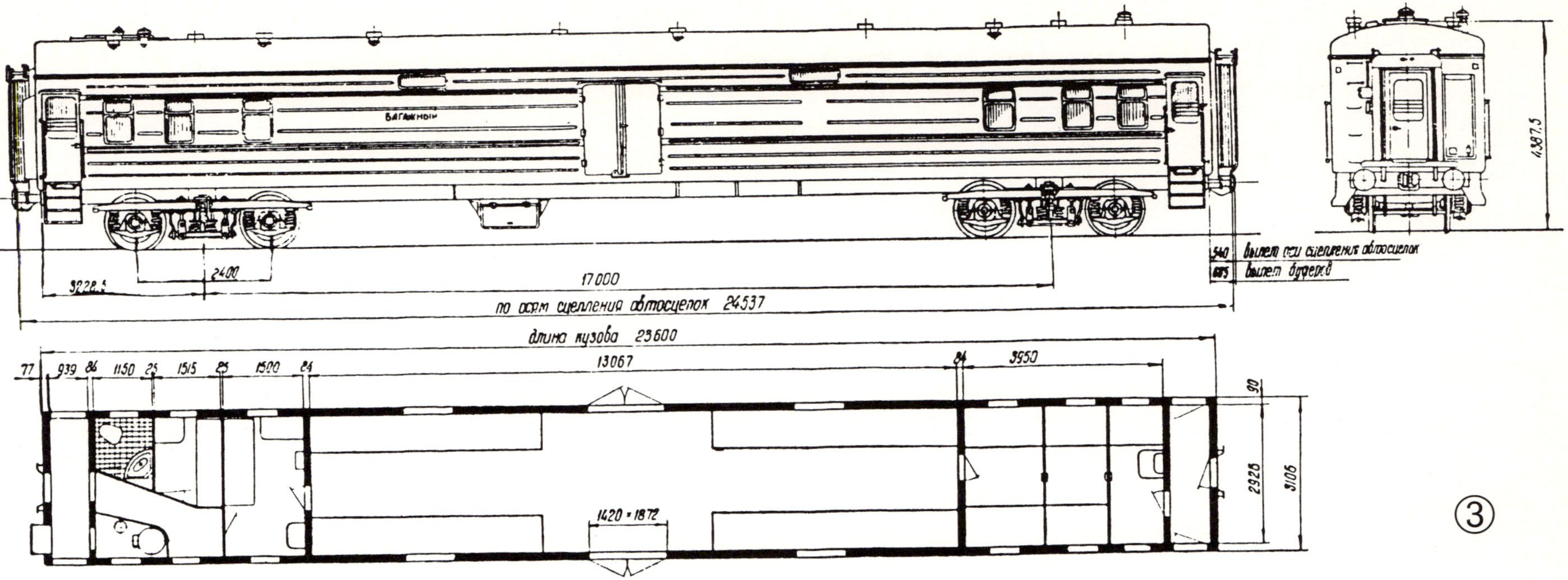

③

① **Ansicht und Grundriß eines in der DDR für die SŽD gebauten Weitstrecken-Schlafwagens der weichen Klasse.**

Technische Daten:	*Wagenkastenlänge*	*23,6 m*	*elektrische Beleuchtung*
	Wagenlast	*55,0 t*	*selbständige Dampfheizung*
	Schlafplätze	*19 in Zwei-Bett-Abteilen*	*Druckbelüftung*

② **Ansicht und Grundriß eines Weitstrecken-Schlafwagens der SŽD der harten Klasse.**

Technische Daten:	*Wagenkastenlänge*	*23,6 m*	*elektrische Beleuchtung*
	Wagenlast	*54,0 t*	*selbständige Dampfheizung*
	Schlafplätze	*60 oder*	*Zwangs- und natürliche Belüftung*
	Sitzplätze	*90*	

③ **Ansicht und Grundriß eines Weitstrecken-Gepäckwagens der SŽD.**

Technische Daten:	*Wagenkastenlänge*	*23,6 m*	*elektrische Beleuchtung mit Speisung vom Nachbarwagen*
	Wagenlast	*44,0 t*	*selbständige Dampheizung*
	maximale Zuladung	*20,0 t*	*natürliche Belüftung*
	Zahl der Begleiterplätze	*4*	

Sammlung Kuhlmann (Quelle SŽD)

Das 1977 in Wünsdorf errichtete Empfangsgebäude für die Sowjetarmee entstand in abgewandelter Form nach einem Kaufhallenprojekt der früheren DDR. Äußeres Kennzeichen ist der Ortsname in lateinischen und kyrillischen Buchstaben.

Wie in Wünsdorf gab es auch in Jüterbog ein eigens für den Militärreiseverkehr der Sowjetarmee errichtetes Empfangsgebäude. Durch dieses führte der Weg zum höher gelegenen Bahnsteig D. Fotos: P. Bley

Für den Militärreiseverkehr besaßen die SŽD auf DR-Gelände eigene Abfertigungsanlagen. Die bekannteste ist das russische Empfangsgebäude in Wünsdorf, das 1977 in Betrieb ging: mit Fahrkartenausgabe, Gepäckabfertigung, Handgepäckaufbewahrung, Containerabfertigung, Dolmetscher, Bahnhofskommandantur. Unbekannter sind die Gebäude in Frankfurt (Oder) östlich des Empfangsgebäudes und in Jüterbog südlich des Bahnhofs am vorgelagerten Russenbahnsteig D. Auch Berlin Ostbahnhof, Dresden-Neustadt usw. hatten spezielle Schalter für den ehemaligen sowjetischen Militärreiseverkehr, die von Personalen der SŽD besetzt waren. In Frankfurt (Oder) gab es auf Bahngelände am Bahnhof gar ein Hotel für die Angehörigen der Sowjetarmee.

Die Militärreisezüge wurden anfangs von Schnell- und Personenzuglokomotiven des Bahnbetriebswerks (Bw) Frankfurt (Oder) bespannt, in der Regel Baureihe (BR) 03, auch 62 und 78. Für die Züge von und nach Magdeburg und Erfurt fand wie in Zeiten des „Blauen Expresses" in Berlin-Köpenick Lokwechsel statt, bei dem dann Magdeburger oder Jüterboger 01 vorspannten (01 029, zeitweise auch 01 025 und 069). Züge nach

Dm 38945	Dm 38944
01.06.-03.09.	31.05.-02.09.
Mo+Mi+Fr ab 04.09.	Di+Do+So ab 03.09.
LÜ (alt 1193)	LÜ (alt 1192)
nicht im öffentlichen Fahrplanstoff enthalten	nicht im öffentlichen Fahrplanstoff enthalten

AB	HG	HV	TFZ	LAST	MBR	AB	HG	HV	TFZ	LAST	MB
UE USG BJUE	100		232 228 143	700	74P	BFP BJUE USG	100		143 228 232	700	7[illegible]

AB	BIS	ZKM	RZ	RG	HA	ZGGNR	AB	BIS	ZKM	RZ	RG	HA	ZGGN
UE	BFP	396	566	42	57	25.1	BFP	UE	375	518	43	38	25.[illegible]

38945	—	1143	Erfurt Hbf	1200	—	
			Erfurt Ost	+1146	1151	
	+1201	1207	Großrudestedt			
			Leubingen	+1015	1119	
L	1259	1319	Sangerhausen	906	938	L
		1344	Blankenheim Trbf		848	
	+1412	1422	Teutschenthal			
	1448	1510	Halle(Saale) Hbf	745	803	
		1602	Dessau Hbf			
			Muldenstein	+ 702	706	
			Pratau	+ 631	639	
	+1634	1635	Lu Wittenberg	+ 625	627	
L	1700	1854	Jüterbog	520	555	L
	+2002	2019	Bln-Kopenick			
71802	2109	2147	Frankfurt(O)	300	322	38944
	2200	2205	Kunowice	243	248	
	2218	2235	Rzepin	215	230	
	055	135	Poznan Franowo	2340	004	
71803	544	614	Warszawa Gdanska	1914	1929	17803
	908	926	Terespol	1538	1600	
	1131	—	Brest	—	1620	17802

Fahrplanschema für den gesamten Laufweg der Dm 38 944/38 945 zwischen Brest und Erfurt von 1992/93. Lokwechsel war jeweils in Jüterbog und Sangerhausen. Sammlung Kuhlmann

Auf dem Magdeburger Hauptbahnhof steht D 1195, der spätere Dm 38948, zur Abfahrt bereit, bespannt mit einer Diesellokomotive der heutigen Baureihe 232.
Foto: P. Bley

Ausfahrt des Dm 38941 aus dem russischen Bahnhofsteil in Wünsdorf am 21. Mai 1992. In den letzten Jahren dieses Militärreiseverkehrs kamen sogar Maschinen der Baureihe 112 vor diesen Zügen zu Ehren.
Foto: P. Bley

Fürstenberg (Havel) oder Cottbus bespannte das Bahnbetriebswerk Frankfurt (Oder) mit der BR 38^{10-40}. Später wurde vor diesen Zügen auch die BR 23^{10} (Bahnbetriebswerke Berlin-Lichtenberg, Elsterwerda, Eberswalde) eingesetzt, wobei aber bis in die siebziger Jahre die Frankfurter 03 und Magdeburger 01 dominierten [60, 66].

Mit dem Traktionswechsel sah man vor diesen Zügen die BR 228 (früher 118) der Bahnbetriebswerke Frankfurt (Oder), Magdeburg, Berlin-Karlshorst, Jüterbog und Erfurt, bis schließlich die BR 232 (früher 132) der Bahnbetriebswerke Frankfurt (Oder), Magdeburg und Berlin Ostbahnhof diese Aufgaben übernahm. Zwischen Berlin Ostbahnhof und Wünsdorf waren auch elektrische Lokomotiven der BR 109 (früher 211) und später BR 143 (früher 243) sowie 112 eingesetzt, die mit Anschluß von Frankfurt (Oder) an das elektrifizierte Netz auch dort anzutreffen waren. Ausnahme bildete bis zuletzt die Bespannung des Militärreisezuges nach und von Erfurt mit der BR 228 von Jüterbog bis Erfurt. Eine Ausnahme war ebenso der Einsatz der Oebisfelder BR 219 (früher 119) vor den Magdeburger Zügen im Jahre 1986 [60, 66].

Zu den Militärreisezügen ist auch der der DR gehörende Lazarettzug zu zählen, der bis Anfang 1992 im Bahnbetriebswagenwerk (Bww) Seddin stationiert war. Es waren keine Weitstreckenwagen der SŽD, sondern zwei normale Katastrophenzüge der DR (bekannt als K-Zug), die gewöhnlich aus je einem Maschinen-, einem Küchen-, einem Operations- und zwei Krankentransportwagen bestanden. Besonderheit war, daß diesem Zug zwei sogenannte „Nervenwagen" beigestellt waren – vergleichbar mit Zellenwagen, aber statt mit dem Gattungszeichen Z mit Dienst gekennzeichnet, die dem Transport psychiatrischer Patienten dienten. Zu den beiden Seddiner K-Zügen gehörten ferner drei Heizkesselwagen des Bw Seddin. Im Winter wurden dem Lazarettzug, der nahezu regelmäßig alle zwei Monate nach Fahrplananordnung zwischen Beelitz Heilstätten – dem zentralen Krankenhaus der Sowjetischen Streitkräfte in Deutschland – und Brest verkehrte, außerdem zwei, im Sommer ein Heizkesselwagen mit ein bis zwei Heizern beigegeben [62, 69].

Am 1. Januar 1991 waren noch 338800 sowjetische Militärpersonen und 207000 sowjetische Zivilbeschäftigte sowie Familienangehörige (insgesamt 545800 Personen) auf deutschem Boden stationiert. Bis zum August 1994 kehrten in einer großen Transportaktion die Soldaten einer heutigen „Armee ohne Heimat" mit ihrer Technik in ihre Länder mit ungewisser Zukunft zurück. Damit endeten 49 Jahre Besatzungszeit und der sowjetische Militärreiseverkehr in Deutschland.

7.4
»Adieu, Deutschland!« – Der letzte »Blaue Express«

Auch nach der offiziellen Verabschiedung der Westgruppe der GUS-Truppen auf dem Berliner Gendarmenmarkt durch Bundeskanzler Helmut Kohl und Präsident Boris Jelzin am 31. August 1994 fuhren noch weitere Züge in die Heimat mit zurückkehrenden Soldaten und Offizieren. Die 550 Soldaten der 6. Motorisierten Schützenbrigade „Berlinskaja Brigada", die am 31. August 1994 vor dem sowjetischen Ehrenmal in Treptow paradierten, wurden am 1. September 1994 auf dem Bahnhof Berlin-Lichtenberg offiziell verabschiedet. Auf dem Bahnsteig C herrschte Volksfeststimmung. Das Musikkorps der in Gatow stationierten 3. Luftwaffendivision der Bundeswehr spielte „Das ist die Berliner Luft". Russische Offiziere stießen mit Sekt und Wodka an. Sogar britische Offiziere waren mit einem Karton schottischem Whiskys herbeigeeilt, um die ehemals Verbündeten würdig zu verabschieden [67].

Der Zug bestand (in Anlehnung an den einst verkehrenden „Blauen Express"?) aus zehn hellblauen und einem grünen Schlafwagen (alle als Abteilwagen) sowie einem grünem Gepäckwagen. Alle Fahrzeuge trugen die neue Eigentumsbezeichnung RŽD (Russkaja Shelesnaja Doroga, Russische Eisenbahn). An der Spitze und am Schluß des Zuges befanden sich je drei Sams-Wagen, die symbolisch für den beendeten Truppenabzug mit drei Panzern T 80 und Panzerspähwagen beladen waren. Der Zug war stilecht mit generalüberholten sowjetischen Diesellokomotiven 234 523-9 und 234 247-5 als Vorspann- und Zuglokomotive bespannt.

Von Berlin-Köpenick kommend ist der Sonderzug Dgmt 93 294 nach Moskau am Bahnsteig C des Bahnhofs Berlin-Lichtenberg bereitgestellt. Lediglich die beiden Lokomotiven der Baureihe 234 müssen noch vorspannen. Foto: Kuhlmann

Zur Abfahrt nach Moskau steht Dgmt 93 294 in Berlin-Lichtenberg am Bahnsteig C Gleis 20 bereit. Foto: Kuhlmann

Am Zug verabschiedete der Regierende Bürgermeister von Berlin, Eberhard Diepgen, den Kommandeur der russischen Berlin-Brigade, Generalmajor Jurij Makarow, der kurz vor seiner Abreise im Roten Rathaus mit dem Verdienstorden des Landes Berlin geehrt wurde für eine der ungewöhnlichsten militärischen Operationen, dem Verlegen seiner Brigade in die Heimat.

Pünktlich 12.45 Uhr verließ der Zug auf Gleis 20 den Bahnhof. Hunderte Berliner schwenkten deutsche und blau-weiß-rote russische Fähnchen beim Abschied. Am 3. September 1994, 9.45 Uhr Moskauer Zeit, lief der Zug auf dem Belorussischen Bahnhof in Moskau ein. Die Truppen wurden in Moskau mit militärischen Ehren empfangen und am folgenden Tag nach Kursk überführt [68].

Der Wagenpark für diesen Zug kam leer von Moskau und fuhr direkt nach Wünsdorf. Nach dem Zustellen der beladenen Güterwagen und Beistellen eines gedeckten Hbs-Wagens für die Begleitmannschaft fuhr dieser Zug als Dgmt 93 292 (Durchgangsgüterzug für militärische Zwecke mit Technik) am 30. August 1994 von Wünsdorf (9.10 Uhr) nach Berlin-Köpenick (9.56 Uhr). Dort war er bis zum übernächsten Tag abgestellt. Vor der Abfahrt am 1. September 1994 ist der Begleiterwagen abgesetzt worden, und der Zug fuhr als Dgmt 93 293 nach Berlin-Lichtenberg (11.09/11.24 Uhr). 12.45 Uhr verließ der nun als Dgmt 93 294 bezeichnete Zug Berlin-Lichtenberg nach Frankfurt (Oder) (13.58 Uhr). Die mit Kampftechnik beladenen Güterwagen stellte man hier zu einem eigenen Zug in Richtung Brest zusammen.

Und dennoch, das war nicht der letzte Zug, der Deutschland mit russischen Truppen verließ. Weitgehend unbeachtet von der deutschen Bevölkerung und der politischen Prominenz verkehrten noch weitere Züge, deren Passagiere oft mit Böllerschüssen und Silvester-Raketen die Abfahrt feierten. Die fünf Züge bestanden jeweils aus zwölf Schlafwagen (weiche Klasse) und fuhren

- am 2. September 1994 **Dm 18 940** von Berlin-Lichtenberg (20.48 Uhr) nach Frankfurt (Oder),
- am 5. September 1994 **Dm 18 941** von Berlin-Rummelsburg mit einem 50minütigen Halt am Bahnsteig in Berlin-Karlshorst (21.28 bis 22.08 Uhr) zum Zusteigen nach Frankfurt (Oder). Das ist bisher einmalig in der Geschichte des sowjetischen Militärreiseverkehrs, obwohl sich hier das offizielle Hauptquartier befunden hatte. Die Fahrzeuge wurden bereits am Tag auf der ehemaligen Ladestraße des Bahnhofs Berlin-Rummelsburg beladen.
- am 6. und 8. September 1994 **Dm 18 942** und am 7. September **Dm 18 943** von Wünsdorf (19.10 Uhr) direkt nach Frankfurt (Oder) (an 21.58 Uhr). Am 8. September 1994 stiegen in Frankfurt (Oder) die letzten dort stationierten Soldaten zu. Nette Geste der Bundeswehr in Wünsdorf: Da die russischen Truppen nicht mehr über Kraftfahrzeuge verfügten, transportierte die Bundeswehr die Soldaten und ihr Gepäck mit Bussen zum Bahnhof.

Die Leerzüge waren jeweils am Tag zuvor im Abgangsbahnhof eingetroffen. Alle fünf mit den letzten Truppen besetzten Züge fuhren jeweils am folgenden Tag 0.05 Uhr vom Grenzbahnhof Frankfurt (Oder) ab, passierten 0.10 Uhr die Oderbrücke und verließen damit endgültig Deutschland. Die letzten russischen Offiziere, überwiegend vom Standort Wünsdorf kommend, starteten nach einer Busfahrt mit dem Bundeswehr-Bus mit dem Flugzeug am 9. September 1994, 10 Uhr, vom Flughafen Berlin-Schönefeld nach Moskau.

Und trotzdem werden uns weiterhin russische Weitstreckenwagen auf unseren Bahnstrecken begegnen, nicht mehr für den Militärreiseverkehr, sondern als Schlafwagenzug für Touristen und Geschäftsreisende.

Sonderzug nach Moskau auf dem Bahnhof Berlin-Lichtenberg. Auf dem Transparent an der Lokomotive steht „Heimat! Heiß Deine Söhne willkommen!" Diese Losung zierte auch die elektrische Lokomotive, als der Zug auf dem Belorussischen Bahnhof in Moskau einlief. Foto: Kuhlmann

Typisch für lange Zeit waren sowjetische Weitstreckenwagen am russischen Bahnsteig in Wünsdorf mit zweisprachigem Ortsnamen. Foto: P. Bley

⇧ Der deutsche Zugführer in Wünsdorf am letzten russischen Militärreisezug.

⇦ Der russische Schlafwagenschaffner wartet am 8. September 1994 auf die letzten Reisenden zur Fahrt in die Heimat. Fotos: Kuhlmann

Bisher einmalig in der Geschichte des Militärreiseverkehrs: Am 5. September 1994 hielt Dm 18 941 zum Einsteigen der letzten Angehörigen des Karlshorster Hauptquartiers zur Abfahrt nach Moskau. Foto: Kuhlmann

⇦ Diese Schilder gehören nun der Vergangenheit an: Das Eigentumsmerkmal CCCP wie auch das Zuglaufschild Moskau – Wünsdorf. Foto: P. Bley

Sammeln in Wünsdorf zur Rückreise in die Heimat.

Die letzten der in Wünsdorf stationierten russischen Soldaten wurden mit Bundeswehr-Bussen zum Bahnhof in Wünsdorf gefahren, von dem am 8 September 1994 der letzte Sonderzug Dm 18 942 nach Moskau startete.

Der wirklich letzte Militärreisezug Dm 18 942 am 8. September 1994 von Wünsdorf über Frankfurt (Oder) nach Moskau, bespannt mit der elektrischen Lokomotive 112 035-1. Fotos: Kuhlmann

Quellen

[1] Le Tissier, Tony: Der Kampf um Berlin 1945 – Von den Seelower Höhen zur Reichskanzlei; Bechtermünz Verlag, Augsburg 1997

[2] Arndt, Dieter u. a.: Oberbau-Handbuch – Oberbauarten und Oberbaumaterialien für Gleise; transpress-Verlag, Berlin 1968, Seite 55, 57–59

[3] Grau, Berthold: Die Regelumgrenzungslinie 1-SM/DR; in: Deutsche Eisenbahntechnik [Berlin], 8 (1960), Heft 9, Seite 433–441

[4] Matznick, Heinz: Überblick über die Entwicklung des Reichsbahndirektionsbezirks Berlin 1945 bis 1955; hrsg. von der Deutschen Reichsbahn, Reichsbahndirektion Berlin, Berlin 1987

[5] Kuhlmann, Bernd: Zur Geschichte der Spurwechselradsätze der DR; in: Güterwagen-Correspondenz [Düsseldorf], 7 (1994), Heft 1, Seite 12–23, Heft 2, Seite 40–51

[6] Stiege, Rudolf: Zwei Despoten wollten den Krieg; in: Berliner Morgenpost [Berlin], 97 (1995), Nr. 324 (Sonntag, 26. 11. 1997), Seite 109; über das Buch: Post, Walter: Unternehmen Barbarossa – Deutsche und sowjetische Angriffspläne 1940/41; Verlag E. S. Mittler & Sohn, Hamburg/Berlin/Bonn

[7] Antipenko, N. A.: In der Hauptrichtung, Militärverlag der DDR, Berlin 1975

[8] Kljomin, A. S.: Militärtransporte Richtung Front; transpress-Verlag, Berlin 1986

[9] Antipenko, N. A.: In der Hauptrichtung, Militärverlag der DDR, Berlin 1975

[10] Le Tissier, Tony: Der Kampf um Berlin 1945 – Von den Seelower Höhen zur Reichskanzlei; Bechtermünz Verlag, Augsburg 1997

[11] Reimer, Michael/Meyer, Lothar/Kubitzki, Volkmar: Kolonne – Die Deutsche Reichsbahn im Dienste der Sowjeunion; transpress-Verlag, Stuttgart 1998

[12] Meyer, Lothar/Regling, Horst: Eisenbahnknoten Frankfurt (Oder) – Das Tor zum Osten; transpress-Verlag, Stuttgart 2000

[13] Demps, Laurenz: Der Schlesische Bahnhof in Berlin; transpress-Verlag, Berlin 1991

[14] Matznick, Heinz: Überblick über die Entwicklung des Reichsbahndirektionsbezirks Berlin 1945 bis 1955; hrsg. von der Deutschen Reichsbahn, Reichsbahndirektion Belin, Berlin 1987

[15] Scheel, Klaus: Hauptstoßrichtung Berlin; in: Illustrierte historische Hefte, [Berlin], (1983), Heft 3, Seite 38

[16] Archiv Berlin der DB AG

[17] Bley, Peter: Noch einmal: Auf russischer Breitspur nach Berlin; in: Berliner Verkehrsblätter [Berlin], 33 (1986), Heft 12, Seite 256–263

[18] Bley, Peter: 150 Jahre Eisenbahn Berlin–Frankfurt (Oder); alba-Publikation, Düsseldorf 1992

[19] Bley, Peter: Auf russischer Breitspur nach Berlin – Eine Episode der Berliner Eisenbahngeschichte im Sommer 1945; in: Berliner Verkehrsblätter [Berlin], 33 (1986), Heft 3, Seite 42

[20] –: D-Züge nur für die Alliierten; in: Berlin – Die deutsche Eisenbahnmetropole – Bahn Extra 4/92; GeraNova Zeitschriften Verlag, München 1992, Seite 34–37

[21] Bley, Peter: Auf russischer Breitspur nach Berlin – Ergänzungen; in: Berliner Verkehrsblätter [Berlin], 34 (1987), Heft 12, Seite 254–255

[22] Ernst, Friedhelm: Auf Breitspur bis Potsdam; in: Eisenbahn-Magazin [Düsseldorf], 29 (1991), Heft 8, Seite 20–23

[23] Sammlung Kuhlmann, Berlin

[24] Angaben von Streckenmeister Rabe der Bahnmeisterei Potsdam vom Februar 1994

[25] –: Sowjetische Delegation zur Potsdamer Konferenz sah er am Stadtbahnhof aus Sonderzug steigen; in: Brandenburgischen Neueste Nachrichten [Potsdam], vom 29. 08. 1985

[26] Tschakowski, Alexander: Der Sieg; Verlag Volk und Welt, Berlin 1981

[27] Reichardt, Hans D.: Daten und Bilder zum Reisen nach Berlin; Georg Siemens Verlagsbuchhandlung, Berlin 1987

[28] –: Zentrales Eisenbahnmuseum für die UdSSR; in DET – Die Eisenbahntechnik [Berlin], 29 (1981), Heft 7, Seite 318

[29] Dr. Bauer, Frank: Die kleinen Schwächen der Großen – 50 Jahre Potsdamer Konferenz; in: Berliner Morgenpost [Berlin], 97 (1995), Nr. 191/192 (vom Sa/So 15. 07. 1995), Beilage, Seite 3

[30] Kabanow, P. A.: Stählerne Strecken; Militärverlag der DDR, Berlin 1977

[31] Angaben von Gerhard Zeitz, Berlin

[32] Archiv Schöneberger Ufer der Rbd Berlin

[33] Garn, Robin (Hrsg.): Reichsbahn ohne Reich, Band 1 (1945–1955); Verlag LokReport, Berlin 1996, Seite 167, 179

[34] Zeitschrift für den internationalen Eisenbahnverkehr; (1947), Seite …

[35] Ministerstwo putej soobstschenija SSSR (Ministerium für Verkehrswesen der UdSSR): Instrukzija po signalisazii na shelesnych dorogach SSSR (Instruktionen für die Signalisierung auf den Eisenbahnstrecken der UdSSR; russ.); Verlag Transport, Moskau 1971

[36] Karlsch, Rainer: Allein bezahlt? – Die Reparationsleistungen der SBZ/DDR; Ch. Links Verlag, Berlin 1993 (Der interessierte Leser findet dort eine Fülle von Originalquellen, die hier aus Platzgründen nicht zitiert werden können.)

[37] Kuhlmann, Bernd: Konfiszierte Schienen – Wie nach dem zweiten Weltkrieg zweite Gleise und Strecken verschwanden; in: Modell-Eisenbahner [Berlin], 40 (1991), Heft 8, Seite 44–46

[38] Rehbein, Elfriede u.a.: Deutsche Eisenbahnen 1835–1985; transpress-Verlag, Berlin 1985, Seite 190/191

[39] Rakow, W. A.: Lokomotiven der Eisenbahnen der Sowjetunion (Lokomotivy shelesnych dorog Sovetskowo Sojusa; russ.); Verlag Transsheldorisdat, Moskau 1955

[40] Rakow, W. A.: Russische und sowjetische Dampflokomotiven; transpress-Verlag, Berlin 1986

[41] Bock, Peter: Viehbahnhöfe in Berlin; in: Verkehrsgeschichtliche Blätter [Berlin], 22 (1995), Heft 4, Seite 92–98

[42] Jünemann, Klaus: Breitspur-Verkehr in Berlin; unveröffentlichte Notizen

[43] Akte M-1-369 des Zentralen Verwaltungsarchivs (ZVA) des Ministeriums für Verkehrswesen der DDR

[44] BStU-Zentralarchiv, MfS-BdL/Dok Nr. 003703

[45] Zeitz, Gerhard/Bock, Peter: Der Kolonnendienst der Deutschen Reichsbahn; in: Verkehrsgeschichtliche Blätter [Berlin], 21 (1994), Heft 6, Seite 140–145

[46] Solschenizyn, Alexander: Der Archipel Gulag; Rowohlt Taschenbuch Verlag GmbH, Reinbeck bei Hamburg 1988

[47] Burlakow, Matwej: Wir verabschieden uns als Freunde. Der Abzug – Aufzeichnungen des Oberkommandierenden der Westgruppe der sowjetischen Streitkräfte; hrsg. von Reiner Roland Lang, InnoVatio Verlag Bonn-Fribourg-Ostrava, Fribourg 1994

[48] Auskünfte von Reinhard Malcherek, Königs Wusterhausen

[49] Deutsche Reichsbahn: Dienstanweisung über den Katalog für Lademaßüberschreitungen bei Militärtransporten – LÜ-Katalog (LÜK) –; gültig ab 1. Juli 1983

[50] Deutsche Reichsbahn: Dienstvorschrift für Militärtransporte (DV MT), Teilheft 91 (Auszug); gültig ab 1. August 1980

[51] Deutsche Reichsbahn: Dienstvorschrift für Militärtransporte (DV MT); gültig ab 1. August 1980, mit Berichtigungen vom 1. Januar 1983, 1. Juli 1986 und 1. September 1990, gültig bis 31. Dezember 1990

[52] –: Militärischer Eisenbahnbrückenbau; Reihe Militärtechnische Hefte, Militärverlag der DDR, Berlin 1988

[53] Bley, Peter: Brücken und Kurven für den Warschauer Pakt; in: Eisenbahn-Magazin [Düsseldorf], 32 (1994), Heft 11, Seite 74–81

[54] Regling, Horst: Die Wriezener Bahn – Von Berlin ins Oderbruch; transpress-Verlag, Stuttgart 1998

[55] Köhler, Gottfried u.a.: Güterwagen-Handbuch; transpress-Verlag, Berlin 1974

[56] Weisbrod, Manfred/Petznick, Wolfgang: Baureihe 01; transpress-Verlag, Berlin 1979, Seite 139–141, auch Zitate

[57] Machel, Wolf-Dietger/Ruppert, Wilfried: Der Kaiserbahnhof Wildpark; in: BDEF-Jahrbuch 1993, Verlag Uhle & Kleimann, Lübbecke 1993, Seite 143–145

[58] Angaben von Werner Schmidt, Berlin, ehemals Aufsicht auf Bahnhof Wildpark

[59] Angaben von Heinz Maquart, ehemaliger Leiter des Bahnhofs Wildpark, vom Februar 1994

[60] Sölch, Werner: Abrüstung auf Schienen; in: Eisenbahn-Magazin [Düsseldorf], 30 (1992), Heft 11, Seite 56–57

[61] Angaben von Gerhard Zeitz, Berlin, zur Betriebsgeschichte des Bw Berlin-Rummelsburg

[62] Fiebinger, Franz: Das Bahnbetriebswerk Seddin; in: BDEF-Jahrbuch 1993, Verlag Uhle & Kleimann, Lübbecke 1993, Seite 173/174

[63] Deutsche Reichsbahn, Reichsbahndirektion Berlin: Buchfahrplan Heft 2, gültig ab 15. Juni 1946, Sammlung Bley

[64] –: Reichsbahn-Kursbuch sowjetische Besatzungszone, Jahresfahrplan 1947/48, gültig ab 2. November 1947

[65] –: Kursbuch der Deutschen Reichsbahn, Jahresfahrplan 1990/91, gültig vom 27. Mai 1990 bis 1. Juni 1991, dazu Winter 1990/91, gültig vom 30. September 1990 bis 1. Juni 1991

[66] Dr. König, Winfried: Breitprofil der SZD auf DR-Gleisen; in: Eisenbahn-Kurier [Freiburg i. Br.], (1992), Heft 11, Seite 12–15

[67] Schupelius, Gunnar/Nikolic, Ljiljana: Abschied mit Sekt und Wodka; in: Berliner Morgenpost [Berlin], 96 (1994), Nr. 240 (vom Fr, 02. 09. 1994), Seite 10

[68] Brüggmann, Matthias: „Berliner" Russen wieder zu Hause; in: Berliner Morgenpost [Berlin], 96 (1994), Nr. 242 (vom So, 04. 09. 1994), Seite 14

[69] Muffel, Heiko: Sonderfahrzeuge für den Lazarettzug; in: Eisenbahn-Magazin [Düsseldorf], 36 (1998), Heft 10, Seite 63

[70] Burlakow, M. P.: Sowjetskie wojska w Germanii/Sowjetische Truppen in Deutschland 1945–1994 (russ./dtsch.); Verlag Junge Garde, Moskau 1994

[71] Akte DM 1/373 (Arbeitschroniken der Reichsbahndirektionen Berlin, Cottbus, Dresden, Erfurt, Halle, Greifswald und Magdeburg die Entwicklung des In- und Auslandsverkehrs in der SBZ betreffend, 1945 bis 1947) des Bundesarchivs, Dienststelle Berlin

Gesellschaft für Verkehrspolitik und Eisenbahnwesen (GVE) e.V.
S-Bf Jannowitzbrücke, G9, 10179 Berlin

Bestellschein 10/2002 – KOPIERVORLAGE. Bitte liefern Sie mir/uns:

Anzahl	Position	Titel	€/Position	€/gesamt
		U-BAHN-VERKEHR		
	1	**Gympel: U-Bahn Berlin. Geschichte(n) für unterwegs (NEU)**	**12,80**	
	2	DVN: U1. Warschauer Straße – Krumme Lanke	6,80	
	3	DVN: U2. Pankow – Ruhleben	6,80	
	4	Gympel: U4. Die Schöneberger U-Bahn	7,80	
	5	Strowitzki: U-Bahn London, Reisebegleiter	9,80	
	6	**Arbeitsgemeinschaft Berliner U-Bahn: Zur Eröffnung der elektrischen Hoch- und Untergrundbahn in Berlin (NEU)**	**4,80**	
		S-BAHN-VERKEHR		
	11	**Strowitzki: S-Bahn Berlin. Geschichte(n) für unterwegs (NEU)**	**12,80**	
	12	S-Bahn-Museum: S-Bw Wannsee	10,12	
	13	S-Bahn Berlin: 70 Jahre Hauptwerkstatt Schöneweide	6,80	
	14	Verkehrsgeschichtl. Blätter: Strom statt Dampf	8,57	
	15	S-Bahn-Museum: Vorsicht Hochspannung!	8,57	
	16	S-Bahn-Museum: Nord-Süd-Bahn	8,80	
	17	S-Bahn-Museum: Die Stadtbahn	8,80	
	18	**S-Bahn-Museum: Strecke ohne Ende. Die Berliner Ringbahn (NEU)**	**9,80**	
		EISENBAHN UND REGIONALBAHN		
	21	DBV: Potsdams Hauptbahnhöfe	8,80	
	22	Pfohl: Eisenbahnen in Teltow	9,80	
	23	S-Bahn-Museum/BI Stammbahn: Die Stammbahn	8,80	
	24	Niederbarnimer Eisenbahn: 100 Jahre Heidekrautbahn	15,29	
	25	Kuhlmann: Bahnknoten Berlin	10,12	
	26	DBV: 125 Jahre Bahnhof am Griebnitzsee	5,80	
	27	Kuhlmann: Züge durch Mauer und Stacheldraht	8,80	
	28	**Kuhlmann: Russische Züge auf deutschen Schienen ... (NEU)**	**12,80**	
		STRASSENBAHN, OBUS, OMNIBUS		
	31	DVN: Tram-Geschichte(n) Rund um den »Alex«	8,80	
	32	DVN: 100 Jahre Strausberger Eisenbahn	5,80	
	33	Buchholzer Bürgerverein: Straßenbahnen nach Buchholz	6,80	
	34	DVN: Historische Nahverkehrsfahrzeuge. Fahrzeugkatalog	8,80	
	35	DVN: Stadtverkehr Eberswalde	7,80	
	36	DVN: Schienenwege nach Schöneiche und Rüdersdorf	6,80	
	37	GVE: Berlin wählt Straßenbahn	6,80	
	38	**Weißenseer Heimatfreunde: Auf Schienen nach Weißensee (NEU)**	**5,80**	
		WEITERE LIEFERBARE GVE-PUBLIKATIONEN		
	41	Wietstruck: Flugplatz Rangsdorf bei Berlin	8,60	
	42	Fürstenwalder Lesebuch. 725 Jahre Fürstenwalde	3,80	
	43	Unterwelten e.V.: Luft-Züge. Geschichte der Rohrpost	15,24	
	44	GVE: Die Hoch- und Untergrundbahn vom Spittelmarkt ...	3,80	
	45	GVE: Die U-Bahnverlängerung von Nordring nach Pankow (Vinetastr.)	3,80	
	46	Gleispläne Strausberg Ostbf (A1, gefaltet auf A4, Schutzhülle)	5,80	
	48	Zeichnung S-Bahn, BR 165/475 (A1, gefaltet auf A4, Schutzhülle)	5,80	
	51	VERKEHR KOMPAKT 1 – Wolf: »Mannheim 21«	2,00	
	52	VERKEHR KOMPAKT 2 – UMKEHR e.V.: Fluglärm»schutz«	2,00	
	53	VERKEHR KOMPAKT 3 – S-Bahn-Museum: Berliner S-Bahn-Chronik	2,00	
	54	VERKEHR KOMPAKT 4 – UMKEHR e.V.: Verkehrs»kosten«	2,00	
	55	VERKEHR KOMPAKT 5 – Schmidt: »Vorfahrt eingebaut«	2,00	
	56	VERKEHR KOMPAKT 6 – UMKEHR e.V.: Flughäfen erzeugen Verkehr	2,00	
	57	VERKEHR KOMPAKT 7 – Wolf: Autobahn und »Volksmotorisierung«	2,00	

Bestellsumme (inkl. 7% MwSt) .... €

Versand (**1,10 €** inkl. 7% MwSt; Buchhändler im Inland frei) .... €

Rechnungsbetrag .... €

FAX-BESTELLSCHEIN FÜR UNSERE KUNDEN ● FAX (030) 78 70 55 10 ● E-Mail: info@gve-ev.de

KOPIERVORLAGE – kopieren, ausfüllen und per Fax an die GVE senden!

Lieferanschrift: